仕事の現場で即使える

2019/2016/2013/365［対応版］

［Excel VBA］
ユーザーフォーム&フォーム
コントロール

実践アプリ
作成ガイド

今村ゆうこ 著

はじめに

　Excel VBAの学びはじめは、まずは「手動でできる操作を自動化する」というところからスタートする人が多いのではないでしょうか。そこでは、「ワークシート」や「セル」を対象にして値を取得したり加工したりして操作を行うはずです。

　Excelは表計算ソフトなので、その使い方は王道だと筆者は考えています。むしろ、はじめてプログラミングを学ぶのにはとてもおすすめだと思っています。

　その理由は、Excelでは「ユーザーが入出力を行う画面（ユーザーインターフェース）」の役割をそのまま「ワークシート」が担うことができるからです。

　ほかの言語では別途用意しなければならないユーザーインターフェース部分があらかじめ存在しているため、Excelでは「入力」「処理」「出力」のうち、「入力」「出力」をほとんど意識せずに学習をはじめられるのです。

　とはいえ、ワークシートのインターフェースはご存じのとおり「表」です。基本的には表形式に沿った形しか作成できないため、もっと自由度の高い入出力画面が必要になる場面もあるかもしれません。

　そんなときに使えるのが、本書で紹介するExcelの「ユーザーフォーム」です。これは、ワークシートとはまったく別の「入出力画面」を自由に作成することができるため、Excelでありながら「独自アプリケーション」のように見せることができ、利便性向上にもつながります。

　ワークシートの処理に加えて、ユーザーフォームの知識があれば、提案できる選択肢が広がり、より実務に活かせるスキルとなることと思います。

　本書がVBA活用のステップアップへのお役に立てたら光栄です。

2020年7月

今村　ゆうこ

アプリケーションの解説

フォームの作成

CHAPTER 3 フォームの操作

CHAPTER 4 シートからフォームへ

CHAPTER 5 フォームからシートへ

CHAPTER 6 フォーム間連携

CHAPTER 7　見積一覧フォーム

CHAPTER 9 プレビューフォームと受注フォーム

CHAPTER 10 伝票出力

CHAPTER 11 アプリケーションの品質向上

APPENDIX さらに完成度を高めるテクニック

CD-ROMの使い方

◉ 注意事項

本書付属CD-ROMをお使いの前に、必ずこのページをお読みください。

本書付属CD-ROMを利用する場合、いったんCD-ROMのすべてのフォルダーを、ご自身のパソコンのドキュメントフォルダーなど、しかるべき場所にコピーしてください。

CD-ROMからコピーしたファイルを利用する際、次の警告メッセージが表示されますが、その場合、[編集を有効にする]をクリックしてください。

また、次の警告メッセージが表示された場合は、[コンテンツの有効化]をクリックしてください。

本書付属CD-ROMのサンプルには、マクロが含まれています。お使いのパソコンによっては、セキュリティの関係上、Excelに含まれるマクロの利用を禁止していることもあり得ます。その場合、[ファイル]タブの[オプション]をクリックして、[Excelのオプション]を開き、[トラスト センター]→[トラスト センターの設定]から[マクロの設定]を変更してマクロを有効にしてください。

トラストセンターの設定によって、マクロが起動しない場合、ご自身で有効にするように努めてください。これに関して、技術評論社および著者は対処いたしません。

◉ 構成

本書付属CD-ROMは以下の構成になっています。

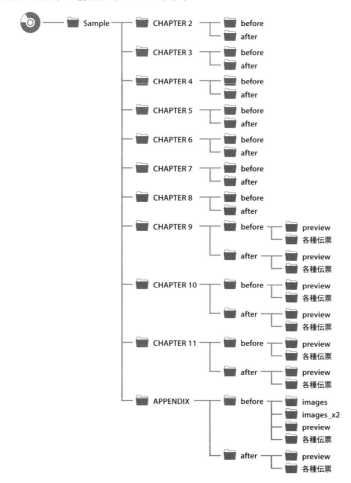

　各フォルダーには、原則beforeとafterという2つのフォルダーがあります。beforeフォルダーは、そのCHAPTERの解説内容が施されていないExcelファイルが、afterフォルダーには、そのCHAPTERの解説手順をすべて踏まえたExcelファイルが格納されています。なお、CHAPTER 1フォルダーは存在していません。APPENDIXフォルダーには、P.384から解説している「APPENDIX　さらに完成度を高めるテクニック」にて解説しているサンプルが保存されています。

　サンプルをはじめて起動した際、エラー番号「2001」のエラーが発生することがあります。この場合、[すべてのマクロを停止]をクリックし、前ページで解説した[コンテンツの有効化]を行ってください。次回からはエラーは発生しません。

　なお、本文に掲載している画面図にて、本書付属CD-ROMに収録しているサンプルとファイル名が異なる場合があります。ただし、ファイル名が異なっても、操作等にはいっさい支障はございません。

アプリケーションの解説

CHAPTER 1

1-1 アプリケーション機能の概要

はじめに、本書で作成するアプリケーションの完成図を見てみましょう。Excelのユーザーフォームを使って、「販売管理」を行うシステムを想定しています。

1-1-1 メニュー

機能を選択するメニュー画面からスタートします（図1）。大きく分けて3つの機能を持っており、配置したボタンをクリックすることで各機能へ進みます。

Appendixでは、フォームの下地やボタンに画像を使う方法も紹介しています（図2）。

図1　メニュー

図2　画像を配置した例

1-1-2 マスター編集

マスターというのは、日々積み重なっていくデータの中でも、**よく使うもの**の情報をひとまとめにして、あらかじめ登録しておく部分です。本書では、**商品・顧客・社員**のデータをマスターとして扱います。

マスター選択画面、登録データの一覧画面、編集画面で構成されています（図3）。

図3 マスター編集機能

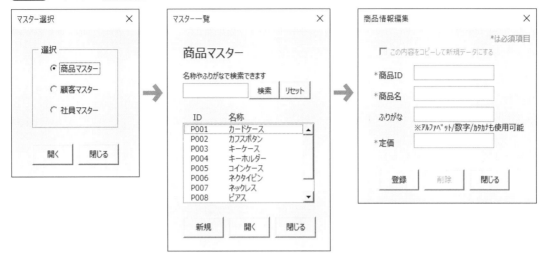

1-1-3 販売処理

販売処理機能では、「見積データ作成」「見積書発行」「受注」を管理します。

一覧画面でデータの閲覧、編集画面でデータの登録と更新ができます(**図4**)。

図4 見積の一覧と編集

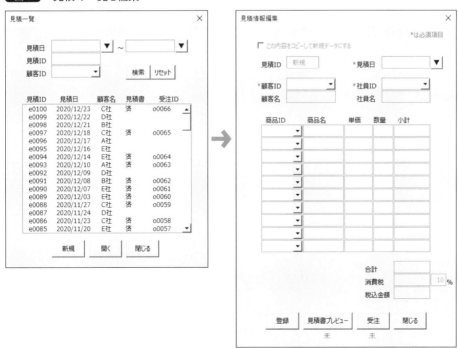

作成済みのデータからは、見積書の発行や受注処理に進むことができます(**図5**)。見積書は指定フォルダーにPDFファイルで出力されます。受注処理を行うと、該当の見積書に対して受注IDが発行されます。

図5 見積書発行と受注処理

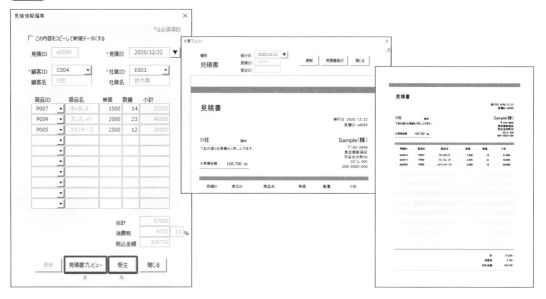

1-1-4 伝票作成

伝票作成機能では、受注データに対する「売上伝票」「納品書」「請求書」のPDFファイルを作成します。

「販売処理」機能にて受注処理が行われたデータのみ一覧として表示されます(**図6**)。また、3つの伝票がすべて発行済みになったデータは非表示になります。

図6 伝票未発行一覧

　見積書を含めた各種伝票のテンプレートは同じものを使用しており、出力の際にタイトルやテキスト文を変更することで対応しています（**図7**）。

図7 出力される各種伝票

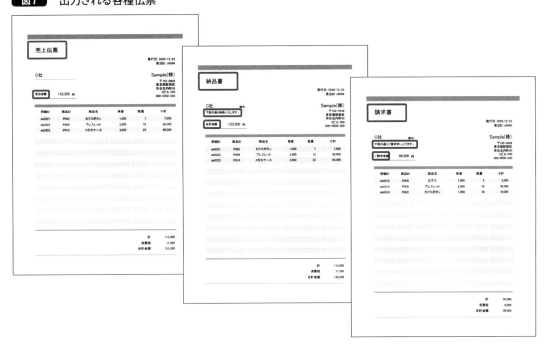

1-2 マスター編集機能

「マスター編集」機能の詳しい仕様を見ていきましょう。3つの分類に分かれていますが、機能は共通です。

1-2-1 マスター選択と一覧

　最初に、どのマスターの編集を行うのか選択して「開く」をクリックすると、対象マスターの一覧画面が開きます(図8)。

図8 マスター選択と一覧

一覧画面では、登録した「名称」と「ふりがな」に検索ワードが含まれているものを絞り込むことができます（図9）。

図9 検索の例

1-2-2 新規データ登録

データを新規に追加したい場合は、一覧の「新規」ボタンをクリックします（図10）。

編集画面が開くので、各項目へデータを入力して「登録」ボタンをクリックすることで、データを登録できます（図11）。

図10 一覧から「新規」をクリック

図11 新規登録

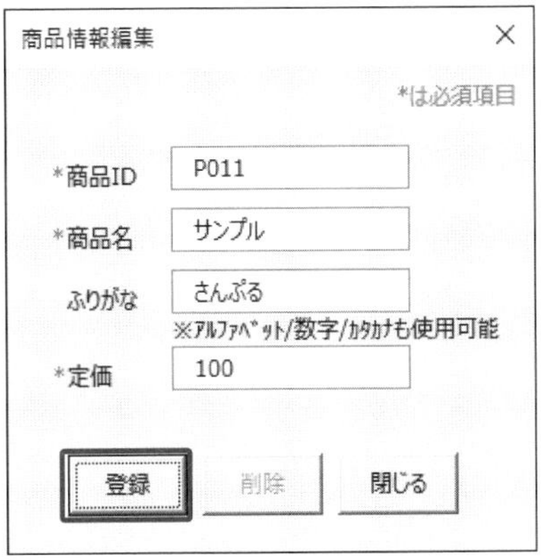

なお、3つのマスターの編集画面が**図12**です。社員マスターでは、**マルチページ**という機能を使って、情報をグループ分けして表示しています。

図12 各種マスター編集画面

1-2-3 既存データ更新/削除

既存データを更新/削除したい場合、一覧でデータを選択してから「開く」ボタンをクリックします（**図13**）。

図13 データを選択して「開く」をクリック

　すると、対象データの編集画面が開くので、変更して「更新」ボタンをクリックすることで上書きできます。ただし登録済みのIDは変更できません。データを削除する場合は、「削除」ボタンをクリックします（図14）。

図14 既存データの更新と削除

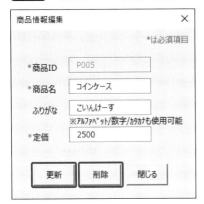

　Appendixでは、既存データを元にして、新規データとして登録する方法も紹介しています（図15）。

図15 既存データの転用

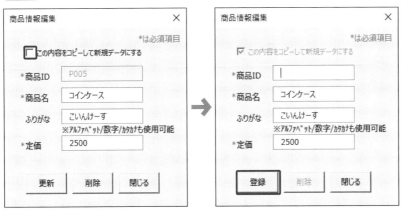

1-3 販売処理機能

続いて「販売処理」の詳しい仕様を見ていきましょう。見積データを登録し、
登録されたデータに対して見積書の発行や受注処理を行います。

1-3-1 見積一覧

まずは作成されているデータの一覧が開きます。作成済みのデータに対して、見積書と受注IDが
発行されているかどうかの確認ができます(図16)。

このデータは日付や見積ID、顧客IDで絞り込むことができます(図17)。

図16 見積一覧

図17 検索の例

1-3-2 新規データ登録

データを新規に追加したい場合、一覧の「新規」ボタンをクリックします(**図18**)。

すると編集画面が開きます。各項目を入力して「登録」ボタンをクリックすることで、データが登録できます(**図19**)。この画面では、登録されたマスターを使ってIDを選択すると名称が自動入力されるようになっています。また、見積ID、小計や合計なども自動入力されます。

図18 一覧から「新規」をクリック

図19 新規登録

データが登録されると、見積書発行と受注処理のボタンが有効になります（図20）。
日付入力欄にカレンダーを利用する方法も紹介しています（図21）。

図20 登録後

図21 カレンダーの利用

1-3-3 既存データ更新

　既存データを更新したい場合、一覧でデータを選択
してから「開く」ボタンをクリックします（図22）。
　すると対象データが入力されている状態で編集画面
が開きます。データを変更すると「更新」ボタンが有効
になります（図23）。

図22 データを選択して「開く」をクリック

図23　既存データの更新

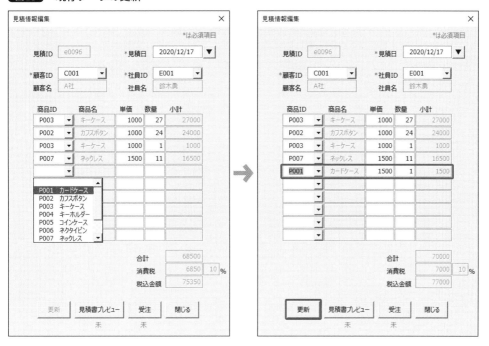

なお見積書が発行済み、もしくは受注が確定した
データは変更不可となり、閲覧のみ可能となります
（**図24**）。

図24　閲覧のみ可能なデータ

Appendixでは、既存データを元に変更を加えて、新規データとして登録する方法も紹介しています（**図25**）。

図25 既存データの転用

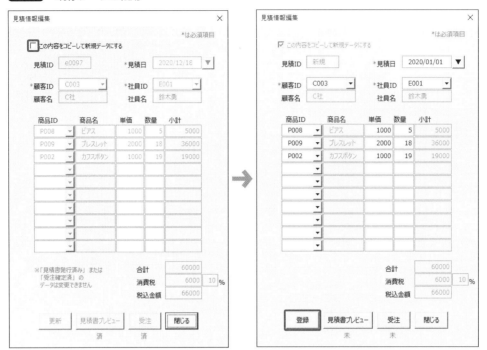

1-3-4 見積書発行

見積書を発行するには、登録済みデータの編集画面から、「見積書プレビュー」をクリックし、確認ダイアログの「OK」をクリックします（**図26**）。

するとプレビュー画面が開きます。スクロールバーを使って下部まで確認することができます（**図27**）。

図26 見積書発行

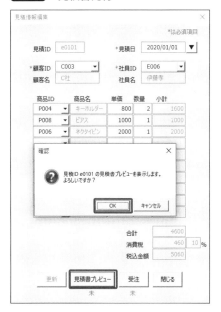

図27 プレビュー画面

　「見積書発行」ボタンをクリックすると、フォルダーとファイル名を指定するウィンドウが開きます。ここで指定された情報でPDFファイルが出力されます（**図28**）。

図28 PDFファイルの出力

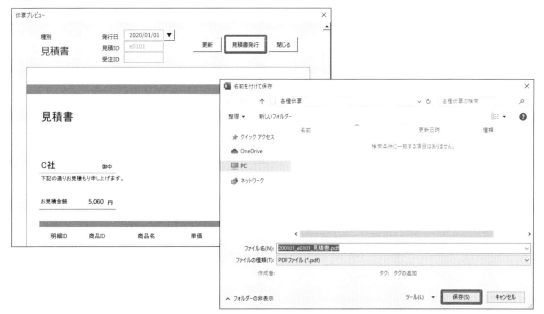

1-3-5 受注

受注処理をするには、登録済みデータの編集画面
から、「受注」をクリックします（**図29**）。

図29 受注処理

すると受注確定画面が開くので、受注日（あらかじめその日の日付が入ります）、社員IDを入力し
（社員名はID選択により自動入力）、「OK」をクリックすると確認ダイアログが表示されます。ここ
で「OK」をクリックすると受注が確定します（**図30**）。

図30 受注確定

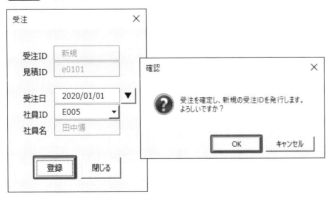

1-4 伝票作成機能

「伝票作成」の詳しい仕様を見ていきましょう。販売処理機能で受注が確定したデータに対して、3種類の伝票発行を行います。

1-4-1 伝票未発行一覧

受注に対して3種類すべての伝票が発行済みでないデータの一覧が表示されるので、対象データを選択して「開く」をクリックします（**図31**）。

図31 データを選択して「開く」をクリック

「売上伝票」「納品書」「請求書」の3種類の伝票発行画面が表示されます（**図32**）。発行済みのものは、ボタンが使用不可になります。

図32 伝票発行画面

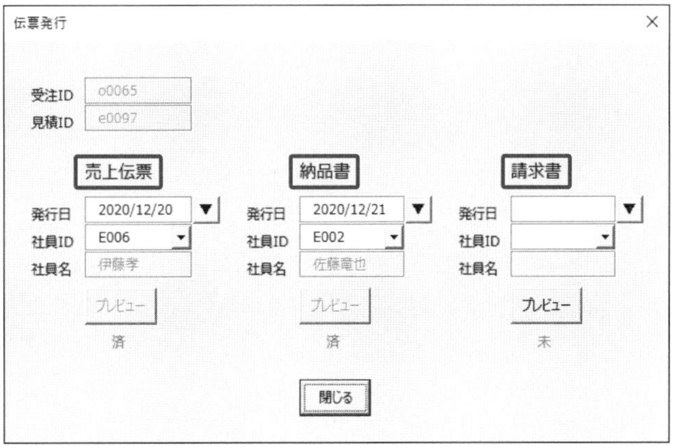

1-4-2 各種伝票発行

対象伝票に対して、発行日と社員IDを入力し(社員名はID選択により自動入力)、「プレビュー」ボタン、確認ダイアログの「OK」をクリックします(**図33**)。

図33 伝票発行

すると対象伝票のプレビュー画面が開きます。表示の切り替えやPDF出力の方法などは見積書発行(1-3-4)の場合と同様です(**図34**)。

図34 プレビュー画面

CHAPTER

2

フォームの作成

2-1 土台の作成
～ユーザーフォーム

ここではまず、Excel VBAにおける「ユーザーフォーム」とは何かということを学び、実際にユーザーフォームを作成して理解を深めましょう。

2-1-1 ユーザーフォームとは

「はじめに」にも書きましたが、Excelには**ワークシート**と**セル**という、**入出力画面**（**ユーザーインターフェース**）があらかじめ存在しています。

これだけでもとても有用な機能ですが、Excelにはワークシートとは別に**ユーザーフォーム**（または**フォーム**とも呼ばれます）という独自の画面を作成できる機能があります。

ユーザーフォームを使うことで、表形式に沿ったワークシートでは表現できない、自由なレイアウトの入出力画面を作成することができるのです（**図1**）。

図1 ワークシートとユーザーフォーム

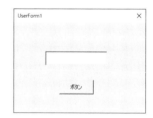

ワークシート　　　　　　　　　　　ユーザーフォーム

2-1-2 Visual Basic エディター

付属のCD-ROMの**CHAPTER 2**フォルダー内のbeforeフォルダーに入っている、「SampleData2.xlsm」というファイルを開いてみてください（**図2**）。このファイルには本書で作成するアプリケーションの元データが、あらかじめシートごとに分類されて格納されています。

図2 SampleData2.xlsm

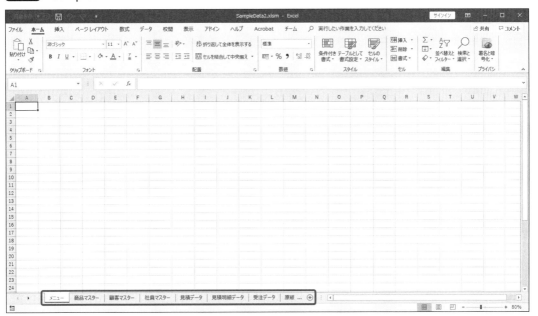

このファイルを使ってアプリケーションを作っていきましょう。まずはVBAを書くための編集画面を起動します。

「ファイル」→「オプション」をクリックします（**図3**）。すでにリボンに「開発」タブが表示させる要る場合、この操作は不要です。

図3 「ファイル」→「オプション」をクリック

開いたウィンドウの、「リボンのユーザー設定」にて「開発」にチェックを入れ、「OK」をクリックします（**図4**）。

図4 「開発」にチェック

リボンに追加された「開発」タブから、「コードの表示」をクリックします（**図5**）。この操作は「開発タブ」の有無に関わらず Alt + F11 キーでも行うことができます。

図5　コードの表示

この操作で開かれる画面が、**Visual Basic エディター**（略して**VBE**）と呼ばれる、VBAの編集画面です。表示されているウィンドウの各部は**図6**の名称となっています。

図6　VBE画面

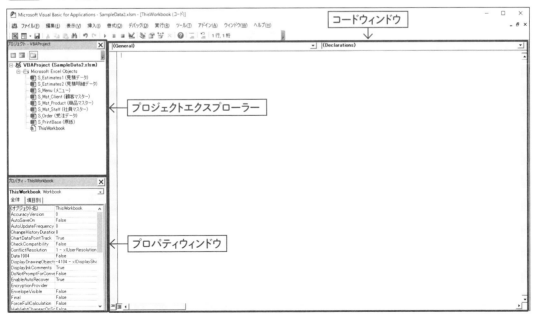

2-1-3 フォームを挿入する

このVBE画面で、ユーザーフォームを1つ作ってみましょう。「挿入」→「ユーザーフォーム」を
クリックします（図7）。

図7 ユーザフォームの挿入

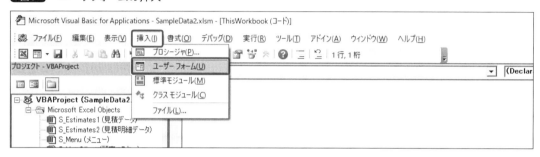

すると、図8のような画面になります。プロジェクトエクスプローラーに「フォーム」というフォ
ルダーアイコンと、その中に「UserForm1」という項目が追加されました。「UserForm1」に薄くグレー
がかかっていますが、このグレーが「現在選択されている項目」を表し、その内容が右側のウィンド
ウに表示され、新規フォームが見えます。

ツールボックスがプロジェクトエクスプローラー上に表示される場合がありますが、見やすい位
置へ移動できます。

図8 「UserForm1」が挿入された

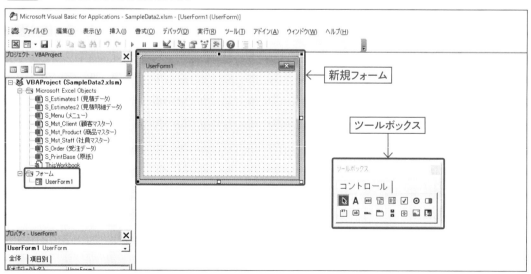

2-2 部品の配置
〜コントロール

2-1で作成したフォームはいわゆる「土台」です。今度はそこに「部品(コントロール)」を配置して、ユーザーが実際に操作を行う部分を作りましょう。

2-2-1 コントロールとは

　ワークシートに対して処理を行うとき、ワークシート自体は土台で、実際はその中のセルに値を入力するなどしますよね。これと同じで、**ユーザーフォームは土台**なので、その上にユーザーが扱う部品を配置していきます。この部品のことを**コントロール**と呼びます(図9)。

図9 コントロール

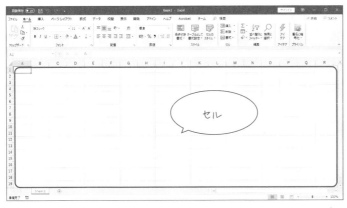

ワークシート

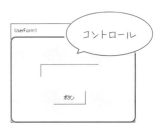

ユーザーフォーム

　また、ワークシート、セル、ユーザーフォーム、コントロールなど、Excel上で扱うもののすべてを総称して**オブジェクト**という呼び方もします。

2-2-2 ツールボックス

フォームにコントロールを配置する場合、**ツールボックス**(図10)から選択してフォーム上に配置

します。ツールボックスが表示されていない場合は、「表示」→「ツールボックス」から表示できます。

図10 ツールボックス

選択できるコントロールの概要を**表1**にまとめました。

表1 ツールボックスで選択できるコントロール

アイコン	名称	概要
↖	オブジェクトの選択	オブジェクトを選択して位置や大きさを調整したり、プロパティ (P.44 参照) の設定を行ったりすることができる
A	ラベル	タイトルや項目、説明のためのテキストなどを表示する
abl	テキストボックス	テキストまたはデータの表示、入力、編集を行う
🔽	コンボボックス	項目の一覧がドロップダウンリストで表示され、選択できる
📋	リストボックス	項目の一覧が表示され、選択できる
☑	チェックボックス	値の有効または無効を表す
⊙	オプションボタン	グループを設定した複数の選択肢の中の1つを有効にする
▭	トグルボタン	ボタンで有効/無効の状態を表し、クリックのたびに入れ替わる
⌈xy⌉	フレーム	一般的にオプションボタンやチェックボックスなどと併用され、複数の項目を視覚的にグループ化する
ab	コマンドボタン	クリックされたときに任意のアクション実行を設定できる
▭	タブストリップ	タブの切り替えで異なるデータを表示できる。タブ内はすべて同じレイアウトとなる
📁	マルチページ	タブの切り替えで異なるデータを表示できる。タブごとに違うレイアウトのコントロールを配置できる
⬍	スクロールバー	最小値と最大値を設定し、値の範囲をスクロールすることができる

	スピンボタン	数値、時刻、日付などの値を一定数ずつ増加または減少させる
	イメージ	BMP、JPG、GIFなどの画像を埋め込む
	RefEdit	ユーザーに任意のセル範囲を選択させ、その選択範囲の情報を表示する

なお、ツールボックスのアイテム領域を右クリック→「その他のコントロール」をクリックすると、ツールボックスに表示されていないコントロールも追加することができます（**図11**）。追加できるコントロールはPC環境によって異なる場合があります。

図11 その他コントロール

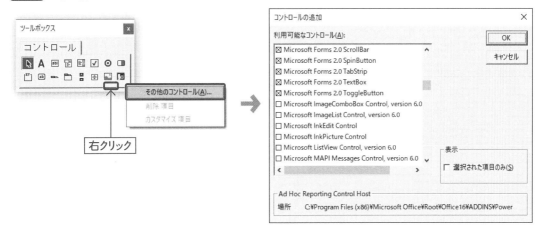

2-2-3 コントロールの配置

それでは、2-1で作成したフォームにコントロールを配置して「メニュー」フォームを作ってみましょう。

まずはこのアプリケーションのタイトルを挿入します。ツールボックスの「ラベル」を選択して、任意の場所でクリックすると、ラベルコントロールが挿入されます（**図12**）。

図12 ラベルコントロールの挿入

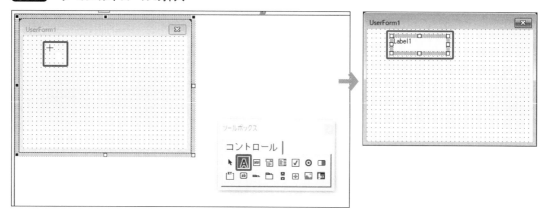

　なお、挿入の際クリックではなくドラッグすることで、あらかじめ任意の大きさでコントロールを作成することもできます（**図13**）。

図13 コントロールを任意の大きさで挿入

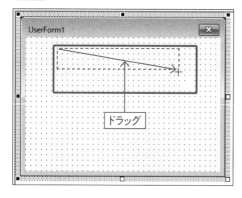

　ラベルに表示するテキストは直接コントロール上で変更することもできますが、この内容は「Caption（キャプション）」プロパティで設定されます。**プロパティ**というのはオブジェクト（フォームやコントロールなど）の**属性**のことで、選択されているオブジェクトのプロパティ一覧がプロパティウィンドウに表示されるので、そちらからも変更することができます（**図14**）。

配置したラベルのキャプションを変更しましょう。プロパティウィンドウで「Caption」を選択して、右側の入力欄に、元々入力してあった「Label1」の文字列を削除して、「販売管理システム」と入力します。

図14 キャプションの変更

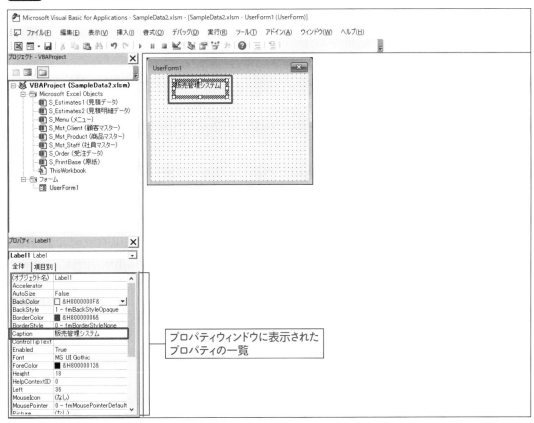

プロパティウィンドウに表示されたプロパティの一覧

配置したラベルはフォームのタイトルとして利用するので、もうちょっと目立たせたいと思います。フォーム上でラベルが選択された状態で、プロパティウィンドウの「Font」項目の右端に表示される「…」ボタンをクリックすると、文字のスタイルやサイズを変更することができます（**図15**）。

図15では、フォントの「スタイル」を「太字」に、「サイズ」を「14」にしています。サイズを大きくすると、配置したラベルに文字列が表示し切れなくなることがあります。その場合、ラベルを選択した状態で、周囲の□をドラッグして大きさを変更します。

図15 文字のスタイル / サイズを変更

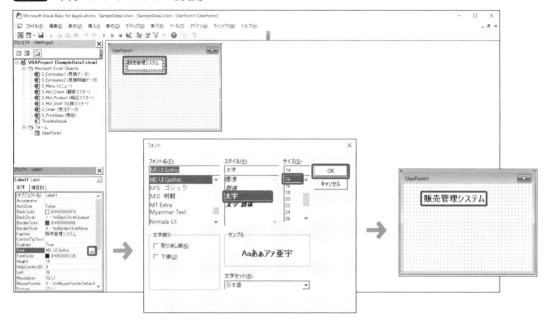

　ほかにもラベルのプロパティには「ForeColor」で文字色、「BackColor」で背景色など、さまざまな項目があります。プロパティの項目は、対象となるオブジェクトによって異なります。

　続けて、このフォームのタイトルバーのテキストも変更してみましょう。実はこれも「Caption」プロパティで変更します。フォーム自体を選択しているときにプロパティウィンドウから変更することができます（図16）。

図16 フォームのキャプションを変更

CHAPTER
2

各機能の起動スイッチとなる、ボタンを配置します。ツールボックスの「コマンドボタン」を選択してフォーム上で任意の大きさにドラッグします（**図17**）。

図17 コマンドボタンの挿入

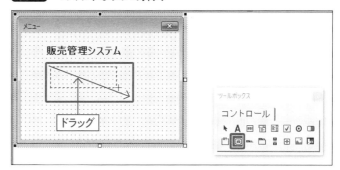

挿入されたコマンドボタンの「Caption」を変更し、表示テキストを機能名にします（**図18**）。

図18 キャプションの変更

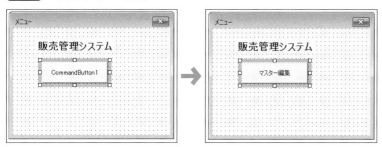

同じ要領で、さらに2つの機能ボタンと「終了」ボタンを配置し、それぞれ「Caption」を変更して**図19**のようにしてみましょう。コントロールやフォームの大きさは「オブジェクトの選択」ツールで変更することができます。

図19 コマンドボタンの追加

「名付け」のルール
～命名規則

2-3

フォームの見た目が整ってきて、いよいよプログラミングに入りたいところ
ですが、その前にオブジェクトの「名前」について学んでおきましょう。

2-3-1 命名規則とは

2-2ではコントロールの挿入、配置、キャ
プションの設定で見た目を整えました。ここ
で注意しておきたいのが、**キャプションはオ
ブジェクトの名前ではない**ということです。

「Caption」に設定されているテキストは、
ユーザーが利用する際に欠かせない情報です
が、プログラミングで必要になるのは、フォー
ム、コントロールなどを明確に識別するため
の**オブジェクト名**という部分です。

図20のように、「Caption」を変更したフォー
ムも、オブジェクト名は自動で付けられた
「UserForm1」のままです。ユーザーとしてア
プリケーションを使う側の人には見えません
が、プログラムを書くときにはオブジェクト
名を使います。

図20 オブジェクト名とキャプションの違い

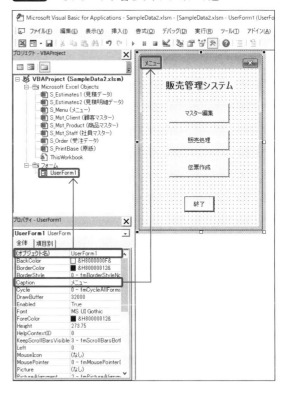

オブジェクト名は識別に使うものなので、極論を言えば、**ほかのどのオブジェクトとも被らない名称**であれば動作に問題はありません。しかし、プログラムを書くのも修正するのも人間の仕事ですので、人間の目から見て**識別しやすい名前**になっているのといないのとでは、**プログラムの読みやすさ**（**可読性**と呼びます）に大きく関わってくるのです。

とは言え、自由に名前を付けてよいとなると、たとえば「メニュー」に使うフォームを1つとっても、「MenuForm」「Form_menu」「メニューフォーム」などなどいろんな名前の付け方が想像できます。名前の付け方がそのつどバラバラだと、あまり可読性がよいとは言えません。

そこで決めておくべきなのが、**命名規則**（名前を付けるためのルール）です（**図21**）。このルールを設定してあれば、名称を見ればそれが何か推測ができますし、新しくオブジェクトを作る場合も一貫した名付けができます。

命名規則は言語や使われ方によってさまざまなので、正解はありません。そのため、その現場で使いやすい形を検討した上で命名規則を設定して、必要ならばそれを記録に残し、順守することが大切です。

図21 命名規則

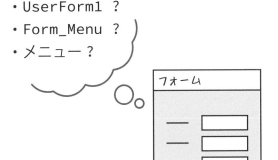

2-3-2 親オブジェクトの命名規則

本書では便宜上、プロジェクトエクスプローラーに表示される土台となるオブジェクト（シートやフォームなど）のことを、**親オブジェクト**と表現することとします。その上で、親オブジェクトの命名規則を種類（英頭文字のみ／大文字）＋_（アンダーバー）＋機能名（英名詞／頭文字大文字）と定義します（**表2**）。

表2 親オブジェクトの命名規則の例

オブジェクトの種類	例
フォーム（メニュー）	F_Menu
シート（受注データ）	S_Order
シート（印刷原紙）	S_PrintBase（2語以上は区切りを大文字に）
シート（顧客マスター）	S_Mst_Client（グループがある場合は_を使う）

　それでは、この命名規則に沿って「UserForm1」を「F_Menu」に変更してみましょう。フォームを選択して「オブジェクト名」部分を変更します。この部分を変更すると、**図22**のように下線部3箇所に反映されます。

図22 フォームのオブジェクト名変更

　シートは新しく追加された状態では「Sheet1」などの名前になるので、フォームと同様にプロジェクトエクスプローラーで選択して、プロパティウィンドウの「オブジェクト名」を変更して使います。収録されているサンプルでは、すでに命名規則に沿って変更してあります。

2-3-3 コントロールの命名規則

2-3-2でフォームの命名規則を「F_○○」と定義しましたが、フォームの上に配置するコントロールは、**種類（英略称/小文字）+_（アンダーバー）+機能名（英名詞/小文字はじまりで区切りを大文字）**と定義します（**表3**）。この命名規則に沿って、ラベル1つ、コマンドボタン4つのオブジェクト名を変更しておきましょう（**図23**）。

表3 コントロールの命名規則の例

図中の番号	コントロールの種類	例
❶	ラベル（タイトル）	lbl_title
❷	コマンドボタン（マスター編集）	btn_master
❸	コマンドボタン（販売処理）	btn_order
❹	コマンドボタン（伝票作成）	btn_report
❺	コマンドボタン（終了）	btn_close

図23 コントロールのオブジェクトの名変更

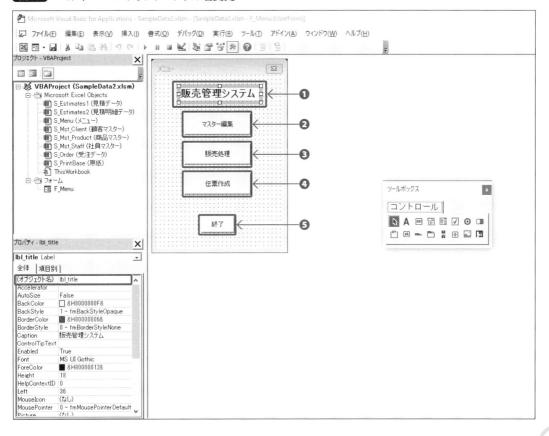

CHAPTER 2

2-4

VBAの書き方
～モジュールとプロシージャ

作成したフォーム、コントロールのオブジェクト名がきちんと設定されて、
プログラミングの下準備が整いました。いよいよVBAを書いていきましょう。

2-4-1 モジュール

　VBAでプログラミングを行う際、打ち込んでいく文字のことを**コード**と呼びますが、まずはその
コードを書くための土台が必要となります。

　土台となる**モジュール**を作成しましょう。「挿入」→「標準モジュール」をクリックします（**図24**）。

図24 標準モジュールの挿入

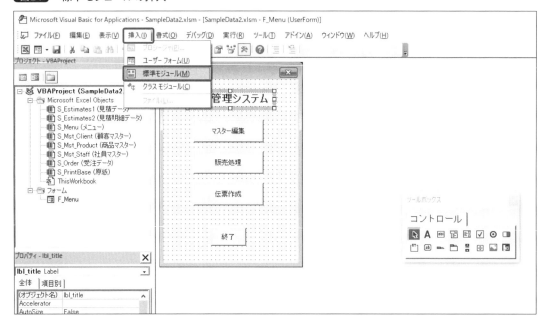

　すると、**図25**のような画面になります。プロジェクトエクスプローラーに「標準モジュール」とい
うフォルダーアイコンと、その中に「Module1」という項目が追加されました。

図25 挿入されたモジュール

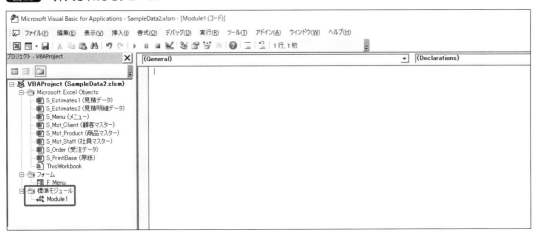

　このモジュールは、コードを書くための親オブジェクトなので2-3-2で定義した命名規則を適用して、「M_Startup」というオブジェクト名に変更します（**図26**）。

図26 オブジェクト名の変更

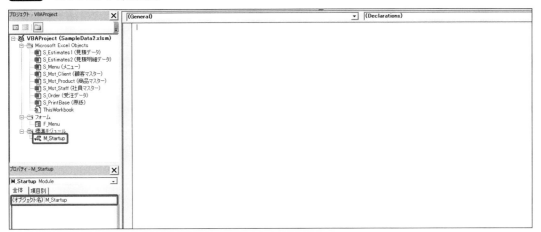

2-4-2 プロシージャ

　さて、このモジュールにプログラムを書いていくわけですが、プログラムにはここからここまでが**1つのまとまり**という範囲を作成して、名前を付ける必要があります。プログラムを動かしたいときは、そのまとまりの名前を指定して呼び出すのです。このまとまりを、**プロシージャ**と呼びます（**図27**）。

図27 プロシージャ

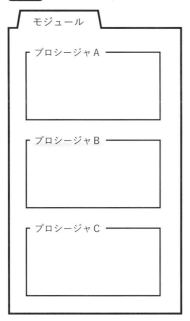

プロシージャBを
動かしてくださーい！

「M_Startup」がグレーになっている（アクティブ）状態で、コードウィンドウ上でクリックしてから、「挿入」→「プロシージャ」をクリックすると、「プロシージャの追加」ウィンドウが開きます。詳細は学習を進めながら随時解説していきますので、**図28**の設定のように、「名前」に「openMenu」と入力し、「種類」が「Subプロシージャ」、「適用範囲」が「Publicプロシージャ」であることを確認し、「OK」をクリックします。

図28 プロシージャの挿入

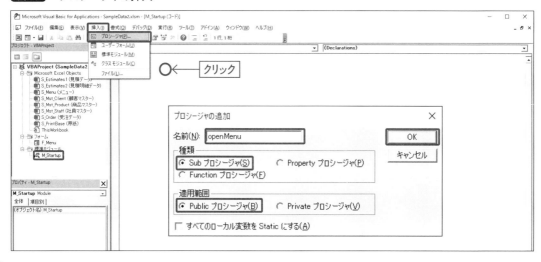

すると、コードウィンドウに**図29**のように挿入されました。

図29　挿入されたプロシージャ

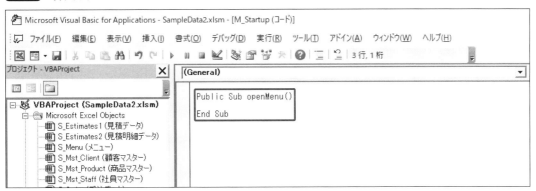

この挿入された部分はプロシージャの「枠」部分のようなもので、この中に実行したいコードを書いていきます（**図30**）。

図30　プロシージャの「枠」

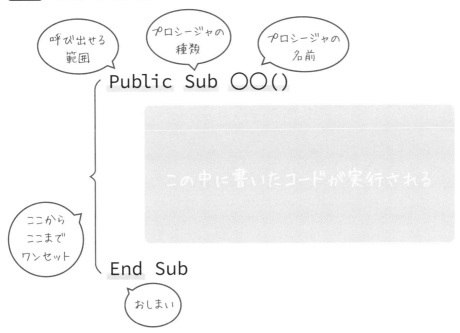

今回は「挿入」→「プロシージャ」から自動入力しましたが、直接入力でも必要な記述がされていればプロシージャと認識されます。

なお、本書ではプロシージャの命名規則は**動詞＋名詞**（**小文字はじまりで区切りを大文字**）と定義しています。

2-4-3 入力する文字のルール

それでは、この作成したプロシージャの中に、実際にコードを書いてみましょう。「openMenu」という名前を付けたので、「フォームを開く」という内容にするため、**コード1**のように書きます。

コード1 「フォームを開く」プロシージャ

```
01  Public Sub openMenu()
02      F_Menu.Show
03  End Sub
```

まず、プロシージャの中にコードを書くときに、Tab キーで空白を作ります。これは**インデント**（字下げ）と呼ばれ、動作には必須ではありませんが、プロシージャの**ブロック**の中に入るものを視覚的に分かりやすくするものです（**図31**）。

プロシージャ以外にも、「○○〜End ○○」というブロックは今後も出てくるので、インデントを適宜使って読みやすいコードを心がけましょう。

図31 インデント

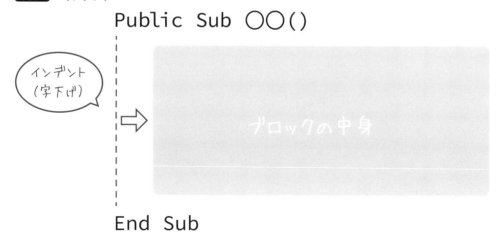

なお、Tab キーを押したときに何文字分インデントするかは「ツール」→「オプション」を選択すると開く「オプション」ウィンドウの「編集」タブの「タブ間隔」で設定することができます。サンプルは「2」で作成されています（**図32**）。

CHAPTER
2

図32　インデント文字数の設定

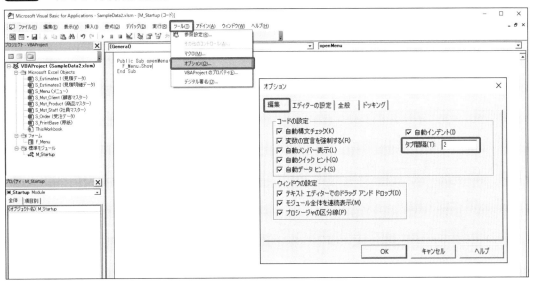

　コードは、基本的には**オブジェクト.命令語**のように書き、任意の文字列は命令語と区別するために、**"(ダブルクォーテーション)で挟む**などのルールがあります（**図33**）。

図33　コードのルールの例

F_Menu.Show

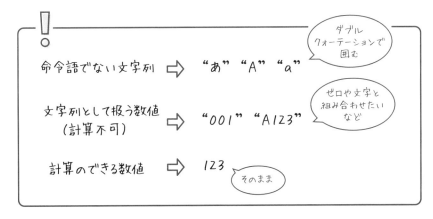

2-4-4 種類と特徴

コードを書くために標準モジュールを挿入しましたが、実はモジュールはこれだけではありません。すでにプロジェクトエクスプローラーに存在しているシート、フォームもモジュールなのです。シートの一番下にある「ThisWorkbook」と書かれているオブジェクトも、モジュールです（図34）。

なお、あらかじめ用意されているシートは表4のような情報が記載されています。

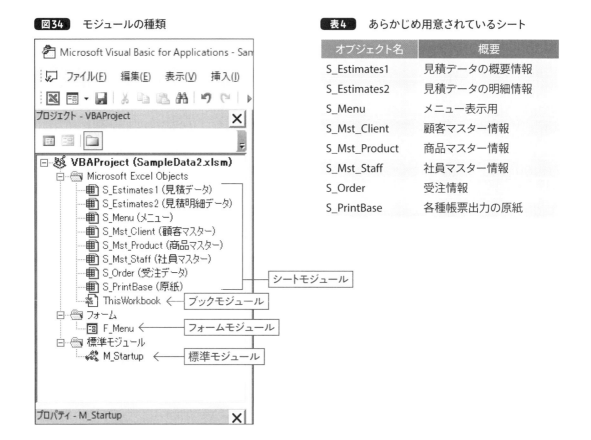

図34 モジュールの種類

表4 あらかじめ用意されているシート

オブジェクト名	概要
S_Estimates1	見積データの概要情報
S_Estimates2	見積データの明細情報
S_Menu	メニュー表示用
S_Mst_Client	顧客マスター情報
S_Mst_Product	商品マスター情報
S_Mst_Staff	社員マスター情報
S_Order	受注情報
S_PrintBase	各種帳票出力の原紙

標準モジュールはコードしか持ちませんが、シート／ブック／フォームモジュールは**オブジェクト**と**コード**の2種類の情報を持っています。

試しにフォームモジュールである「F_Menu」を右クリックして「オブジェクトの表示」を選択すると、2-2で作成した、フォームの外観を設定する画面が表示されます（図35）。

図35 オブジェクトの表示

もう一度「F_Menu」を右クリックして今度は「コードの表示」を選択してみると、コードを書くコードウィンドウが開きました（図36）。ここでフォームモジュールにコードを書くことができます。

図36 コードの表示

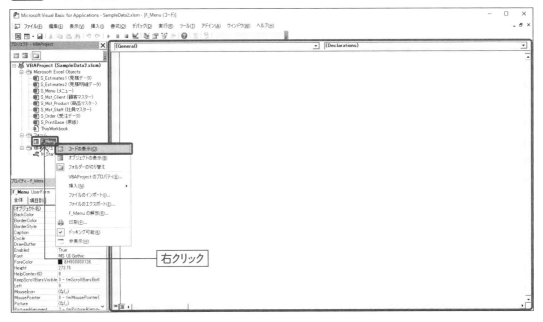

　オブジェクトを持つモジュールの大きな特徴は、**対象オブジェクトに特定の動作をされたら自動的に起動する**という性質のプロシージャ（**イベントプロシージャ**）を作ることができるということです。

　標準モジュールは依存するオブジェクトを持たないので、自動で起動しない標準のプロシージャ（**ジェネラルプロシージャ**）しか作ることができません（図37）。

図37　イベントプロシージャとジェネラルプロシージャ

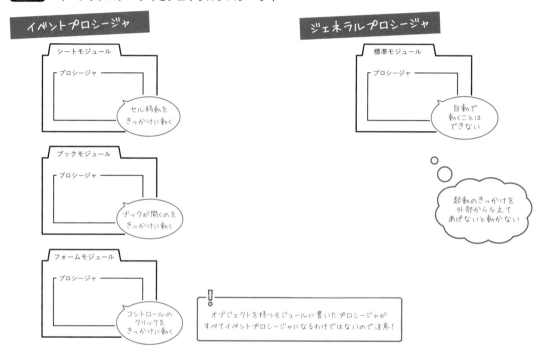

　イベントプロシージャについては**CHAPTER 3**以降で詳しく紹介していきますので、まずは先ほど作ったジェネラルプロシージャを動かしてみましょう。

2-4-5　フォームの表示

　VBE画面からExcelのシート画面に切り替えて、「M_Startup」モジュールに書いた「openMenu」プロシージャを実行します。

　「表示」→「マクロ」→「マクロの表示」をクリックするか、 Alt + F8 キーを押します（図38）。

図38　マクロの表示

外部からの呼び出し可能なプロシージャの一覧が表示されます(**図39**)。「openMenu」プロシージャを選択して「実行」をクリックしてみましょう。

図39　プロシージャの実行

すると、プロシージャ内の「F_Menu.Show」というコードが実行され、「F_Menu」フォームが表示されました(**図40**)。

現時点ではこのフォームにはまだコードを書いていないので、フォーム上のコマンドボタンをクリックしても何も起こりません。終了させる場合、右上の「×」ボタンで閉じてください。

図40 プロシージャが実行された

CHAPTER

3

フォームの操作

CHAPTER 3

3-1 フォームの表示
〜メソッド

2-4でプロシージャの作成と実行をはじめて行いましたが、書いたコード
をもう少し詳しく掘り下げてみましょう。

3-1-1 コードの意味

おさらいですが、**2-4**（P.52参照）では「M_Startup」という標準モジュールを作り、そこにコード
が1行のプロシージャを書きました（**コード1**）。

コード1 2-4で書いたプロシージャ

```
01  Public Sub openMenu()
02      F_Menu.Show
03  End Sub
```

プロシージャのはじまりの行には、それがどんな特徴を持つのかが書かれています。この場合は**図
1**のようになっており、この記述によって使われ方が変わります。

図1 プロシージャの特徴

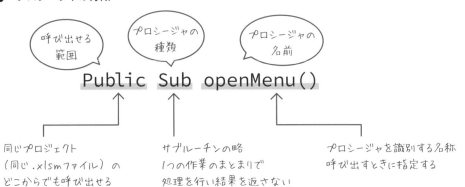

プロシージャの中身の部分ですが、**2-4** でざっくりと**命令語**と表現した「.Show」の部分は、オブジェクトに対する**メンバー**と呼びます。メンバーの中にも種類があり、「.Show」は**操作**や**働き**を表す**メソッド**と呼ばれるものです（**図2**）。

図2　メソッド

F_Menu.Show

意味：「F_Menu」フォーム を 表示する

働き＝メソッド

また、オブジェクトの種類によって用意されているメンバーは異なります。たとえば「フォーム」オブジェクトに対しては「.Show」メソッドが存在しますが、「シート」オブジェクトには存在しません。そのオブジェクトの役割や特徴によって、形も動きも違うからです。

3-1-2　VBE画面からプロシージャを実行

2-4 ではExcel画面へ切り替えて「マクロの表示（ Alt ＋ F8 キー）」からプロシージャを実行しましたが、VBE上からでもプロシージャを実行することができます。

プロシージャ内にカーソルを置くと上部のドロップダウンリストの項目がプロシージャの種類と名前に変わります。これがプロシージャを選択している状態となるので、これで実行ボタンをクリックします（**図3**）。 F5 キーでも同じ結果が得られます。

図3　VBE上でプロシージャの実行

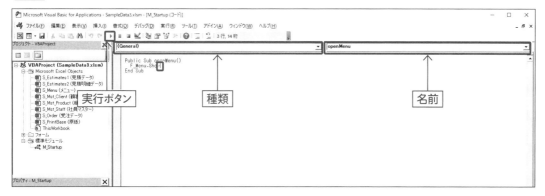

プロシージャが実行され、フォームが表示されました（**図4**）。

図4 実行結果

　なお、この動作はプロシージャが**単体で動かすことができる**条件を満たしていないと実行できません。たとえば有効範囲がPublic（どこからでも呼び出せる）なSubプロシージャであるとか、実行するのにほかの場所から材料（引数と言います）を持ち込む必要がないなどです。

　条件を満たしていないと、**2-4-5**のマクロの一覧に表示されません。

3-1-3　シートにボタンを配置して実行

　このほかにも、Excelのシート上に専用の起動ボタンを作成することもできます。

　「開発」タブの「挿入」から「フォームコントロール」の「ボタン」を選択します（**図5**）。

図5 コントロールの選択

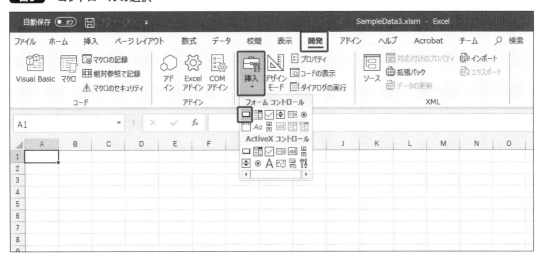

　任意の位置でドラッグすると割り当てるプロシージャを選択できるので、「openMenu」プロシージャを選択して「OK」をクリックします（図6）。

図6 ボタンの作成とプロシージャ選択

　ボタンの大きさや標題、オブジェクト名は変更できます（図7）。このコントロールのオブジェクト名は本書ではプログラム上では使用しませんが、デフォルトのものから適宜変更する癖を付けておくのもよいでしょう。

図7 標題などの変更

 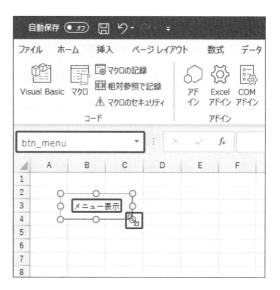

　配置したボタンをクリックすると、このボタンに割り当てられた「openMenu」プロシージャが実行され、フォームが開きます（**図8**）。

図8 シート上のボタンからプロシージャを実行

3-2 フォームからフォームを表示する ～Clickイベント

ここまでで、「メニュー」のフォームが開くようになりました。今度はこのフォームからさらに各機能のフォームが開くようにしてみましょう。

3-2-1 操作用フォームの作成

今回のアプリケーションは大きく分けて3種類の機能があります。フォームを複数作成すると、プロジェクトエクスプローラー内の項目が増えていくので、「F_グループ名_機能名」のように作成しておくと同じグループのフォームがバラバラにならずに済みます。

これを踏まえて、各機能の最初に開くフォームをそれぞれ作成しましょう。2-1-3（P.40参照）を参考に新規フォームを3つ挿入して、オブジェクト名とキャプションを変更しましょう（図9）。

図9 3つの新規フォーム

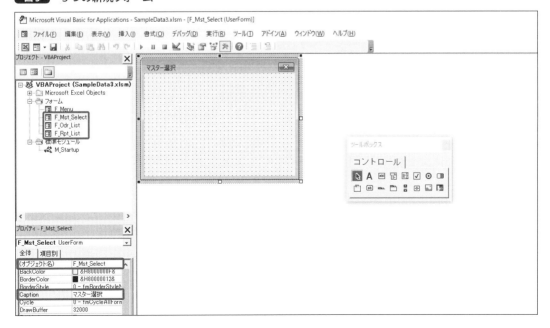

それぞれ、**表1**のように設定します。

表1 各フォームの設定

オブジェクト名	キャプション
F_Mst_Select	マスター選択
F_Odr_List	見積一覧
F_Rpt_List	伝票未発行一覧

3-2-2 イベントプロシージャの作成

次にプロジェクトエクスプローラーの「F_Menu」をダブルクリックして「オブジェクトの表示」状態（P.58参照）で開きます。ここで実現したいのは、配置されている「コマンドボタンをクリック」したら「対応するフォームを開く」という動きです。

これには**2-4-4**（P.60参照）でふれた、**イベントプロシージャ**を使います。直接コードを打ち込んで作成することもできますが、もっとかんたんに作成する方法があります。例として「マスター編集」ボタンをダブルクリックしてみましょう（**図10**）。

図10 コマンドボタンをダブルクリック

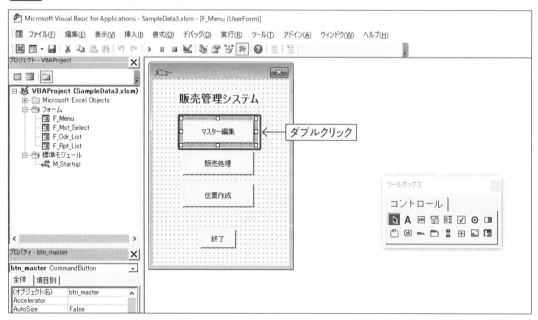

すると、**図11**のような画面になりました。プロジェクトエクスプローラーを見ると、「F_Menu」がグレーになっているので、この画面は「F_Menu」フォームモジュールの「コードの表示」状態（P.59

参照) だということがわかります。

図11　「コードの表示」状態になった

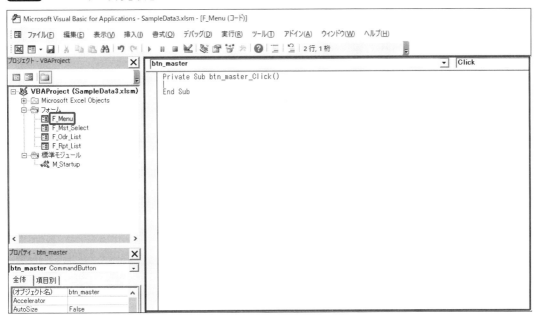

　ここに自動でプロシージャの枠が挿入されていますね。先頭行を詳しく見てみましょう (**図12**)。

　有効範囲は「Private」となっています。「Public」はどこからでも実行できるプロシージャでしたが、Privateはこの**プロシージャが書かれているモジュール**からでないと実行できません。

　プロシージャの名前も自動で命名されていて、「オブジェクト名_イベント名」となっています。フォームやシートなどのモジュールに「オブジェクト名_イベント名」と書かれたプロシージャは、**イベントプロシージャと認識される**という特徴があるのです。この形であれば、このプロシージャは「btn_master」ボタンがクリックされたときに自動で起動します。

図12　自動挿入されたイベントプロシージャ

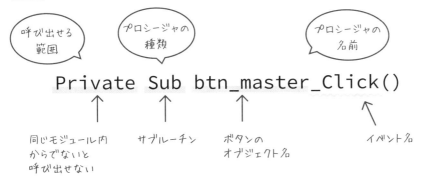

　もちろん、**イベントプロシージャと認識されるには、実際に存在するオブジェクトとイベントでないといけません。**存在しないコントロールなど、記述に不備がある場合はジェネラルプロシージャと認識されます。

　ちなみに、イベントはそのオブジェクトに対して複数存在します。コードウィンドウ上部、左側のドロップダウンリストには、現在選択されているモジュールに存在するオブジェクトの一覧が表示されます（**図13**）。

図13 存在するオブジェクト一覧

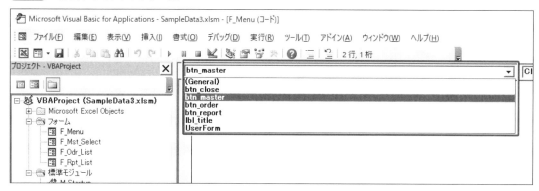

　コマンドボタンである「btn_master」を選択すると、右側のドロップダウンリストには、そのオブジェクトに対応したイベントの一覧が表示されます（**図14**）。

図14 対応するイベント一覧

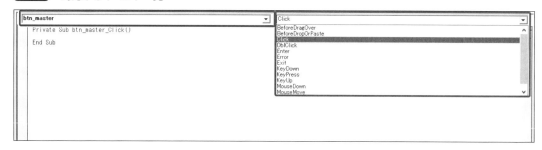

　見てみると、コマンドボタンには「Click（クリック時）」だけでなく、「DblClick（ダブルクリック時）」や「Enter（フォーカスイン時）」、「Exit（フォーカスアウト時）」など、たくさんのイベントが存在していますね。このイベントのどれかを選択すると、その記述のイベントプロシージャが自動で挿入されます。

　さて、こんなにイベントがたくさんあるのに、なぜ「Click（クリック時）」のイベントが自動挿入されたのでしょうか？　これは、「Click（クリック時）」がコマンドボタンに対する**既定のイベント**として定められているからです。ただし、オブジェクトの種類によって、規定のイベントは異なります。

　なお、イベントプロシージャは直接入力でも記述に不備がなければ認識されますが、自動挿入を利用したほうが、間違いがなくておすすめです。

　では、このイベントプロシージャの中身を書きます。書く内容は**2-4-3**（P.56参照）で書いたものとほぼ同じですが、ここでは入力補助機能を使ってみましょう。入力補助機能は、「ツール」→「オプション」を選択することで開くウィンドウにて、**図15**のようにチェックが入っていれば利用でき、間違いが少なく時間短縮にもなるのでおすすめです。

図15　入力補助機能の確認

　それでは「btn_master_Click」プロシージャの中にコードを書いていきましょう。ここでは「F_Mst_Select」フォームの「.Show」メソッドを書く予定です。

　インデントと「F」を入力した状態で、「Ctrl」＋スペース」キーを押してみてください（**図16**）。

図16　「F」に「Ctrl」＋スペース」

```
Private Sub btn_master_Click()
　F|
End Sub
```

すると、「F」からはじまる記述の候補が表示されました。↑↓キーで選択して、Tabキーで確定します（図17）。

図17 入力候補の選択

Private Sub btn_master_Click()
F
F_Menu
F_Mst_Select
F_Odr_List
F_Rpt_List
False
FileAttr
FileCopy

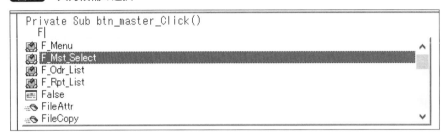

選択した候補が自動入力されました（図18）。直接入力より間違いがなく素早く入力できます。

図18 自動入力された

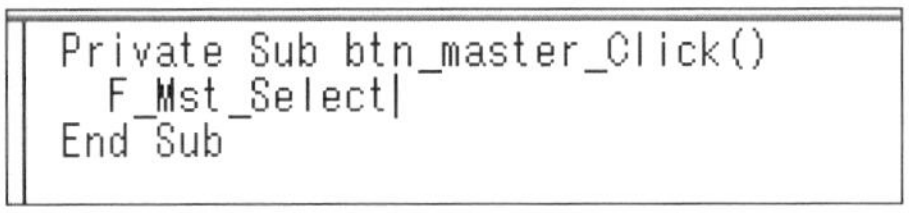

Private Sub btn_master_Click()
F_Mst_Select
End Sub

オブジェクトの記述に続いて接続語である「.」を入力します。すると、そのオブジェクトに対して記述できるメンバーの候補が一覧表示されます（図19）。

図19 「.」でメンバーが表示される

Private Sub btn_master_Click()
F_Mst_Select.
End Sub
ActiveControl
BackColor
BorderColor
BorderStyle
CanPaste
CanRedo
CanUndo

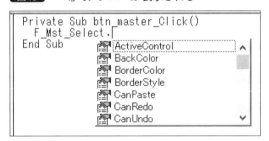

この中から「.Show」メソッドを選ぶのですが、頭文字を入力すると、候補が絞り込まれていきます。↑↓キーで選択してTabキーで確定します（図20）。

図20 Show メソッドの選択

Private Sub btn_master_Click()
F_Mst_Select.sh
End Sub
Show
SpecialEffect
StartUpPosition
Tag
Top
UndoAction
VerticalScrollBarSide

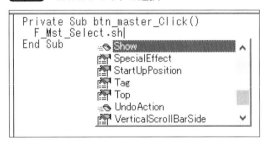

自動挿入されました（図21）。入力時は小文字で書いていたものも補正されます。

図21 自動挿入された

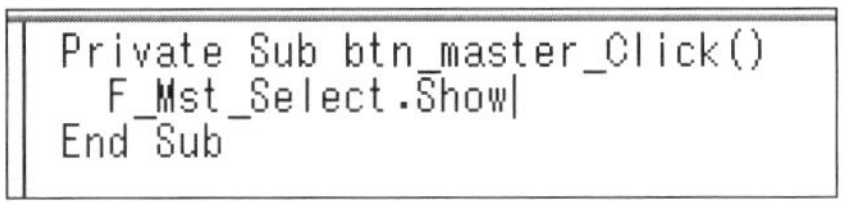

Private Sub btn_master_Click()
F_Mst_Select.Show
End Sub

このように、入力補助機能を使うとコードの入力がとても楽になります。

3-2-3 コメントアウトでメモを入れる

ここまでの操作を踏まえて、3つのコマンドボタンのクリックイベントプロシージャを作成し、そのボタンに対応するフォームのShowメソッドを書くと**図22**のようになります。

図22 3つのクリックイベントプロシージャ

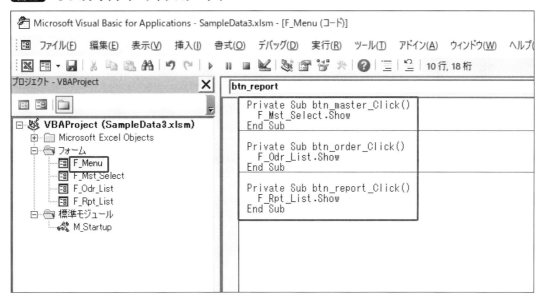

この状態で動作は問題ありませんが、**プロシージャが増えてくるとどうしても読みづらさも増してしまいます**。適切な命名規則に沿ってコードが書かれていれば解読は楽にはなりますが、パッと見た感じのとっつきにくさは否めません。

そこで、モジュール／プロシージャの先頭に概要を端的に**メモ**してみましょう。

VBAでは、コード内で「' (シングルクォーテーション)」を入力すると、その行のそこから右側が処理されなくなる、**コメントアウト**という状態 (該当部分は文字色が緑) になります。

メモの書き方は自由で構いませんが、本書ではモジュールは「'# ○○」、プロシージャは「'## ○○」という形で書くこととします (**図23**)。

図23 コメントアウトで概要を記述

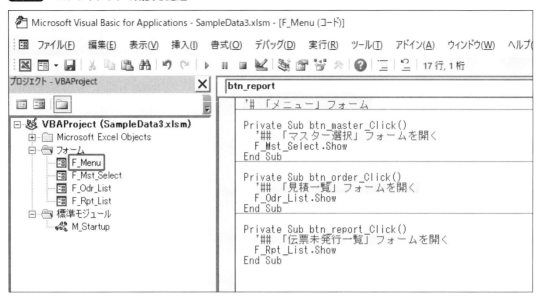

このプロシージャはどれも内容が短いのでコメントを付けなくてもさほど苦にはなりませんが、この先プロシージャの内容も長く複雑になっていきますので、こういったルールにしておきます。

「M_Startup」モジュールも同様にしておきましょう（図24）。

図24 標準モジュールへも概要を記述

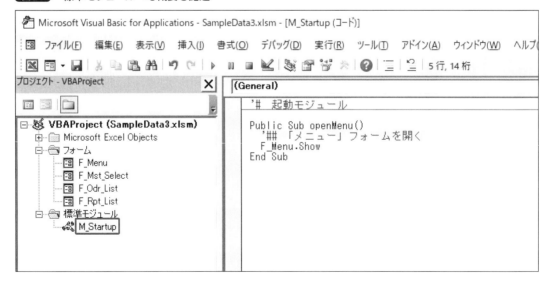

3-2-4 動作確認とタブインデックス

ここまでコードが書けたら、想定通りに動くか確認してみましょう。Excelのシート画面で、3-1-3（P.66参照）で設置したボタンをクリックし、「メニュー」フォームを開きます（図25）。

図25 「メニュー」フォームの起動

ここで、「マスター編集」ボタンをクリックすると、「マスター選択」フォームが開きます（図26）。

図26 ボタンに対応するフォームが開く

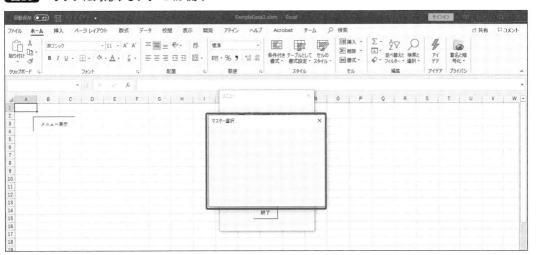

各ボタンから対応したフォームが開くか、それぞれ確認してみてください。

また、フォームを表示したとき、コントロールのフォーカス（選択状態）は [Tab] キーで移動することができますが、この移動する順番はそれぞれのコントロールのプロパティウィンドウにて「TabIndex」という項目で制御することができます（図27）。

図27 タブインデックスでフォーカスの順番を制御

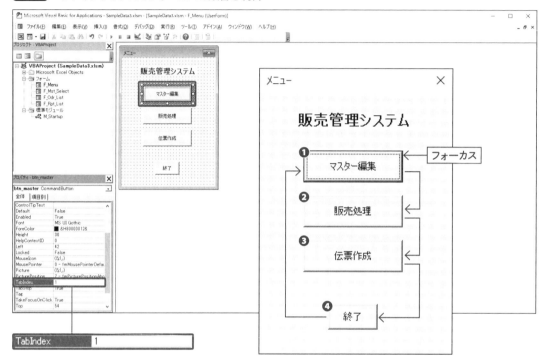

コントロールを複数作成して配置を入れ替えるなどすると、意図しない順番でフォーカスが動いてしまうことがあるので、フォームを作成し終わったら最後にこの項目をチェックするとよいでしょう。

なお、フォーカスは「TabStop」が「True」のコントロールのみ遷移します。

3-3 フォームを閉じる
～HideとUnload

各機能のフォームを開く実装ができましたが、まだ「終了」ボタンが残っていますね。このボタンに「フォームを閉じる」動きを書いてみましょう。

3-3-1 Hideメソッドで閉じる

まずは「終了」ボタンのクリックイベントプロシージャを作成します（図28）。

図28 イベントプロシージャの挿入

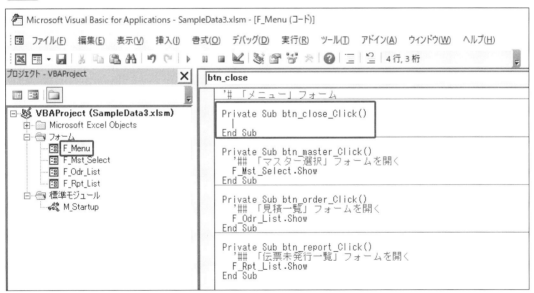

「フォームを閉じる」という動きをさせる方法の1つは「Hide」メソッドで、**コード2**のように書きます。

コード2 Hideメソッド

```
01  Private Sub btn_close_Click()
02    F_Menu.Hide
03  End Sub
```

この「Hide」メソッドはフォームを「閉じる」というより「隠す」といったニュアンスがあり、見た目には見えなくなるものの存在はしています。「Hide」で隠されているフォームは、別のモジュールから操作したり値を参照したりといったことが可能です。

ただし、この特徴のため実行されなくなるイベントもある (P.352参照) ということも留意しておきましょう。

また、オブジェクトを指定する際、それが**現在コードを書いているモジュール、つまり自分自身**である場合、「Me」と書くことができます (**コード3**)。

コード3 「自分自身」を「Me」で置き換え

```
01  Private Sub btn_close_Click()
02    Me.Hide
03  End Sub
```

こちらのほうが可読性がよいので、本書ではMeで進めていきます。

3-3-2 Unloadステートメントで閉じる

もう1つの方法は、「Unload」ステートメントを使う方法です。**ステートメント**は構文といった意味で、**コード4**のように書きます。

コード4 Unloadステートメント

```
01  Private Sub btn_close_Click()
02    Unload Me
03  End Sub
```

「Hide」が**隠す**ニュアンスだとすると、「Unload」では**消去**のようなイメージです。存在しなくなるので、別のモジュールから操作したり値を参照したりといったことは不可能です。フォーム右上の×ボタンは「Unload」と同様です。

どちらを使ってもよいですが、筆者は不必要なものはなるべく破棄しながら使うほうがよいと考え

ているので、本書では「Unload」をメインに使っていきます。

「閉じる」記述とコメントも追加して、**図29**のような記述になりました。

図29　「閉じる」ボタンまで実装した結果

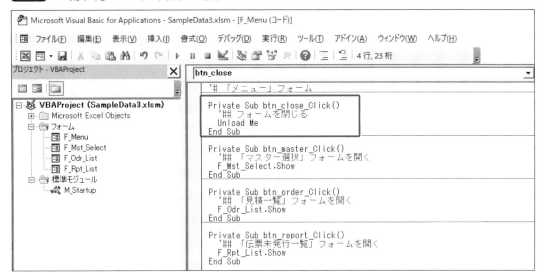

動作確認してみましょう。「メニュー」フォームを表示して「終了」ボタンをクリックします（**図30**）。

図30　「終了」ボタンの動作確認

「メニュー」フォームを閉じることができました（図31）。

図31 フォームが閉じた

CHAPTER

4

シートからフォームへ

CHAPTER 4

4-1 編集フォームの作成
～TextBoxとLabel

ここまでフォームの作成と表示について学んできましたが、まだ実践的なものではありません。ここでは、いよいよフォームに値の「入力」や「表示」をするコントロールを配置してみましょう。

4-1-1 一時的なプロシージャ

まずは、「マスター編集」機能から作ります。「マスター編集」機能は5つのフォームから構成されており、「マスター選択」→「○○（選択された項目）一覧」を経て、それぞれの「○○情報編集」フォームへ分岐します（図1）。

図1 「マスター編集」機能で使うフォーム

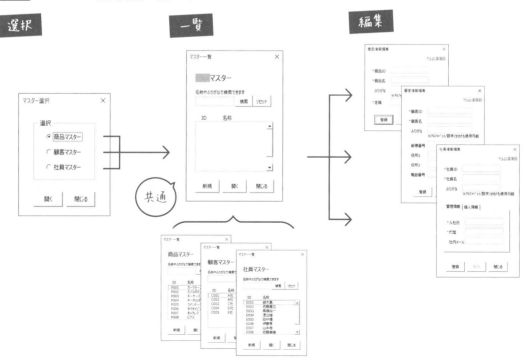

　図1の右側の3つの「○○情報編集」というフォームを使って、Excelのシートの情報を読み書きします。このフォームは、マスター情報の書かれた3つのシートにそれぞれ対応しています。

　図2が「商品マスター」に関するシートとフォームです。

図2 商品マスター

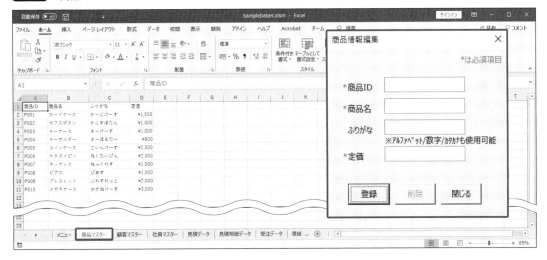

　図3が「顧客マスター」に関するシートとフォームです。

図3 顧客マスター

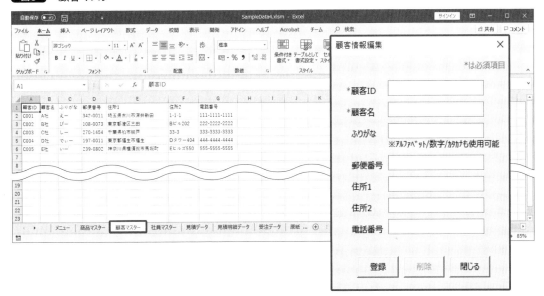

CHAPTER 4

図4が「社員マスター」に関するシートとフォームです。

図4 社員マスター

これら3つのフォームを作りながら学習していきたいのですが、動作確認はこまめに行ったほうが理解しやすいです。そのため、作ったフォームをすぐに表示できる一時的なプロシージャを作っておきましょう。

「M_Startup」モジュールに「一時的（temporary）」という意味の「tmp」プロシージャを作成します（図5）。2-4-2（P.54参照）の手順で挿入してもよいですし、直接入力で作成することもできます。

図5 「tmp」プロシージャの作成

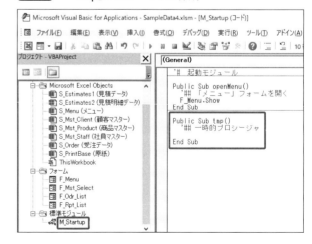

なお、**2-4-2**（P.56参照）でプロシージャの命名規則を「動詞＋名詞」と定義していると書きましたが、tmpに関しては例外とします。

ここで表示するフォームを作成します。まずは「商品マスター」からはじめてみましょう。

「挿入」→「ユーザーフォーム」でフォームを作成し、オブジェクト名を「F_Mst_Editor_Product」、キャプションを「商品情報編集」とします（**図6**）。

図6　「商品情報編集」フォームの作成

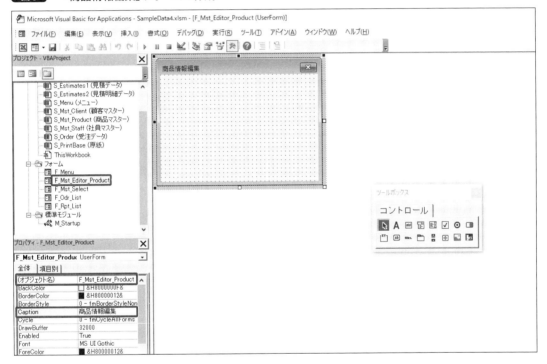

先ほど作成した「tmp」プロシージャに、このフォームを開く記述を加えます（**コード1**）。

コード1　フォームを開く記述を追記

```
01  Public Sub tmp()
02    '## 一時的プロシージャ
03    F_Mst_Editor_Product.Show
04  End Sub
```

余談ですが、プロシージャ冒頭の「Public/Private」部分は、**省略するとPublicになる**という特徴があります。

さて、これで「F_Mst_Editor_Product」フォームを開くためのプロシージャができました。実行は**3-1-2**（P.65参照）を参照してください。

4-1-2 ラベルとテキストボックス

では、このフォームに必要なコントロールを配置していきましょう。情報を読み書きしたい「商品マスター」シートを見てみると、項目は「商品ID」「商品名」「ふりがな」「定価」の4つです。

まずは**2-2-3**（P.43参照）を参考に、ラベルを4つ配置してキャプションをこれらの項目と同じにしてみましょう（図7）。

図7 ラベルの挿入

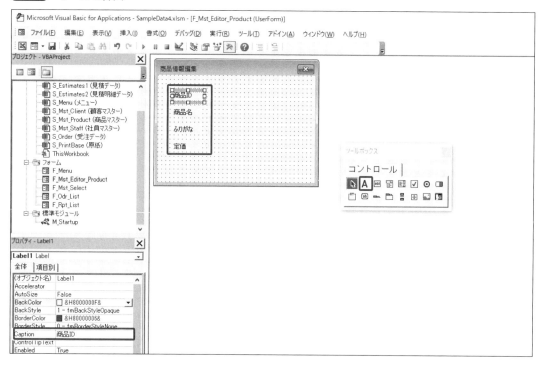

ラベルと同じ要領で、それぞれの隣に「テキストボックス」を4つ作成します（図8）。同じ手順で1つずつ挿入してもよいですし、1つ挿入後にコピー＆ペーストでも作成できます。

図8 テキストボックスの挿入

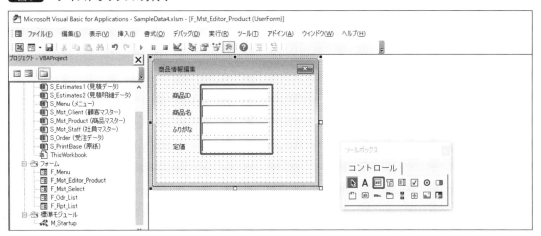

テキストボックスには、プロパティウィンドウに「IMEMode」という項目が存在します（図9）。

IMEとは入力方式エディターと呼ばれるもので、この項目では、コントロールにフォーカスが移ったときの入力方式を制御することができます。

図9 IMEMode

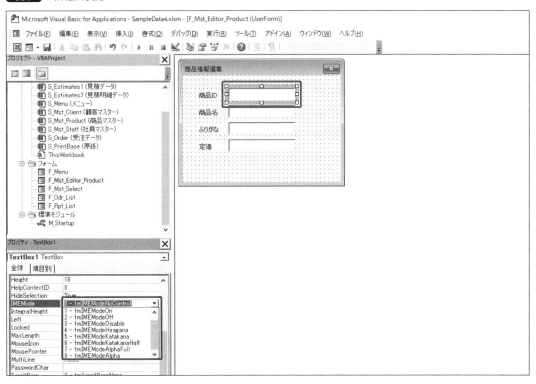

モードと内容を**表1**にまとめました。たとえば「商品ID」には半角英数字しか使わず、日本語入力されては困るといった仕様の場合は、あらかじめIMEModeを設定しておくとよいでしょう。

表1 IMEMode一覧

モード	内容
0 - fmIMEModeNoControl	IME を変更しない（既定値）
1 - fmIMEModeOn	IME をオンにする
2 - fmIMEModeOff	IME をオフにする
3 - fmIMEModeDisable	IME をオフにする（オンにできない）
4 - fmIMEModeHiragana	全角ひらがなモードで IME をオンにする
5 - fmIMEModeKatakana	全角カタカナ モードで IME をオンにする
6 - fmIMEModeKatakanaHalf	半角カタカナ モードで IME をオンにする
7 - fmIMEModeAlphaFull	全角英数字モードで IME をオンにする
8 - fmIMEModeAlpha	半角英数字モードで IME をオンにする

ここまで作成した4つのラベルとテキストボックスのオブジェクト名やIMEModeを、**図10**と**表2**を参照しながら変更しましょう。

図10 ラベルとテキストボックス

表2 ラベルとテキストボックスの設定

図中の番号	種類	オブジェクト名	キャプション	IMEMode
❶	ラベル	lbl_prdId	商品ID	-
❷	ラベル	lbl_prdName	商品名	-
❸	ラベル	lbl_prdKana	ふりがな	-
❹	ラベル	lbl_prdPrice	定価	-
❺	テキストボックス	txb_prdId	-	3 - fmIMEModeDisable
❻	テキストボックス	txb_prdName	-	1 - fmIMEModeOn
❼	テキストボックス	txb_prdKana	-	1 - fmIMEModeOn
❽	テキストボックス	txb_prdPrice	-	3 - fmIMEModeDisable

4-1-3 コマンドボタン

2-2-3（P.47参照）を参考に、コマンドボタンも3つ追加しましょう。図11と表3を参照しながらキャプションとオブジェクト名を設定します。

表3 コマンドボタンの設定

図中の番号	オブジェクト名	キャプション
❶	btn_edit	登録
❷	btn_delete	削除
❸	btn_close	閉じる

図11 コマンドボタン

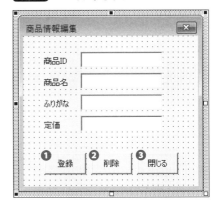

4-1-4 顧客/社員フォームの作成

ここまで作ってきた「商品情報編集」フォームと同様の手順で、「顧客情報編集」フォームと「社員情報編集」フォームも作成します。

「顧客情報編集」フォームを図12と表4を参照しながら作ってみましょう。

図12 「顧客情報編集」フォーム

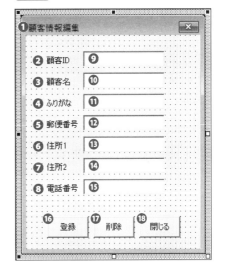

表4 「顧客情報編集」フォームの設定

図中の番号	種類	オブジェクト名	キャプション	IMEMode
❶	フォーム	F_Mst_Editor_Client	顧客情報編集	-
❷	ラベル	lbl_cltId	顧客ID	-
❸	ラベル	lbl_cltName	顧客名	-
❹	ラベル	lbl_cltKana	ふりがな	-

図中の番号	種類	オブジェクト名	キャプション	IMEMode
❺	ラベル	lbl_cltPostalCode	郵便番号	-
❻	ラベル	lbl_cltAddress1	住所1	-
❼	ラベル	lbl_cltAddress2	住所2	-
❽	ラベル	lbl_cltPhone	電話番号	-
❾	テキストボックス	txb_cltId	-	3 - fmIMEModeDisable
❿	テキストボックス	txb_cltName	-	1 - fmIMEModeOn
⓫	テキストボックス	txb_cltKana	-	1 - fmIMEModeOn
⓬	テキストボックス	txb_cltPostalCode	-	3 - fmIMEModeDisable
⓭	テキストボックス	txb_cltAddress1	-	1 - fmIMEModeOn
⓮	テキストボックス	txb_cltAddress2	-	1 - fmIMEModeOn
⓯	テキストボックス	txb_cltPhone	-	3 - fmIMEModeDisable
⓰	コマンドボタン	btn_edit	登録	-
⓱	コマンドボタン	btn_delete	削除	-
⓲	コマンドボタン	btn_close	閉じる	-

　次に「社員情報編集」フォームを**図13**と**表5**を参照しながら作ってみましょう。

　ここでは**マルチページ**（P.42参照）というコントロールを使っています。挿入方法は、ほかと同じくツールボックスから選択してドラッグします。タブ部分をクリックすると該当のページが現れるので、その中にコントロールを配置します。

図13　「社員情報編集」フォーム

表5 「社員情報編集」フォームの設定

図中の番号	種類	オブジェクト名	キャプション	IMEMode
❶	フォーム	F_Mst_Editor_Staff	社員情報編集	-
❷	ラベル	lbl_stfId	社員ID	-
❸	ラベル	lbl_stfName	社員名	-
❹	ラベル	lbl_stfKana	ふりがな	-
❺	テキストボックス	txb_stfId	-	3 - fmIMEModeDisable
❻	テキストボックス	txb_stfName	-	1 - fmIMEModeOn
❼	テキストボックス	txb_stfKana	-	1 - fmIMEModeOn
❽	マルチページ	mlt_mngInfo	管理情報	-
❾	ラベル	lbl_stfJoinday	入社日	-
❿	ラベル	lbl_stfPosition	所属	-
⓫	ラベル	lbl_stfMail	社内メール	-
⓬	テキストボックス	txb_stfJoinday	-	3 - fmIMEModeDisable
⓭	テキストボックス	txb_stfPosition	-	1 - fmIMEModeOn
⓮	テキストボックス	txb_stfMail	-	3 - fmIMEModeDisable
⓯	マルチページ	mlt_psnInfo	個人情報	-
⓰	ラベル	lbl_stfBirthday	生年月日	-
⓱	ラベル	lbl_stfPhone	電話番号	-
⓲	テキストボックス	txb_stfBirthday	-	3 - fmIMEModeDisable
⓳	テキストボックス	txb_stfPhone	-	3 - fmIMEModeDisable
⓴	コマンドボタン	btn_edit	登録	-
㉑	コマンドボタン	btn_delete	削除	-
㉒	コマンドボタン	btn_close	閉じる	-

これで、フォームの準備ができました。

4-2 フォームへのデータの読み込み ～プロパティ

作成したフォームへ、対応するシートの情報を読み込むコードを書いてみましょう。

4-2-1 プロパティとは

3-1-1(P.65参照)では、**オブジェクト**に対する**働き**を**メソッド**と学びました。これと似た使い方で、オブジェクトの属性を表すものに**プロパティ**があります(**図14**)。プロパティは何らかの値と共に使って状態を変化させる場合などによく使われます。

図14 メソッドとプロパティ

ここで使われる「=(イコール)」は、等しいという意味よりは、**右側から左側へモノを入れる(代入する)**イメージです。

ここで、次にやりたいことを詳細に考えてみましょう。先ほど作成したフォームに、対応するシートの値を読み込ませたいわけですよね。フォームやコントロール、シートやセル、そういったイメージをコードで表現すると図15のようになります。

図15　イメージをオブジェクト名に置き換える

フォーム．テキストボックス．値 ＝ シート．セル．値

F_Mst_Editor_Product.txb_prdId.Value = S_Mst_Product.Range("A2").Value
　フォーム　　　　テキストボックス　値　　　シート　　　　　セル　　　値

このように、セルのValueプロパティをテキストボックスのValueプロパティに代入してやることで、**テキストボックスにデータを読み込む**という状態を作ることができます。

4-2-2　Initializeイベントプロシージャ

それでは、どのタイミングで「フォームにデータを読み込む」動作をさせるのがよいでしょうか？さまざまなタイミングが考えられますが、本書では「フォームを開くとき」に実行されるイベントである、Initialize（初期化）イベントを利用してみましょう。

Initializeプロシージャを作成します。「F_Mst_Editor_Product」（商品情報編集）フォームをコードの表示（P.59参照）状態で開き、上部左側のドロップダウンリストから「UserForm」を選択します（**図16**）。

図16　「UserForm」を選択

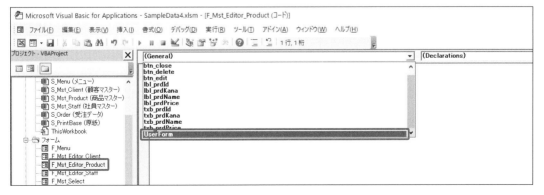

選択すると、既定である UserForm_Click プロシージャが挿入されてしまいますが、いったん置いておいて、上部右側のドロップダウンリストから「Initialize」を選択します（図17）。

図17 「Initialize」を選択

「UserForm_Initialize」イベントプロシージャが挿入されました（図18）。「UserForm_Click」プロシージャは削除して構いません。

図18 「UserForm_Initialize」イベントが挿入された

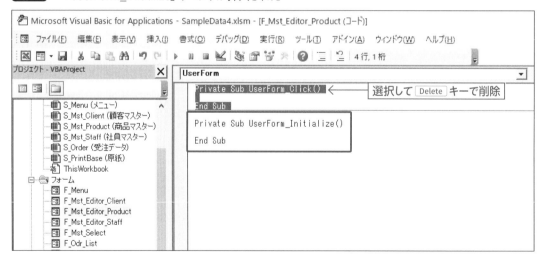

それではここにコードを書いていきます。コードは基本的に上から順番に、1行ずつ処理されていきます。**3-2-2** で学習した入力補助機能を使いながら（P.73参照）、4つの項目を**コード2**のように書きます。

コード2 シートからフォームへ値を代入する

```
01  Private Sub UserForm_Initialize()
02    '## フォーム読み込み時
03
04    Me.txb_prdId.Value = S_Mst_Product.Range("A2").Value     ← 商品ID
05    Me.txb_prdName.Value = S_Mst_Product.Range("B2").Value   ← 商品名
06    Me.txb_prdKana.Value = S_Mst_Product.Range("C2").Value   ← ふりがな
07    Me.txb_prdPrice.Value = S_Mst_Product.Range("D2").Value  ← 定価
08
09  End Sub
```

ここでいったん動作確認してみましょう。4-1-1（P.86参照）で作った「M_Startup」モジュールの「tmp」プロシージャを実行します。すると、指定したとおり、「S_Mst_Product」シートのA2〜D2セルの値がテキストボックス入った状態で表示されました（図19）。

図19 動作確認

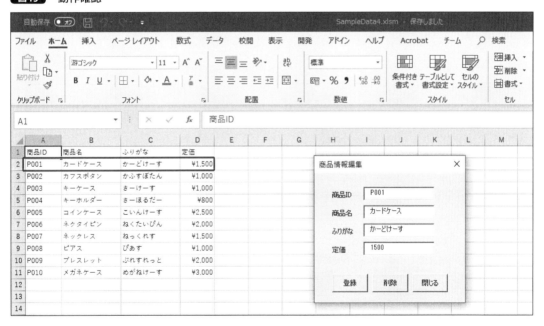

さらにコードを改善します。右辺の「S_Mst_Product」シートのような「何回も記述する同じオブジェクト」はWith〜EndWithを利用すると、そのブロックの間にある部分を「.」で省略することができます（**コード3**）。どこからどこまでがブロックかわかりやすいようにインデント（**2-4-3** P.56参照）も入れましょう。

コード3 Withでオブジェクトの省略

```
01  Private Sub UserForm_Initialize()
02    '## フォーム読み込み時
03
04    With S_Mst_Product
05      Me.txb_prdId.Value = .Range("A2").Value    ← 商品ID
06      Me.txb_prdName.Value = .Range("B2").Value   ← 商品名
07      Me.txb_prdKana.Value = .Range("C2").Value   ← ふりがな
08      Me.txb_prdPrice.Value = .Range("D2").Value  ← 定価
09    End With
10  End Sub
```

それともう1つ、読み込むのは登録済みのデータなので、「商品ID」が容易に変更できてしまうのはよくありません。このテキストボックスを変更不可な状態にしてみましょう。これには、「Enabled（有効）」プロパティに「False（偽）」を代入します。

テキストボックスはEnabledをFalseにすると、文字色はグレーになるものの、背景色は白のままなので、パッと見で変更可否がわかりにくい場合があります。そのため、「BackColor（背景色）」プロパティをグレーにする記述も書いておくとユーザーに親切です（**コード4**）。

コード4 変更不可

```
01  Private Sub UserForm_Initialize()
02    '## フォーム読み込み時
03
04    '状態変更
05    Me.txb_prdId.Enabled = False    ← 使用不可
06    Me.txb_prdId.BackColor = RGB(240, 240, 240)  ← 背景色グレー
07
08    '値の読み込み
09    With S_Mst_Product
10      Me.txb_prdId.Value = .Range("A2").Value    ← 商品ID
11      Me.txb_prdName.Value = .Range("B2").Value   ← 商品名
12      Me.txb_prdKana.Value = .Range("C2").Value   ← ふりがな
13      Me.txb_prdPrice.Value = .Range("D2").Value  ← 定価
14    End With
15
16  End Sub
```

これで実行してみると、EnabledをFalseにしたテキストボックスにはフォーカスが入らなくなります（**図20**）。Withを使って省略した記述でもきちんと読み込めていますね。

図20　EnabledをFalseにした結果

3-3-2（P.80参照）と同様に「閉じる」ボタンのクリックイベントプロシージャも書いておきましょう（**コード5**）。

コード5　フォームを閉じる

```
01  Private Sub btn_close_Click()
02      '## フォームを閉じる
03      Unload Me
04  End Sub
```

　なお、今回データを読み込むコードを「Initialize」イベントプロシージャに書きましたが、これはフォームにはじめて命令されるときに実行されます。**3-3-1**（P.79参照）の「.Hide」メソッドで「隠す」状態にして「.Show」で表示しても「Initialize」イベントは実行されませんので注意してください。

　ただし、「.Hide」メソッドで閉じたフォームは、再度表示したときに前回のデータが残っているという特徴もありますので、用途によって使い分けると便利です。

　ここまでのコードを書いた「F_Mst_Editor_Product（商品情報編集）」フォームモジュールは**図21**のようになっています。プロシージャの順番は異なっていても構いません。

図21 ここまでのコード

4-2-3 RangeとCells

さて、順調にデータの読み込みができてきたように思いますが、ちょっとだけ気になることはありませんか？　ここまでのコードは、「S_Mst_Product（商品マスター）」シートの「A2セル」の値を代入、という書き方なので、何度やっても同じ値しか読み込めないのです。これでは用を成しませんよね。

実際にはそのつど、適切な行のデータを読み込み、値を変化させないといけません。

そのための下準備として、Cellsを覚えましょう。

CellsはRangeと同じように、シート上のセルを扱うことができますが、図22のように列と行の並びが逆になります。

図22 RangeとCells

列　行

Range("A2")

・文字列
・変化が不得意
・どのセルかわかりやすい

Cells(2, 1)

・数値
・変化が得意

行　列

2-4-3の図33（P.57参照）でふれましたが、「文字列」は「"（ダブルクォーテーション）」で挟むというルールがあります。Rangeのカッコの中身は、文字列なのです。

文字列は「決まっている」ものの記述はしやすいですが、「変化させたい」ものは苦手なので、今後のためにCellsで置き換えたコードに変更しておきましょう（**コード6**）。

コード6 Cellsへ置き換え

```vba
01  Private Sub UserForm_Initialize()
02    '## フォーム読み込み時
03
04    '状態変更
                            略
05
06    '値の読み込み
07    With S_Mst_Product
08      Me.txb_prdId.Value = .Cells(2, 1).Value    ← 商品ID
09      Me.txb_prdName.Value = .Cells(2, 2).Value  ← 商品名
10      Me.txb_prdKana.Value = .Cells(2, 3).Value  ← ふりがな
11      Me.txb_prdPrice.Value = .Cells(2, 4).Value ← 定価
12    End With
13
14  End Sub
```

これで、**変化させやすい形**になりました。

なお、RangeやCells、テキストボックスなどの「値を入力する」目的のものは、「Value」プロパティが既定であることが多いです。そして、プロパティを省略して書くと、自動的に既定が適用されます。つまり、この場合の「.Value」は省略できるのです。実は**コード7**のように書いてもよいわけです。

コード7 Valueは省略できる

```vba
01  Private Sub UserForm_Initialize()
02    '## フォーム読み込み時
03
04    '状態変更
                            略
05
06    '値の読み込み
07    With S_Mst_Product
08      Me.txb_prdId = .Cells(2, 1)    ← 商品ID
09      Me.txb_prdName = .Cells(2, 2)  ← 商品名
```

```
10      Me.txb_prdKana = .Cells(2, 3)    ← ふりがな
11      Me.txb_prdPrice = .Cells(2, 4)   ← 定価
12    End With
13
14  End Sub
```

いかがでしょう？　記述が少なくなってとてもスッキリしたイメージになりました。

Value は頻出するプロパティなので省略するとだいぶ文字数が減り読みやすくなるというメリットもある反面、指定したいのが**オブジェクト自体なのかオブジェクトの既定のプロパティなのかがわかりにくいというデメリット**もあります。省略する、しないについてどちらの考え方も間違いではありません。

本書では目的を明確化するために省略しない書き方で進めていきますが、実務の際は、命名規則と同じようにそのプロジェクトで最適な方法を選択するとよいでしょう。

「変化するモノ」を扱う
〜変数と型

4-3

ここまで作ってきたものを実務で扱えるアプリケーションにするために、今度は「変数」について学んでいきましょう。

CHAPTER
4

4-3-1 変数とは

変数は変化するものを一時的に入れておく箱のようなもので、**変数に入れた値によって違う結果を得ることができます**（図23）。

図23 変数

まず「○○という変数を使います」という「宣言」を行い、変数に何かしらの値を代入することで利用できるようになります（図24）。

図24 変数の利用

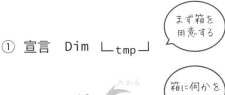

① 宣言　Dim └tmp┘　　まず箱を用意する

② 代入　└¹⁰tmp┘ = 10　　箱に何かを入れる

③ 利用　Range("A1").Value = └¹⁰tmp┘　　箱に入っている値を利用する

　しかし実は、変数は宣言を行わずにいきなり代入からはじめても使うことができます。新しい単語が出現した場合、「知らない（命令語でない）単語→これは変数だな」と判定してくれるのです。しかし、意図しない変数ができてしまって（スペルミスなどで起こり得るのです）、思うようにプログラムが動かないといったこともあるので、**変数宣言の強制**をおすすめします。

　モジュールの先頭の「宣言セクション」と呼ばれる場所に「Option Explicit」と記述すると、プロシージャが実行されたときに宣言されていない変数があった場合はエラーを表示して教えてくれます（図25）。

図25 変数宣言の強制

　この記述は、オプションで「変数宣言を強制する」にチェックを入れておくと、モジュールの新規作成時に自動挿入してくれるので便利です（図26）。

図26 オプションで「Option Explicit」を自動挿入

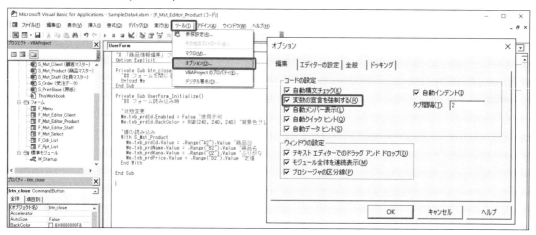

4-3-2 変数を使う

それでは、実際に変数を使ってみましょう。

本書では変数の命名規則は**名詞（小文字はじまりで区切りを大文字）**と定義します。Cells(行, 列)の行部分に設定する変数を作りたいので、変数名は「ターゲット（対象）のRow（行）」という意味で「tgtRow」として、書いてみましょう（**コード8**）。

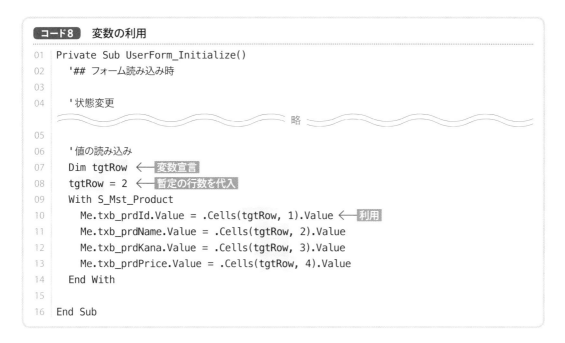

コード8 変数の利用

```
01  Private Sub UserForm_Initialize()
02    '## フォーム読み込み時
03
04    '状態変更
                                    略
05
06    '値の読み込み
07    Dim tgtRow          ← 変数宣言
08    tgtRow = 2          ← 暫定の行数を代入
09    With S_Mst_Product
10      Me.txb_prdId.Value = .Cells(tgtRow, 1).Value   ← 利用
11      Me.txb_prdName.Value = .Cells(tgtRow, 2).Value
12      Me.txb_prdKana.Value = .Cells(tgtRow, 3).Value
13      Me.txb_prdPrice.Value = .Cells(tgtRow, 4).Value
14    End With
15
16  End Sub
```

変数の中身を見ながら動作確認してみましょう。**図27**の囲みの部分をクリック（または行を選択して F9 ）すると、行が赤くなります。これは**ブレイクポイント**と呼ばれ、プログラムの実行を一時停止することができます。

図27 ブレイクポイントの設置

この状態で実行すると、**図28**のように黄色くハイライトされて停止しました。この行が**これから実行する行**です。

図28 一時停止した状態

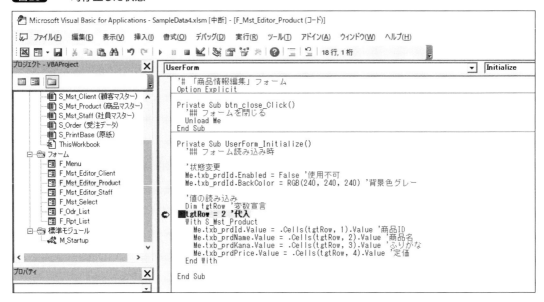

この「tgtRow」上にカーソルを移動すると、変数tgtRowの現在の値が表示されます（図29）。いまは1つ前の行で宣言したばかりなので、変数としての箱が用意されただけで何も入っていない（Empry）状態です。

図29 カーソルを載せて変数の中身を確認

```
Private Sub UserForm_Initialize()
    '## フォーム読み込み時

    '状態変更
    Me.txb_prdId.Enabled = False '使用不可
    Me.txb_prdId.BackColor = RGB(240, 240, 240) '背景色グレー

    '値の読み込み
    Dim tgtRow '変数宣言
    tgtRow = 2 '代入
    With S_Mst_Product
        Me.txb_prdId.Value = .Cells(tgtRow, 1).Value '商品ID
        Me.txb_prdName.Value = .Cells(tgtRow, 2).Value '商品名
        Me.txb_prdKana.Value = .Cells(tgtRow, 3).Value 'ふりがな
        Me.txb_prdPrice.Value = .Cells(tgtRow, 4).Value '定価
    End With

End Sub
```
tgtRow = Empty 値

一時停止しているプログラムは F8 キーを押すと1行ずつ実行することができます。押してみると、ハイライトが1行進みました（図30）。

図30 F8 キーで1行だけ実行

```
Private Sub UserForm_Initialize()
    '## フォーム読み込み時

    '状態変更
    Me.txb_prdId.Enabled = False '使用不可
    Me.txb_prdId.BackColor = RGB(240, 240, 240) '背景色グレー

    '値の読み込み
    Dim tgtRow '変数宣言
    tgtRow = 2 '代入
    With S_Mst_Product
        Me.txb_prdId.Value = .Cells(tgtRow, 1).Value '商品ID
        Me.txb_prdName.Value = .Cells(tgtRow, 2).Value '商品名
        Me.txb_prdKana.Value = .Cells(tgtRow, 3).Value 'ふりがな
        Me.txb_prdPrice.Value = .Cells(tgtRow, 4).Value '定価
    End With

End Sub
```

これでもう一度「tgtRow」上にカーソルを移動してみると、代入された2が入っていることがわかります（図31）。

図31 変数の中身が変わった

```
Private Sub UserForm_Initialize()
    '## フォーム読み込み時

    '状態変更
    Me.txb_prdId.Enabled = False '使用不可
    Me.txb_prdId.BackColor = RGB(240, 240, 240) '背景色グレー

    '値の読み込み
    Dim tgtRow '変数宣言
    tgtRow = 2 '代入
    With S_Mst_Product
        Me.txb_prdId.Value = .Cells(tgtRow, 1).Value '商品ID
        Me.txb_prdName.Value = .Cells(tgtRow, 2).Value '商品名
        Me.txb_prdKana.Value = .Cells(tgtRow, 3).Value 'ふりがな
        Me.txb_prdPrice.Value = .Cells(tgtRow, 4).Value '定価
    End With

End Sub
```
tgtRow = 2

F5 キーを押すとプログラムが再開され、フォームが表示されます。このように適宜内容を確認しながら実行すると理解が深まります。

設置したブレイクポイントは、赤丸部分をクリック（または行を選択して F9 キーを押す）ことで解除できます。

CHAPTER 4

現状のコードでは変数に「2」を入れていますが、今後ほかのフォームと連携して**ユーザーに選択されたデータ**の行数を取得してこの変数に入れることで、そのつど違った結果が得られるようになります。

4-3-3 型を設定する

変数には種類が存在することも覚えておきましょう。この種類は**型**と呼ばれるもので、その変数で扱う値を「数値」「文字列」「日付」などの制限を付けて扱うことができるのです（**図32**）。

型を決めておくことで、数値を入れるべき変数に間違って文字列を代入しようとすれば、エラーが発生して、間違いの発見がしやすくなったり、数値同士や日付同士の計算がしやすくなったりといったメリットがあります。

図32 変数の「型」

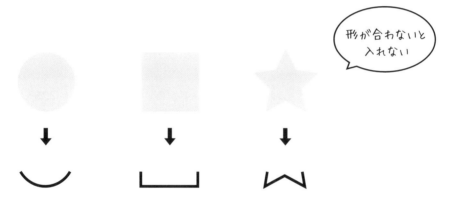

型を含めた宣言は Dim ○○（**変数名**）As △△（**型名**）のように書き、「△△型の○○という名前の変数を使います」という意味になります。型には多くの種類がありますが、主要なものを**表6**にまとめました。

表6 型の種類の例

型名	表記	概要
長整数型	Long	-2,147,483,648 ～ 2,147,483,647 の整数
文字列型	String	文字列
日付型	Date	日付（時刻も含むことができる）
通貨型	Currency	金銭に関係する計算が得意
ブール型	Boolean	True または False
バリアント型	Variant	すべての種類

なお、先ほどのコードのように型を省略して変数宣言を行うと、バリアント型として扱われます。「どんな型の値が入るか予測できない」という変数に型を決めてしまうと、逆に扱いにくくなることもありますので、バリアント型も上手に使うとよいでしょう。

それでは、先ほどの変数宣言に、型を指定してみましょう（**コード9**）。

コード9 型を指定した変数宣言

```
01  Private Sub UserForm_Initialize()
02    '## フォーム読み込み時
03
04    '状態変更
              ～～～～～～～ 略 ～～～～～～～
05
06    '値の読み込み
07    Dim tgtRow As Long    ← 型を指定して変数宣言
08    tgtRow = 2    ← 数値でないと代入できない
09    With S_Mst_Product
10      Me.txb_prdId.Value = .Cells(tgtRow, 1).Value
11      Me.txb_prdName.Value = .Cells(tgtRow, 2).Value
12      Me.txb_prdKana.Value = .Cells(tgtRow, 3).Value
13      Me.txb_prdPrice.Value = .Cells(tgtRow, 4).Value
14    End With
15
16  End Sub
```

この変数「tgtRow」は整数型になったので、ほかの型のものを入れようとするとエラーが起こります。試しに、「tgtRow = 2」の部分を「tgtRow = "あ"」として、どんなことが起こるか見てみましょう。

先ほどと同じ場所にブレイクポイントを設置して実行します。変数宣言されたばかりの「tgtRow」は、型を指定していなかったときはVariant型だったので「Empty」でしたが、今回は整数型の初期値である「0」になっています（**図33**）。

図33 型を指定した変数

F8 キーで1行実行すると、整数型の変数「tgtRow」に文字列型の「"あ"」を代入しようとして「型が一致しません」というエラーが起こります（図34）。実行を終了する場合「終了」を、エラーの位置を確認したい場合は「デバッグ」をクリックします。

図34 「型が一致しない」エラー

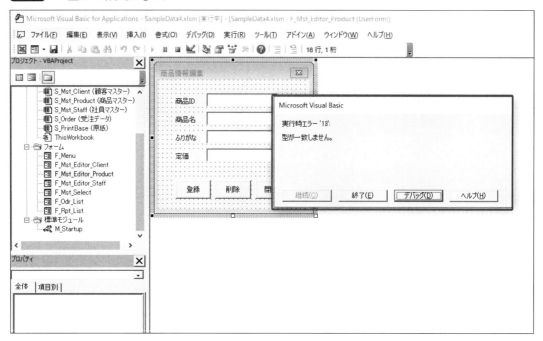

　ユーザーフォームのプログラミングで注意しておきたいのが、この「デバッグ」をクリックしたときの挙動です。標準モジュールではエラー画面の「デバッグ」をクリックすると、エラーが起きているプロシージャが表示されて該当行がハイライトされますが、今回のように別のモジュールから呼び出している場合、「呼び出し元」のコードがハイライトされてしまう場合があります（図35）。

図35 デバッグで呼び出し元がハイライトされる

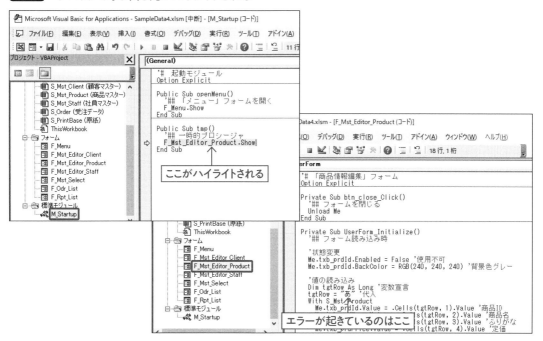

標準モジュールの扱いに慣れていると少し戸惑いますが、「呼び出し先のプロシージャにエラーがある」ということなので、F8 キーで1行ずつ確認しながらどこでエラーが起こっているか特定しましょう。

さて、これで「商品情報編集」フォームへのデータ読み込みができました。同様に「顧客情報編集」と「社員情報編集」のフォームも実装しましょう。項目、シート名、テキストボックス名などを変更すれば、基本は同じ形です。

なお、Dimで宣言した変数の有効範囲は宣言されたプロシージャ内だけなので、ほかのプロシージャ内に同じ名前の変数が存在しても問題ありません。汎用的でよく使う変数の場合は、すべてのプロシージャで命名を変えようとすると大変なので、同じでもよいでしょう。

「顧客情報編集（F_Mst_Editor_Client）」フォームのモジュールに書くのが、**コード10**です。

コード10　「F_Mst_Editor_Client」モジュール

```
01  '# 「顧客情報編集」フォーム
02  Option Explicit
03
04  Private Sub btn_close_Click()
05    '## フォームを閉じる
06    Unload Me
07  End Sub
08
09  Private Sub UserForm_Initialize()
10    '## フォーム読み込み時
11
12    '状態変更
13    Me.txb_cltId.Enabled = False '使用不可
14    Me.txb_cltId.BackColor = RGB(240, 240, 240) '背景色グレー
15
16    '値の読み込み
17    Dim tgtRow As Long '変数宣言
18    tgtRow = 2 '代入
19    With S_Mst_Client
20      Me.txb_cltId.Value = .Cells(tgtRow, 1).Value '顧客ID
21      Me.txb_cltName.Value = .Cells(tgtRow, 2).Value '顧客名
22      Me.txb_cltKana.Value = .Cells(tgtRow, 3).Value 'ふりがな
23      Me.txb_cltPostalCode.Value = .Cells(tgtRow, 4).Value '郵便番号
24      Me.txb_cltAddress1.Value = .Cells(tgtRow, 5).Value '住所1
25      Me.txb_cltAddress2.Value = .Cells(tgtRow, 6).Value '住所2
26      Me.txb_cltPhone.Value = .Cells(tgtRow, 7).Value '電話番号
27    End With
28
29  End Sub
```

「社員情報編集（F_Mst_Editor_Staff）」フォームのモジュールに書くのが、**コード11**です。

コード11　「F_Mst_Editor_Staff」モジュール

```
01  '# 「社員情報編集」フォーム
02  Option Explicit
03
04  Private Sub btn_close_Click()
05    '## フォームを閉じる
06    Unload Me
07  End Sub
08
```

```
09  Private Sub UserForm_Initialize()
10    '## フォーム読み込み時
11
12    '状態変更
13    Me.txb_stfId.Enabled = False '使用不可
14    Me.txb_stfId.BackColor = RGB(240, 240, 240) '背景色グレー
15
16    '値の読み込み
17    Dim tgtRow As Long '変数宣言
18    tgtRow = 2 '代入
19    With S_Mst_Staff
20      Me.txb_stfId.Value = .Cells(tgtRow, 1).Value '社員ID
21      Me.txb_stfName.Value = .Cells(tgtRow, 2).Value '社員名
22      Me.txb_stfKana.Value = .Cells(tgtRow, 3).Value 'ふりがな
23      Me.txb_stfJoinday.Value = .Cells(tgtRow, 4).Value '入社日
24      Me.txb_stfPosition.Value = .Cells(tgtRow, 5).Value '所属
25      Me.txb_stfMail.Value = .Cells(tgtRow, 6).Value '社内メール
26      Me.txb_stfBirthday.Value = .Cells(tgtRow, 7).Value '生年月日
27      Me.txb_stfPhone.Value = .Cells(tgtRow, 8).Value '電話番号
28    End With
29
30  End Sub
```

確認用の「M_Startup」モジュールの「tmp」プロシージャは、コメントアウトを使ってそのつど対象を切り替えると楽です(**コード12**)。

コード12 「M_Startup」モジュールの「tmp」プロシージャ

```
01  Public Sub tmp()
02    '## 一時的プロシージャ
03    F_Mst_Editor_Product.Show ←── 使うものだけコメントアウトを外す
04    'F_Mst_Editor_Client.Show ←── 使わないものはコメントアウト
05    'F_Mst_Editor_Staff.Show ←── 同上
06  End Sub
```

これで、3つの編集フォームにデータの読み込みができました(**図36**)。

図36 3つの編集フォーム

CHAPTER

5

フォームからシートへ

5-1 シートへのデータの 書き込み ～型変換関数

CHAPTER4では、シート上の値をフォームのテキストボックスへ読み込み ました。今度はその逆で、テキストボックスの値をシートに書き込めるよう にしてみましょう。

5-1-1 コントロールの値をシートに書き込む

まず「商品情報編集」フォームからはじめます。オブジェクト画面で、「登録」ボタンをダブルクリックします（図1）。

図1 「登録」ボタンをダブルクリック

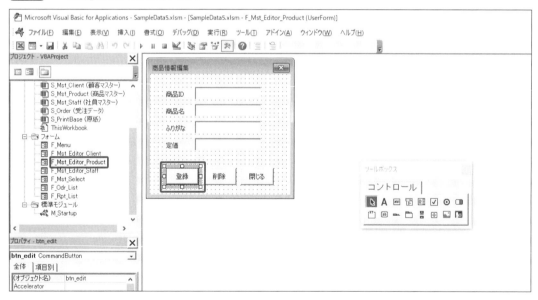

コードウィンドウに切り替わり、「登録」ボタンのオブジェクト名である「btn_edit」のクリックイベントプロシージャが作成されました（図2）。

図2 「btn_edit」のクリックイベントプロシージャ

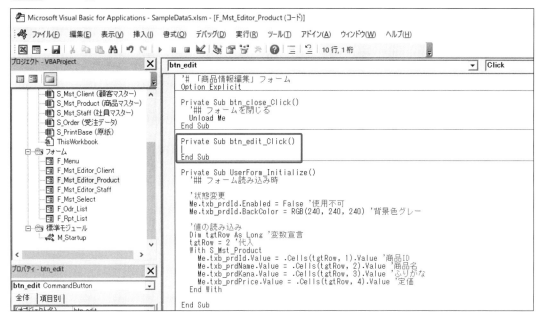

ここへ、「UserForm_Initialize」を参考に、右辺と左辺が逆になるコードを書けば、テキストボックスの値をセルに代入する形になります。書き込んだらフォームを閉じるコードも書いておきましょう（**コード1**）。

コード1 テキストボックスの値をセルへ代入

```
01  Private Sub btn_edit_Click()
02      '##「登録」ボタンクリック時
03
04      '値の書き込み
05      Dim tgtRow As Long      ← 変数宣言
06      tgtRow = 2      ← 代入
07      With S_Mst_Product
08          .Cells(tgtRow, 1).Value = Me.txb_prdId.Value      ← 商品ID
09          .Cells(tgtRow, 2).Value = Me.txb_prdName.Value      ← 商品名
10          .Cells(tgtRow, 3).Value = Me.txb_prdKana.Value      ← ふりがな
11          .Cells(tgtRow, 4).Value = Me.txb_prdPrice.Value      ← 定価
12      End With
13
14      'フォームを閉じる
15      Unload Me
16  End Sub
```

動作確認してみると、フォームに入力された内容でシートの情報が書き換わり、フォームが閉じます（図3）。

図3 動作確認

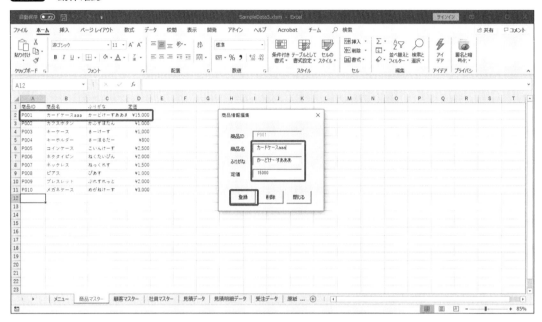

なお、データを変更した場合、今後の整合性もあるので元に戻しておいてください。

5-1-2 値を保持するためのテキストボックスを作る

さて、読み込み・書き込みの処理で共通して、「対象となるシートの行数」を変数に格納して利用しています。この行数はほかのフォームとの連携で決定するのですが、何度も参照するのでどこかに格納しておくとよいでしょう。

この格納にもいろんな方法がありますが、本書では格納用にテキストボックスを使ってみます。

「商品情報編集」フォームにテキストボックスを1つ追加して、オブジェクト名を「txb_tgtRow」、「Visible」プロパティを「False」にします（図4）。「Visible」は「可視」という意味で、「False」にすると実行中は見えなくなります。

図4 テキストボックス

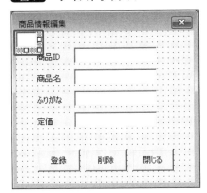

「UserForm_Initialize」プロシージャに変更を加えます。いったんこの「txb_tgtRow」に行数を格納し、ここから変数に代入する形にしてみましょう（**コード2**）。

コード2 読み込み時

```
01  Private Sub UserForm_Initialize()
02    '## フォーム読み込み時
03
04    '状態変更
05    Me.txb_prdId.Enabled = False '使用不可
06    Me.txb_prdId.BackColor = RGB(240, 240, 240) '背景色グレー
07    Me.txb_tgtRow.Value = 2 ←── 対象行を格納
08
09    '値の読み込み
10    Dim tgtRow As Long '変数宣言
11    tgtRow = Me.txb_tgtRow.Value ←── テキストボックスから代入
12    With S_Mst_Product
                              略
13    End With
14
15  End Sub
```

書き込みのコードも、この「txb_tgtRow」から値を代入する形にします（**コード3**）。

コード3 書き込み時

```
01  Private Sub btn_edit_Click()
02    '## 「登録」ボタンクリック時
03
04    '値の書き込み
```

```
05    Dim tgtRow As Long '変数宣言
06    tgtRow = Me.txb_tgtRow.Value  ← テキストボックスから代入
07    With S_Mst_Product
                              略
08    End With
09
10    'フォームを閉じる
11    Unload Me
12 End Sub
```

　ちょっと面倒な気もしますが、具体的な数値を指定するコードがあちこちにあると、修正の際にそれらをすべて直さなければなりません。このようにしておくと、直すのは1箇所でよくなるのです。

　ここまでの変更を「顧客」「社員」のフォームとコードにも同様に展開しておきましょう（**図5**、**コード4**、**コード5**）。

図5 ほかのフォームにも展開しておく

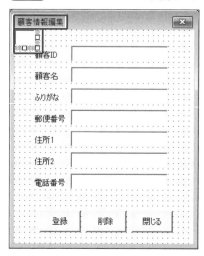
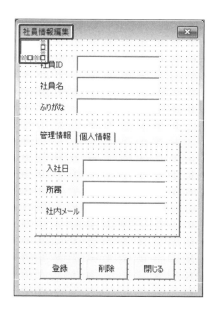

コード4 「F_Mst_Editor_Client」フォームモジュール

```
01 '# 「顧客情報編集」フォーム
02 Option Explicit
03
04 Private Sub btn_close_Click()
```

```
05    '## フォームを閉じる
06    Unload Me
07  End Sub
08  ─────────────────────────────────────────
09  Private Sub btn_edit_Click()
10    '##「登録」ボタンクリック時
11
12    '値の書き込み
13    Dim tgtRow As Long '変数宣言
14    tgtRow = Me.txb_tgtRow.Value '代入
15    With S_Mst_Client
16      .Cells(tgtRow, 1).Value = Me.txb_cltId.Value '顧客ID
17      .Cells(tgtRow, 2).Value = Me.txb_cltName.Value '顧客名
18      .Cells(tgtRow, 3).Value = Me.txb_cltKana.Value 'ふりがな
19      .Cells(tgtRow, 4).Value = Me.txb_cltPostalCode.Value '郵便番号
20      .Cells(tgtRow, 5).Value = Me.txb_cltAddress1.Value '住所1
21      .Cells(tgtRow, 6).Value = Me.txb_cltAddress2.Value '住所2
22      .Cells(tgtRow, 7).Value = Me.txb_cltPhone.Value '電話番号
23    End With
24
25    'フォームを閉じる
26    Unload Me
27  End Sub
28  ─────────────────────────────────────────
29  Private Sub UserForm_Initialize()
30    '## フォーム読み込み時
31
32    '状態変更
33    Me.txb_cltId.Enabled = False '使用不可
34    Me.txb_cltId.BackColor = RGB(240, 240, 240) '背景色グレー
35    Me.txb_tgtRow.Value = 2 '対象行
36
37    '値の読み込み
38    Dim tgtRow As Long '変数宣言
39    tgtRow = Me.txb_tgtRow.Value
40    With S_Mst_Client
41      Me.txb_cltId.Value = .Cells(tgtRow, 1).Value '顧客ID
42      Me.txb_cltName.Value = .Cells(tgtRow, 2).Value '顧客名
43      Me.txb_cltKana.Value = .Cells(tgtRow, 3).Value 'ふりがな
44      Me.txb_cltPostalCode.Value = .Cells(tgtRow, 4).Value '郵便番号
45      Me.txb_cltAddress1.Value = .Cells(tgtRow, 5).Value '住所1
46      Me.txb_cltAddress2.Value = .Cells(tgtRow, 6).Value '住所2
47      Me.txb_cltPhone.Value = .Cells(tgtRow, 7).Value '電話番号
48    End With
49
50  End Sub
```

「登録」ボタンのクリックイベントを追加

行数をテキストボックスに代入

変数に代入

コード5 「F_Mst_Editor_Staff」フォームモジュール

```vba
'# 「社員情報編集」フォーム
Option Explicit

Private Sub btn_close_Click()
  '## フォームを閉じる
  Unload Me
End Sub

Private Sub btn_edit_Click()
  '## 「登録」ボタンクリック時

  '値の書き込み
  Dim tgtRow As Long '変数宣言
  tgtRow = Me.txb_tgtRow.Value '代入
  With S_Mst_Staff
    .Cells(tgtRow, 1).Value = Me.txb_stfId.Value '社員ID
    .Cells(tgtRow, 2).Value = Me.txb_stfName.Value '社員名
    .Cells(tgtRow, 3).Value = Me.txb_stfKana.Value 'ふりがな
    .Cells(tgtRow, 4).Value = Me.txb_stfJoinday.Value '入社日
    .Cells(tgtRow, 5).Value = Me.txb_stfPosition.Value '所属
    .Cells(tgtRow, 6).Value = Me.txb_stfMail.Value '社内メール
    .Cells(tgtRow, 7).Value = Me.txb_stfBirthday.Value '生年月日
    .Cells(tgtRow, 8).Value = Me.txb_stfPhone.Value '電話番号
  End With

  'フォームを閉じる
  Unload Me
End Sub

Private Sub UserForm_Initialize()
  '## フォーム読み込み時

  '状態変更
  Me.txb_stfId.Enabled = False '使用不可
  Me.txb_stfId.BackColor = RGB(240, 240, 240) '背景色グレー
  Me.txb_tgtRow.Value = 2 '対象行

  '値の読み込み
  Dim tgtRow As Long '変数宣言
  tgtRow = Me.txb_tgtRow.Value
  With S_Mst_Staff
    Me.txb_stfId.Value = .Cells(tgtRow, 1).Value '社員ID
    Me.txb_stfName.Value = .Cells(tgtRow, 2).Value '社員名
    Me.txb_stfKana.Value = .Cells(tgtRow, 3).Value 'ふりがな
```

「登録」ボタンの
クリックイベント
を追加

← 行数をテキストボックスに代入

← 変数に代入

```
45    Me.txb_stfJoinday.Value = .Cells(tgtRow, 4).Value '入社日
46    Me.txb_stfPosition.Value = .Cells(tgtRow, 5).Value '所属
47    Me.txb_stfMail.Value = .Cells(tgtRow, 6).Value '社内メール
48    Me.txb_stfBirthday.Value = .Cells(tgtRow, 7).Value '生年月日
49    Me.txb_stfPhone.Value = .Cells(tgtRow, 8).Value '電話番号
50  End With
51
52 End Sub
```

5-1-3 値の型変換

シートへの書き込みで気を付けておきたいのが、**テキストボックスのValueは文字列型で、セルのValueはバリアント型**だということです。そのため、数値や日付が文字列として書き込まれて思わぬ結果になる場合があります。そんな状況を防ぐため、値の型を変換するコードを加えておくと安心です。

これにはデータ型変換関数を使います。「C○○(値)」と書くことで、かっこ内の値の型が変換されます。主要なものを**表1**にまとめました。

表1 データ型変換関数の例

関数	内容
CBool	ブール型へ変換
CCur	通貨型へ変換
CDate	日付型へ変換
CLng	長整数型へ変換
CStr	文字列型へ変換
CVar	バリアント型へ変換

「F_Mst_Editor_Product（商品情報編集）」「F_Mst_Editor_Staff（社員情報編集）」のコードへ、文字列型以外で書き込みたい項目に変更を加えます（**コード6**、**コード7**）。「F_Mst_Editor_Client（顧客情報編集）」では変更はありません。

コード6 「F_Mst_Editor_Product（商品情報編集）」フォームモジュール

```
01 Private Sub btn_edit_Click()
02    '## 「登録」ボタンクリック時
```

```
03
04    '値の書き込み
05    Dim tgtRow As Long '変数宣言
06    tgtRow = Me.txb_tgtRow.Value '代入
07    With S_Mst_Product
08      .Cells(tgtRow, 1).Value = Me.txb_prdId.Value '商品ID
09      .Cells(tgtRow, 2).Value = Me.txb_prdName.Value '商品名
10      .Cells(tgtRow, 3).Value = Me.txb_prdKana.Value 'ふりがな
11      .Cells(tgtRow, 4).Value = CCur(Me.txb_prdPrice.Value) '定価    ← 通貨型へ変換
12    End With
13
14    'フォームを閉じる
15    Unload Me
16 End Sub
```

コード7 「F_Mst_Editor_Staff（社員情報編集）」フォームモジュール

```
01 Private Sub btn_edit_Click()
02    '## 「登録」ボタンクリック時
03
04    '値の書き込み
05    Dim tgtRow As Long '変数宣言
06    tgtRow = Me.txb_tgtRow.Value '代入
07    With S_Mst_Staff
08      .Cells(tgtRow, 1).Value = Me.txb_stfId.Value '社員ID
09      .Cells(tgtRow, 2).Value = Me.txb_stfName.Value '社員名
10      .Cells(tgtRow, 3).Value = Me.txb_stfKana.Value 'ふりがな
11      .Cells(tgtRow, 4).Value = CDate(Me.txb_stfJoinday.Value) '入社日 ← 日付型へ変換
12      .Cells(tgtRow, 5).Value = Me.txb_stfPosition.Value '所属
13      .Cells(tgtRow, 6).Value = Me.txb_stfMail.Value '社内メール
14      .Cells(tgtRow, 7).Value = CDate(Me.txb_stfBirthday.Value) '生年月日 ← 日付型へ変換
15      .Cells(tgtRow, 8).Value = Me.txb_stfPhone.Value '電話番号
16    End With
17
18    'フォームを閉じる
19    Unload Me
20 End Sub
```

5-2 ユーザーに選択肢を 提示する 〜Ifステートメント

フォームからシートへデータを書き込むことができましたが、ユーザー目線からすると、これだけでは少々物足りません。適切なメッセージや選択肢を表示すると、よりわかりやすくなります。

5-2-1 メッセージを表示する

現状では、「登録」ボタンをクリックすると、フォームからシートにデータが書き込まれ、フォームが閉じます。これでは、処理が正常に行われたどうかはシートを確認しないとわかりません。閉じる前にメッセージを表示してみましょう。

「F_Mst_Editor_Product（商品情報編集）」フォームモジュールの「登録」ボタンのクリックイベントプロシージャに**コード8**のように追記します。

コード8　「F_Mst_Editor_Product（商品情報編集）」フォームモジュール

```
01  Private Sub btn_edit_Click()
02    '##「登録」ボタンクリック時
03
04    '値の書き込み
05    Dim tgtRow As Long '変数宣言
06    tgtRow = Me.txb_tgtRow.Value '代入
07    With S_Mst_Staff
                          〜略〜
08    End With
09
10    '終了メッセージ
11    MsgBox "登録しました"    ← メッセージボックスを表示
12
13    'フォームを閉じる
14    Unload Me
15  End Sub
```

これで動作確認してみましょう。登録ボタンをクリックすると、データ書き込み後に終了メッセージが表示され（図6）、プログラムが一時停止します。「OK」ボタンをクリックすると、メッセージボッ

クスが閉じてプログラムが再開され、フォームが閉じます。

図6 メッセージボックス

まずは一番シンプルな使い方で説明しましたが、メッセージボックスを表示するMsgBoxは実は
とても多機能で、下記のような項目を設定できます。

```
MsgBox (prompt, [ buttons, ] [ title, ] [ helpfile, context ])
```

この項目のことを**引数（ひきすう）**と呼び、カンマで区切って順番に設定していきます。[ ]に囲ま
れている引数は省略可能なことを表しています。概要を**表2**にまとめました。

表2 MsgBoxの引数

引数名	省略可否	概要
prompt	不可	メッセージとして表示される文字列
buttons	可	表示させるボタンの数と種類、使用するアイコンのスタイルなどを表す数値の合計（規定値は0）
title	可	タイトルバーに表示される文字列（規定値はアプリケーションの名称）
helpfile	可	ヘルプボタンがクリックされたときに表示するヘルプファイルを示す文字列（contextとセットで指定）
context	可	helpfileに割り当てられたコンテキスト番号（helpfileとセットで指定）

必須なのは「prompt」だけですが、「buttons」と「title」も指定すると見栄えがよくなります。
「buttons」引数はボタンの数やアイコンも含めて**表3**のように設定できます。

表3　buttons引数（一部抜粋）

定数	値	種類	内容
vbOKOnly	0	ボタン	[OK] ボタンのみを表示（規定値）
vbOKCancel	1	ボタン	[OK]、[キャンセル] ボタンを表示
vbAbortRetryIgnore	2	ボタン	[中止]、[再試行]、[無視]ボタンを表示
vbYesNoCancel	3	ボタン	[はい]、[いいえ]、[キャンセル]ボタンを表示
vbYesNo	4	ボタン	[はい]、[いいえ] ボタンを表示
vbRetryCancel	5	ボタン	[再試行]、[キャンセル] ボタンを表示
vbCritical	16	アイコン	[重大なメッセージ]アイコンを表示
vbQuestion	32	アイコン	[警告クエリ]アイコンを表示
vbExclamation	48	アイコン	[警告メッセージ]アイコンを表示
vbInformation	64	アイコン	[情報メッセージ]アイコンを表示
vbMsgBoxHelpButton	16384	ボタン	[ヘルプ] ボタンを表示

CHAPTER
5

　先ほど書いたコードはbuttons引数を省略したので、既定値の「0」が適用され、「OK」ボタンのみになったわけですね。

　なお、**定数**とは、「内容が変化しない値に名前を付けたもの」です。buttons引数は数値型の合計値なので、実際の処理は数値で行われます。しかし人間の目にはその数値が何を表しているのかわかりにくいので、このような定数が用意されているのです。

　数値で指定しても正しく動作しますが、**図7**のように定数を使って指定すると可読性、メンテナンス性のよいコードになります。

図7　定数を使って可読性をよくする

数値を使う場合

```
MsgBox "メッセージ", 64 , "タイトル"
```

何の数字？？
順番？
ID？

定数を使う場合

```
MsgBox "メッセージ", vbOKOnly + vbInformation, "タイトル"
```

0　　　　64

「OKのみ」「情報」
が読み取れる！

これを踏まえて、先ほど書いたMsgBoxにbuttonsとtitle引数も追加してみましょう（**コード9**）。

コード9 引数の追加

```
01  Private Sub btn_edit_Click()
02    '## 「登録」ボタンクリック時
03
04    ' 値の書き込み
05    Dim tgtRow As Long '変数宣言
06    tgtRow = Me.txb_tgtRow.Value '代入
07    With S_Mst_Staff
                               略
08    End With
09
10    ' 終了メッセージ
11    MsgBox "登録しました", vbOKOnly + vbInformation, "終了"  ←  引数の追加
12
13    ' フォームを閉じる
14    Unload Me
15  End Sub
```

動作確認してみると、先ほどより見栄えのよいメッセージボックスが表示されました（**図8**）。

図8 情報の増えたメッセージボックス

5-2-2 戻り値のあるメッセージ

MsgBoxは、引数全体を「()」で囲むと**戻り値**（または返り値）を取得することができます。この性質を利用すると、どのボタンがクリックされたか判別することができるのです。

「登録ボタン」をクリックされたら、データを書き込む前に「登録してよいか」という選択肢をユー

ザーに与えるメッセージボックスを作成してみましょう。

「F_Mst_Editor_Product（商品情報編集）」フォームモジュールの「登録」ボタンのクリックイベントプロシージャに**コード10**のように追記します。

コード10　確認メッセージを追加

```
01  Private Sub btn_edit_Click()
02     '## 「登録」ボタンクリック時
03
04     '確認メッセージ
05     Dim rtn As Long  ← 変数宣言
06     rtn = MsgBox("登録します。よろしいですか?", vbOKCancel + vbQuestion, "確認") ←
07     Stop ← プログラムを一時停止          [OK][キャンセル]メッセージボックスの結果を変数に代入
08
09     '値の書き込み
10     Dim tgtRow As Long '変数宣言
11     tgtRow = Me.txb_tgtRow.Value '代入
12     With S_Mst_Product
                              略
13     End With
14
15     '終了メッセージ
16     MsgBox "登録しました", vbOKOnly + vbInformation, "終了"
17
18     'フォームを閉じる
19     Unload Me
20  End Sub
```

このコードの7行目にある「Stop」という記述はプログラムを一時停止するもので、**4-3-2**（P.105参照）で解説したブレイクポイントと同様です。

この状態で動作確認してみましょう。引数「vbOKCancel」と「vbQuestion」で指定したとおり、「OK」「キャンセル」のボタンと「？」アイコンが表示されています（**図9**）。

ここで、「OK」ボタンをクリックしてみましょう。すると、「Stop」の行で一時停止しました。カーソルを変数「rtn」に載せると、「1」が入っていることがわかります（**図10**）。

図9　ボタンが複数あるメッセージボックス

図10 メッセージボックスの結果が変数に代入された

```
Private Sub btn_edit_Click()
    '### 「登録」ボタンクリック時

    '確認メッセージ
    Dim rtn As Long '変数宣言
    rtn = MsgBox("登録します。よろしいですか？", vbOKCancel + vbQuestion, "確認") '結果を取得
 ⇨ | Stop

    '値の書き込み
    Dim tgtRow As Long '変数宣言
    tgtRow = Me.txb_tgtRow.Value '代入
    With S_Mst_Product
        .Cells(tgtRow, 1).Value = Me.txb_prdId.Value '商品ID
        .Cells(tgtRow, 2).Value = Me.txb_prdName.Value '商品名
        .Cells(tgtRow, 3).Value = Me.txb_prdKana.Value 'ふりがな
        .Cells(tgtRow, 4).Value = CCur(Me.txb_prdPrice.Value) '定価
    End With

    '終了メッセージ
    MsgBox "登録しました", vbOKOnly + vbInformation, "終了"

    'フォームを閉じる
    Unload Me
End Sub
```

```
'確認メッセージ
Dim rtn As Long
rtn = MsgBox("登
rtn = 1
```

　この「1」が、MsgBoxの「戻り値」です。整数型で、クリックされたボタンに対応した数が取得できます（**表4**）。ここでは「OK」ボタンがクリックされたので、変数「rtn」に「1」が入りました。

表4 MsgBoxの戻り値

定数	値	クリックされたボタン
vbOK	1	OK
vbCancel	2	キャンセル（右上の×ボタン）
vbAbort	3	中止
vbRetry	4	再試行
vbIgnore	5	無視
vbYes	6	はい
vbNo	7	いいえ

　このように、MsgBoxでは戻り値を取得することで、「どのボタンがクリックされたのか」を判別することができます。

　なお、一時停止中のプログラムを終了させたい場合、「リセット」ボタンをクリックします（**図11**）。

図11 一時停止中のプログラムを終了

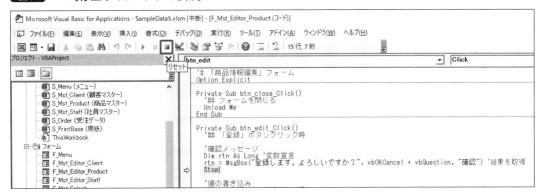

また、メッセージボックスでは、引数「prompt」部分を変数に置き換えることもできます。

現状では「登録します。よろしいですか？」という短い文章ですが、たとえば「商品ID○○のデータを登録します。よろしいですか？」など、ID情報などを使ってもう少し長い文章にしてみるのはどうでしょうか？

そのまま「MsgBox("○○", …)」のところに書いても動作はしますが、あまり長いと可読性が悪くなります。そこで、事前に文字列型の変数でメッセージを組み立てておいてから、引数prompt部分に設定してみましょう（**コード11**）。

コード11 引数prompt部分を変数に置き換え

```
01  Private Sub btn_edit_Click()
02      '## 「登録」ボタンクリック時
03
04      '確認メッセージ
05      Dim msgText As String     ← 文字列型の変数を宣言
06      msgText = "商品ID " & Me.txb_prdId.Value & " を登録します。" & vbNewLine & "よろしいですか?"  ← テキストボックスの値や改行を結合
07      Dim rtn As Long '変数宣言
08      rtn = MsgBox(msgText, vbOKCancel + vbQuestion, "確認")  ← 表示するメッセージを変数に置き換え
09      Stop ← プログラムを一時停止
10
11      '値の書き込み
                            ～略～
12  End Sub
```

商品IDが入っているテキストボックス「txb_prdId」の値と、メッセージ上の改行を指定する「vbNewLine」という記述を組み合わせて、文字列型の変数msgTextに代入しています。

「最終的に表示したい文章」から「固定の文字列部分」と「それ以外の部分」で分割し、「&」で結合しながら考えていくとわかりやすいです（**図12**）。

CHAPTER
5

図12 文字列の結合

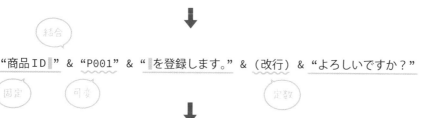

"商品ID P001 を登録します。（改行）よろしいですか？"

↓

"商品ID " & "P001" & " を登録します。" & （改行） & "よろしいですか？"

↓

"商品ID " & Me.txb_prdId.Value & " を登録します。" & vbNewLine & "よろしいですか？"

これで動作確認してみると、**図13**のようになりました。

図13 メッセージ部分の変更

5-2-3 戻り値を利用して動作を変える

さて、選択肢を提示したからには、その返答によってプログラムの動きを変えなければいけないですよね。今回の場合では、「よろしいですか？」に対して「OK」「キャンセル」なので、「OK」ならば続行、「キャンセル」ならば終了、という**動きに分岐**させます。

この分岐を実現するには、**Ifステートメント**という構文を使います。「If 条件 Then ～ End If」という書き方をすると、条件を満たすときだけその中に書かれたことを実行することができるのです。

図14のように書かれている場合、If条件を満たす場合、処理1～3はすべて実行されますが、条件を満たさない場合は、「If～End If」の中をスルーして、処理1,3が行われることになります。

図14 Ifステートメント

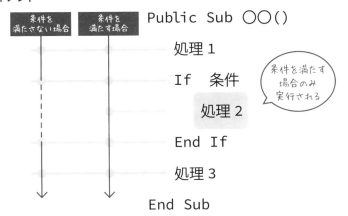

Ifの条件を考えてみましょう。「OKボタンをクリックされたとき」を条件とすると、「変数rtnの値が1（vbOK）だったとき」なので、**コード12**のように書くことができます。Ifブロックにはインデントを入れると、どこからどこまでがIfの範囲なのかわかりやすくなります。

CHAPTER
5

コード12 Ifブロックの実装

```
01  Private Sub btn_edit_Click()
02      '## 「登録」ボタンクリック時
03
04      '確認メッセージ
05      Dim msgText As String
06      msgText = "商品ID " & Me.txb_prdId.Value & " を登録します。" & vbNewLine & "よろしいですか?"
07      Dim rtn As Long '変数宣言
08      rtn = MsgBox(msgText, vbOKCancel + vbQuestion, "確認") '結果を取得
09      If rtn = vbOK Then    ← OKが押されたとき
10          '値の書き込み
11          Dim tgtRow As Long '変数宣言
12          tgtRow = Me.txb_tgtRow.Value '代入
13          With S_Mst_Product
                                    略
14          End With
15
16          '終了メッセージ
17          MsgBox "登録しました", vbOKOnly + vbInformation, "終了"
18
19          'フォームを閉じる
20          Unload Me
21      End If
22  End Sub
```

これでIfのはじまりにブレイクポイントを設置して動きを見てみましょう。実行して、「OK」「キャンセル」のいずれかをクリックするとストップします（**図15**）。

図15 動きを確認

```
Private Sub btn_edit_Click()
    '## 「登録」ボタンクリック時

    '確認メッセージ
    Dim msgText As String
    msgText = "商品ID " & Me.txb_prdId.Value & " を登録します。" & vbNewLine & "よろしいですか?"
    Dim rtn As Long '変数宣言
    rtn = MsgBox(msgText, vbOKCancel + vbQuestion, "確認") '結果を取得
■If rtn = vbOK Then
        '値の書き込み
        Dim tgtRow As Long '変数宣言
        tgtRow = Me.txb_tgtRow.Value '代入
        With S_Mst_Product
            .Cells(tgtRow, 1).Value = Me.txb_prdId.Value '商品ID
            .Cells(tgtRow, 2).Value = Me.txb_prdName.Value '商品名
            .Cells(tgtRow, 3).Value = Me.txb_prdKana.Value 'ふりがな
            .Cells(tgtRow, 4).Value = CCur(Me.txb_prdPrice.Value) '定価    ← Ifブロック
        End With

        '終了メッセージ
        MsgBox "登録しました", vbOKOnly + vbInformation, "終了"

        'フォームを閉じる
        Unload Me
    End If
End Sub
```

ここで F8 キーを押して1行進めてみましょう。すると戻り値によって**図16**のように動きが変わります。

図16 戻り値による動作の違い

「OK」のとき | 「キャンセル」のとき

動作としてはこれで問題ありませんが、コードとしての読みやすさを考えてみましょう。「OKだったときだけこの動作をする」というのは頭では理解しやすいですが、OKのときのほうが処理が多いので、Ifブロックが大きくなりがちです。

この場合、「Exit」ステートメントを使って「キャンセルだったらプロシージャを終了する」のほうが、全体のコードがすっきりします（**コード13**）。

動作は**図17**のようになります。

図17 戻り値による動作の違い

さらに、Ifブロックの中身が1行だけの場合は、「If」の行に続けて書き、「End If」を省略することができます。つまり、ここまでの動作を**コード14**のように書くことができるのです。

コード14 End Ifを省略して実装

```
01  Private Sub btn_edit_Click()
02    '##「登録」ボタンクリック時
03
04    '確認メッセージ
05    Dim msgText As String
06    msgText = "商品ID " & Me.txb_prdId.Value & " を登録します。" & vbNewLine & "よろしいですか?"
07    Dim rtn As Long '変数宣言
08    rtn = MsgBox(msgText, vbOKCancel + vbQuestion, "確認") '結果を取得
09    If rtn = vbCancel Then Exit Sub ← キャンセルなら終了
10
11    '値の書き込み
                          略
12  End Sub
```

さらに、ここまで「戻り値」の説明のために変数「rtn」を使ってきましたが、この「rtn」は複雑な内

容を格納するわけでもなく1回しか使わないので、わざわざ変数を用意しなくてもよいかもしれません。

変数を使わずに、Ifの条件文にMsgBoxを使ってしまうのも1つの方法です（**コード15**）。

コード15　Ifの条件文にMsgBoxを使う

```
01  Private Sub btn_edit_Click()
02    '## 「登録」ボタンクリック時
03
04    '確認メッセージ
05    Dim msgText As String
06    msgText = "商品ID " & Me.txb_prdId.Value & " を登録します。" & vbNewLine & "よろしいですか?"
07    If MsgBox(msgText, vbOKCancel + vbQuestion, "確認") = vbCancel Then Exit Sub  ← キャンセルなら終了
08
09    '値の書き込み
              略
10  End Sub
```

なお、コードが少ないほど可読性がよくなるというわけではありません。少なさを追求しすぎると、かえって「何をしているのかわかりにくい」ことにもなりかねませんので、そのつど最適な方法を吟味して書き方を選択しましょう。

ここまでの「確認メッセージ（**コード15**の4～7行目）」と「終了メッセージ（**コード9**の11～12行目）」を「F_Mst_Editor_Client（顧客情報編集）」「F_Mst_Editor_Staff（社員情報編集）」のフォームにも展開しておきましょう。

展開する際、**コード15**の6行目の内容は「F_Mst_Editor_Client（顧客情報編集）」「F_Mst_Editor_Staff（社員情報編集）それぞれのフォームに合わせて、書き換えてください。

「確認メッセージ」では、顧客情報では「"**顧客**ID " & Me.txb_**clt**Id.Value & " を登録します。"」、社員情報では「"**社員**ID " & Me.txb_**stf**Id.Value & " を登録します。"」となりますので、注意してください。

CHAPTER
5

CHAPTER 5

5-3 値をチェックする機能の作成　〜Fuctionプロシージャ

現状では、「定価」や「日付」など、型が決まっているものに文字列などの違う型のものが入ってしまうとエラーになってしまいます。登録の前にチェックする機能を作りましょう。

5-3-1　関数の利用

5-1-3（P.123参照）で**データ型変換関数**というものを使いましたが、**関数とはある値を与えると対応した値が返ってくる**プログラミングの機能のことです。**5-2**（P.125参照）で使ったMsgBoxも、関数です。

Excel VBAではあらかじめさまざまな関数が用意されていますが、IsNumeric関数は「数値かどうか」をブール型（True/False）で返してくれます。この関数を使ってテキストボックスの中身を判定してみましょう。

ここまで学んできたIfとMsgBoxを組み合わせて、「F_Mst_Editor_Product（商品情報編集）」フォームの「登録」ボタンのクリックイベントに、**コード16**のように追記します。

コード16　IsNumeric関数を使う

```
01  Private Sub btn_edit_Click()
02    '## 「登録」ボタンクリック時
03
04    '値チェック
05    If IsNumeric(Me.txb_prdPrice.Value) = False Then  ← 「定価」が数値じゃなかったら
06      MsgBox "'定価'には数値を入力してください", vbOKOnly + vbExclamation, "注意"  ←
07      Exit Sub  ← プロシージャを終了                              メッセージを出力
08    End If
09
10    '確認メッセージ
11    Dim msgText As String
12    msgText = "商品ID " & Me.txb_prdId.Value & " を登録します。" & vbNewLine & "よろしいですか?"
13    If MsgBox(msgText, vbOKCancel + vbQuestion, "確認") = vbCancel Then Exit Sub 'キャンセルなら終了
14
```

```
15    ' 値の書き込み
                             略
16   End  Sub
```

　これで動作検証してみると、「定価」のテキストボックスが数値でない場合、図18のようなメッセージボックスが出て、プロシージャが終了します。

図18 「定価」が数値ではなかった場合

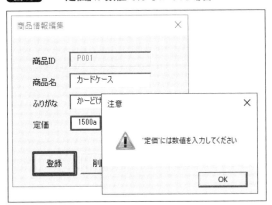

　本書の仕様としては、数値は「正の整数だけ」に限定したいので、これだけでは不十分です。IsNumericは「数値かどうか」しか判定できないので、もう少し条件を追加します。

　その前に、If条件の判定について学んでおきましょう。Ifの判定は、**条件部分がTrueか**ということを見ています。**5-2-3**（P.132参照）では、メッセージボックスの戻り値（数値型）と定数（数値型）を「＝」で比較して、それがTrueかを判定していたのです。

　IsNumeric関数は戻り値がブール型なので、「＝（イコール）」を使わなくてもTrue/Falseが判定できます（表5）。

表5 ブール型のIf条件の書き方

意味	＝を使う	＝を使わない
真	IsNumeric（対象）＝True	IsNumeric（対象）
偽	IsNumeric（対象）＝False	Not IsNumeric（対象）

　もう1点、ここまでは**If 条件 Then 〜 End If**という書き方で「条件を満たした場合」のみ実行できるブロックを作りましたが、ここへ**Else**を追加すると、「条件を満たさなかった場合」に実行できるブロックも作ることができるのです。

以上を踏まえて**コード17**のように修正してみましょう。

コード17 「Else」を使って「条件を満たさなかった場合」のブロックを作る

```
01  Private Sub btn_edit_Click()
02    '## 「登録」ボタンクリック時
03
04    ' 値チェック
05    If IsNumeric(Me.txb_prdPrice.Value) Then       ←「定価」が数値だったら
06      ' マイナスと小数点を含む数値の判定
07                                                    条件を満たした場合
08    Else
09      MsgBox "'定価'には数値を入力してください", vbOKOnly + vbExclamation, "注意"
10      Exit Sub                                      条件を満たさなかった場合
11    End If
12
13    ' 確認メッセージ
略
14  End Sub
```

これで2つのブロックができました。「定価」が数値だった場合のブロックの中に、「マイナスの場合」と「整数ではなかった場合」を具体的に書いてみましょう。「ElseIf 条件 Then」という記述で、「それ以外でこの条件なら」というブロックを作ることができます（**コード18**）。

コード18 Ifブロックの中にIfブロックを作る

```
01  Private Sub btn_edit_Click()
02    '## 「登録」ボタンクリック時
03
04    ' 値チェック
05    If IsNumeric(Me.txb_prdPrice.Value) Then
06      If CDbl(Me.txb_prdPrice.Value) < 0 Then       ← ゼロより小さかったら（マイナスだったら）
07        MsgBox "'定価'には正の数値を入力してください", vbOKOnly + vbExclamation, "注意"
08        Exit Sub                                    マイナスの場合    整数じゃなかったら
09      ElseIf CDbl(Me.txb_prdPrice.Value) <> Int(Me.txb_prdPrice.Value) Then ←
10        MsgBox "'定価'には整数を入力してください", vbOKOnly + vbExclamation, "注意"
11        Exit Sub                                    整数じゃなかった場合
12      End If
13    Else
14      MsgBox "'定価'には数値を入力してください", vbOKOnly + vbExclamation, "注意"
15      Exit Sub
16    End If
17
```

```
18    '確認メッセージ
                        略
19  End Sub
```

「Me.txb_prdPrice.Value」は文字列型なので、数値と比較するために数値型へ変換しています。入力値が整数でない可能性も踏まえてCDbl関数（小数点を含む数値の型へ変換）を使っています。

「整数ではない」という判定は、Int関数を使って小数点以下を切り捨てた数が、元の数と等しくない（「≠」の代わりに「<>」と記述）ことを条件にしています（図19）。

図19 「整数ではない」ことの判定方法

整数

もし対象が 1 だったら

CDbl(Me.txb_prdPrice.Value) <> Int(Me.txb_prdPrice.Value)

整数じゃない

もし対象が 1.5 だったら

CDbl(Me.txb_prdPrice.Value) <> Int(Me.txb_prdPrice.Value)

CDbl(1) <> Int(1)
小数点含む数値へ変換　小数点以下切り捨てで整数化

CDbl(1.5) <> Int(1.5)
小数点含む数値へ変換　小数点以下切り捨てで整数化

1 <> 1
左右は等しくない？
False

1.5 <> 1
左右は等しくない？
True

整数！

整数じゃない！

これで動作はOKなのですが、ほとんど同じメッセージボックスとExitを3回も書いているのは、ちょっと効率が悪いと言えます。**コード19**のようにしてみると、同じ記述を減らすことができます。

コード19 同じ記述を減らす

```
01  Private Sub btn_edit_Click()
02    '## 「登録」ボタンクリック時
03
04    '値チェック
05    Dim chkText As String  ← 文字列型の変数宣言
06    If IsNumeric(Me.txb_prdPrice.Value) Then '数値だったら
07      If CDbl(Me.txb_prdPrice.Value) < 0 Then '負の数値だったら
08        chkText = "正の数値"  ← チェックワードだけ格納しておく
```

```
09      ElseIf CDbl(Me.txb_prdPrice.Value) <> Int(Me.txb_prdPrice.Value) Then '整数じゃなければ
10        chkText = "整数"
11      End If
12    Else '数値じゃなければ
13      chkText = "数値"
14    End If
15
16    If chkText <> "" Then '空白じゃなければ（チェックワードがあれば）
17      chkText = "'定価'には" & chkText & "を入力してください" ←[メッセージを成形]
18      MsgBox chkText, vbOKOnly + vbExclamation, "注意"  ←[メッセージボックスを出力]
19      Exit Sub ←[終了]
20    End If
21
22    '確認メッセージ
略
23 End Sub
```

これで、数値に対するチェック機能ができました。

5-3-2 関数を自作する

さて、数値をチェックする機能を作ったのはよいのですが、今後数値チェックしたいテキストボックスが現れたら、そのつど同じことを書かなければならないのでしょうか？　そんなに少ないコードではないので、ちょっと面倒ですね。

この機能を何度も使いまわせるように、関数にしてみましょう。関数は、あらかじめ用意されているものだけでなく、自分で作ることができるのです。

3-1-1の**図1**（P.64参照）でSubプロシージャの説明として「処理を行い、結果を返さないもの」と書いてありますが、「結果を返す」ことができるのが、**Function（関数）プロシージャ**です。実際に作成してみましょう。

今後も自作の関数は増やすつもりなので、専用のモジュールを作ります。VBEの「挿入」→「標準モジュール」から新規のモジュールを作り、オブジェクト名を「M_Function」にします（**図20**）。3-2-3（P.75参照）で決めたルールに倣って、コメントアウトで概要も入れておきましょう。

図20 「M_Function」の作成

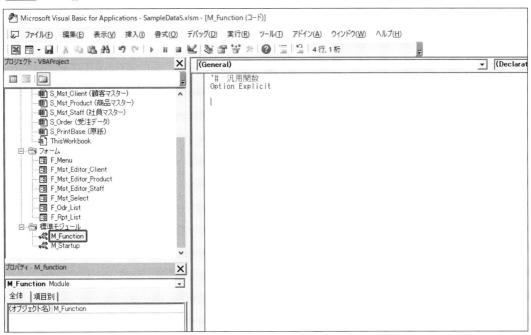

「挿入」→「プロシージャ」からFunctionプロシージャを作成します。「受け入れ可能な数値かどうか」という意味で、プロシージャの名前は「isAcceptNum」にします。この関数はいろんなモジュールから使いたいので、適用範囲はPublicにしておきましょう（図21）。

図21 Functionプロシージャの挿入

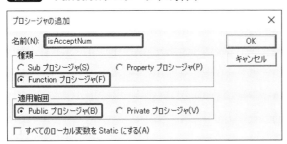

作成したFunctionプロシージャに、「受け取る引数の名称と型」と「この関数の戻り値の型」を設定します（コード20）。戻り値の型は、何も書かなければバリアント型になります。

コード20 引数と戻り値の設定

```
01  Public Function isAcceptNum(ByVal tgtTxb As MSForms.TextBox) As Boolean
02
03  End Function
```

受け取る引数の名称と型　　　　戻り値の型

引数は、テキストボックスのValueプロパティをString型で受け取ってもよいのですが、TextBox型で受け取っておけばValue以外のプロパティも使えるので、今回はこのような形にしておきます。

作成した「isAcceptNum」プロシージャに、「F_Mst_Editor_Product（商品情報編集）」フォームモジュールに書いた「値チェック」部分のコードを移します（図22）。

図22 「値チェック」のコードを移す

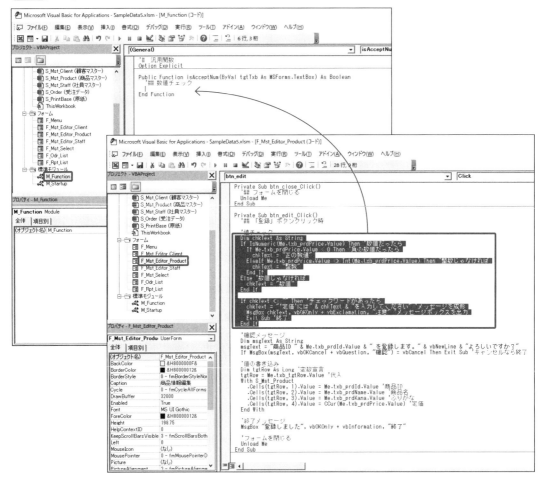

　移したコードを修正します。固有のテキストボックスだった「Me.txb_prdPrice」部分を、引数として受け取った「tgtTxb」に置き換えます（**コード21**）。

　なお、「Exit Sub」だった部分は、Functionプロシージャに入ったことで、「Exit Function」に自動で変わる場合がありますが、いずれにせよこのプロシージャは値チェックのみで続きがないので、この部分は削除します。

コード21　コードを修正

```
01  Public Function isAcceptNum(ByVal tgtTxb As MSForms.TextBox) As Boolean
02    '## 数値チェック
03
04    Dim chkText As String '文字列型の変数宣言
05    If IsNumeric(tgtTxb.Value) Then '数値だったら
06      If CDbl(tgtTxb.Value) < 0 Then '負の数値だったら
07        chkText = "正の数値"
08      ElseIf CDbl(tgtTxb.Value) <> Int(tgtTxb.Value) Then '整数じゃなければ
09        chkText = "整数"
10      End If
11    Else '数値じゃなければ
12      chkText = "数値"
13    End If
14
15    If chkText <> "" Then 'チェックワードがあったら
16      chkText = "'定価'には" & chkText & "を入力してください" 'メッセージを成形
17      MsgBox chkText, vbOKOnly + vbExclamation, "注意" 'メッセージボックスを出力
18      Exit Function  ← 不要なため削除
19    End If
20  End Function
```

　それと、16行目の「chkText」で、「'定価'」という固定の文字列を使っています。この部分を可変にするために、テキストボックスの「Tag」プロパティを使ってみましょう。Tagプロパティは、ほかのプロパティに影響を与えずに、任意の文字列を割り当てることができます。

　この関数を使いたいテキストボックス「txb_prdPrice」の「Tag」プロパティに「定価」と設定しておきます（**図23**）。

CHAPTER
5

図23 「Tag」プロパティに項目名を設定

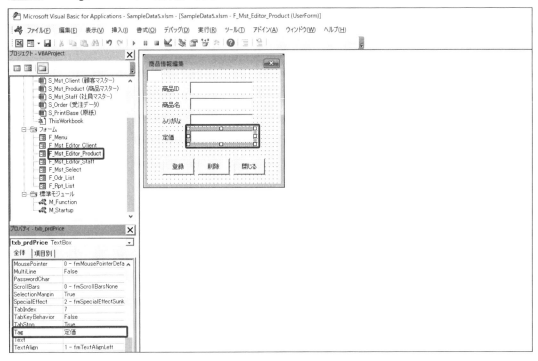

「定価」だった部分をTagプロパティで置き換えます(**コード22**)。「'(シングルクォーテーション)」は文字列として表示させているので、「"(ダブルクォーテーション)」で挟んでいます。

コード22 Tagプロパティで置き換え

```
01 Public Function isAcceptNum(ByVal tgtTxb As MSForms.TextBox) As Boolean
02   '## 数値チェック
03
                              ── 略 ──
04
05   If chkText <> "" Then 'チェックワードがあったら
06     chkText = "'" & tgtTxb.Tag & "'には" & chkText & "を入力してください"
07     MsgBox chkText, vbOKOnly + vbExclamation, "注意" 'メッセージボックスを出力
08   End If
09 End Function
```

Tagプロパティで置き換え

最後に、関数として一番大切な**戻り値**の記述を加えます。自作の関数は、自身のプロシージャ名が変数のように値を持つことができ、**Function**プロシージャが終了したときにそれを戻り値として返します(図24)。

今回の場合、処理の結果を「isAcesptNum」に代入しておかなければ、関数として機能しないのです。

図24　Functionプロシージャの戻り値

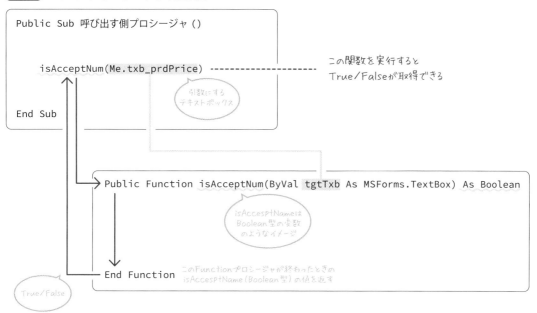

isAcceptNumはブール型なので、Functionプロシージャが開始した時点でFalseからはじまります。したがってFalseのときはあえて書かなくてもよいので、Trueになる場合のみ記述します（**コード23**）。

コード23　「戻り値」の記述を加える

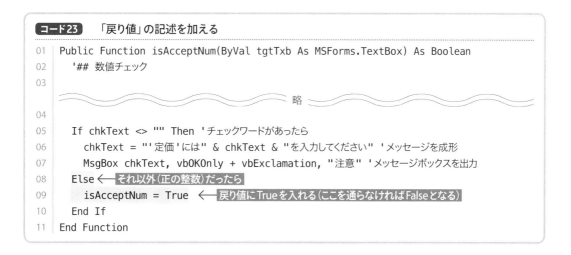

```
01  Public Function isAcceptNum(ByVal tgtTxb As MSForms.TextBox) As Boolean
02    '## 数値チェック
03
                          ―――略―――
04
05    If chkText <> "" Then 'チェックワードがあったら
06      chkText = "'定価'には" & chkText & "を入力してください" 'メッセージを成形
07      MsgBox chkText, vbOKOnly + vbExclamation, "注意" 'メッセージボックスを出力
08    Else ← それ以外（正の整数）だったら
09      isAcceptNum = True ← 戻り値にTrueを入れる（ここを通らなければFalseとなる）
10    End If
11  End Function
```

これで関数は完成です。コードを移した「F_Mst_Editor_Product（商品情報編集）」フォームのほうには、自作関数「isAcceptNum」の戻り値がTrueでないときにExitするように書けば使えます。使う側ではこんなに短いコードになりました（**コード24**）。

コード24 呼び出す側の記述

```
01  Private Sub btn_edit_Click()
02      '## 「登録」ボタンクリック時
03
04      '値チェック
05      If Not isAcceptNum(Me.txb_prdPrice) Then Exit Sub ←─ 自作関数を使ってFalseなら終了
06
07      '確認メッセージ
08      Dim msgText As String
09      msgText = "商品ID " & Me.txb_prdId.Value & " を登録します。" & vbNewLine & "よろしいですか?"
10      If MsgBox(msgText, vbOKCancel + vbQuestion, "確認") = vbCancel Then Exit Sub 'キャンセルなら終了
11
12      '値の書き込み
                                    ─ 略 ─
13  End Sub
```

これで、どのフォームからでも呼び出せる便利な関数ができました。

ブレイクポイントやStopを使ってどのように動いているかを1行ずつ確認するとわかりやすいので、ぜひやってみてください。

5-3-3 空欄入力を可能にする

数値のチェックはできましたが、まだ問題があります。IsNumeric関数は文字列型の「""（空白）」をFalseと判定するので、このままでは「空欄で登録」ができないのです。これではシステムとして不便なので、空欄にも対応させましょう。

まず、「M_Function」モジュールに作った「isAcceptNum」プロシージャに、空白を許可するコードを追加します（**コード25**）。

コード25 「isAcceptNum」プロシージャ

```
01  Public Function isAcceptNum(ByVal tgtTxb As MSForms.TextBox) As Boolean
02      '## 数値チェック
03
04      If tgtTxb.Value = "" Then ←─ 空白だったら
```

```
05     isAcceptNum = True  ← 戻り値をTrueにする
06     Exit Function  ← プロシージャを終了
07   End If
08
09   Dim chkText As String '文字列型の変数宣言
                                      ～～～～  略  ～～～～
10 End Function
```

　5-1-3（P.123参照）で書き込みの際にCCur関数で変換する記述をしましたが、この部分も対象の
テキストボックスが空白だとエラーになってしまいます。そのため、空白ならば「文字列型の空白」を、
そうでなければ「通貨型へ変換した値」を返す新たな関数を作りましょう。

　「M_Function」モジュールの「isAcceptNum」プロシージャの下に続けて新たな「getWriteCur」とい
うFunctionプロシージャを作ります（**コード26**）。この関数へ渡されるのは事前のチェックを通っ
たテキストボックスという想定なので、ここでは「正の整数」を判定するような細かいチェックは行っ
ていません。

コード26　空白もしくは通貨型の値を取得する関数

```
01 Public Function getWriteCur(ByVal tgtTxb As MSForms.TextBox) As Variant ←
02   '## 通貨型の書き込み値取得        返す型がそのつど異なるのでバリアント型（省略可）
03
04   If tgtTxb.Value = "" Then ← 空白だったら
05     getWriteCur = "" ← 文字列型の空白を返す
06   Else ← 空白じゃなかったら
07     getWriteCur = CCur(tgtTxb.Value)  ← 通貨型へ変換して返す
08   End If
09 End Function
```

　「F_Mst_Editor_Product（商品情報編集）」フォームの「登録」ボタンで書き込むプロシージャを修
正します。CCur関数だった部分を、先ほど作った「getWriteCur」にします（**コード27**）。

コード27　「F_Mst_Editor_Product」の「btn_edit_Click」プロシージャ

```
01 Private Sub btn_edit_Click()
02   '## 「登録」ボタンクリック時
03
                                      ～～～～  略  ～～～～
04
05   '値の書き込み
06
```

```
07    Dim tgtRow As Long '変数宣言
08    tgtRow = Me.txb_tgtRow.Value '代入
09    With S_Mst_Product
10      .Cells(tgtRow, 1).Value = Me.txb_prdId.Value '商品ID
11      .Cells(tgtRow, 2).Value = Me.txb_prdName.Value '商品名
12      .Cells(tgtRow, 3).Value = Me.txb_prdKana.Value 'ふりがな
13      .Cells(tgtRow, 4).Value = getWriteCur(Me.txb_prdPrice.Value)
14    End With
15
16    '終了メッセージ
17    MsgBox "登録しました", vbOKOnly + vbInformation, "終了"
18
19    'フォームを閉じる
20    Unload Me
21 End Sub
```

引数にするのはテキストボックス自体なので「.Value」を削除

これで空白にも対応できました。

続けて、今度は「F_Mst_Editor_Staff（社員情報編集）」フォームで日付型を扱うテキストボックスの値チェックと空白対応を行いましょう。

「M_Function」モジュールに**コード28**の2つのFunctionプロシージャを追加します。数値を扱った時の応用で、今度は日付型かどうかを判定するIsDate関数を使っています。

コード28 日付チェックと書き込み値取得の関数

```
01 Public Function isAcceptDate(ByVal tgtTxb As MSForms.TextBox) As Boolean
02   '## 日付チェック
03
04   If tgtTxb.Value = "" Then '空白だったら
05     isAcceptDate = True '戻り値をTrueにする
06     Exit Function 'プロシージャを終了
07   End If
08
09   If IsDate(tgtTxb.Value) Then '日付だったら
10     isAcceptDate = True '戻り値をTrueにする
11   Else '日付じゃなければ
12     Dim chkText As String '文字列型の変数宣言
13     chkText = "'" & tgtTxb.Tag & "'には日付を入力してください" 'メッセージを成形
14     MsgBox chkText, vbOKOnly + vbExclamation, "注意" 'メッセージボックスを出力
15   End If
16 End Function
17
18 Public Function getWriteDate(ByVal tgtTxb As MSForms.TextBox) As Variant
```

```
19    '## 日付型の書き込み値取得
20    If tgtTxb.Value = "" Then '空白だったら
21      getWriteDate = "" '文字列型の空白を返す
22    Else
23      getWriteDate = CDate(tgtTxb.Value) '日付型へ変換して返す
24    End If
25  End Function
```

「F_Mst_Editor_Staff（社員情報編集）」フォームの「登録」ボタンで書き込むプロシージャを修正します。値チェックの追記と、CCur関数だった部分を「getWriteDate」にします（**コード29**）。

コード29　「F_Mst_Editor_Staff」の「btn_edit_Click」プロシージャ

```
01  Private Sub btn_edit_Click()
02    '## 「登録」ボタンクリック時
03
04    '値チェック
05    If Not isAcceptDate(Me.txb_stfJoinday) Then Exit Sub  ←「入社日」のチェック
06    If Not isAcceptDate(Me.txb_stfBirthday) Then Exit Sub ←「生年月日」のチェック
07
08    '確認メッセージ
09    Dim msgText As String
10    msgText = "社員ID " & Me.txb_stfId.Value & " を登録します。" & vbNewLine & "よろしいですか?"
11    If MsgBox(msgText, vbOKCancel + vbQuestion, "確認") = vbCancel Then Exit Sub 'キャンセルなら終了
12
13    '値の書き込み
14    Dim tgtRow As Long '変数宣言
15    tgtRow = Me.txb_tgtRow.Value '代入
16    With S_Mst_Staff
17      .Cells(tgtRow, 1).Value = Me.txb_stfId.Value '社員ID
18      .Cells(tgtRow, 2).Value = Me.txb_stfName.Value '社員名
19      .Cells(tgtRow, 3).Value = Me.txb_stfKana.Value 'ふりがな
20      .Cells(tgtRow, 4).Value = getWriteDate(Me.txb_stfJoinday.Value) '入社日
21      .Cells(tgtRow, 5).Value = Me.txb_stfPosition.Value '所属
22      .Cells(tgtRow, 6).Value = Me.txb_stfMail.Value '社内メール
23      .Cells(tgtRow, 7).Value = getWriteDate(Me.txb_stfBirthday.Value) '生年月日
24      .Cells(tgtRow, 8).Value = Me.txb_stfPhone.Value '電話番号
25    End With
26
27    '終了メッセージ
28    MsgBox "登録しました", vbOKOnly + vbInformation, "終了"
29
30    'フォームを閉じる
31    Unload Me
```

CHAPTER 5

```
32 | End Sub
```

これで、日付のチェックもできるようになりました(図25)。対象のテキストボックス(txb_stfJoinday など)には、忘れずに「Tag」プロパティを設定してください。

図25 動作確認

5-3-4 必須項目を設定する

空欄での登録も可能となりましたが、すべて空欄で登録できてしまうのもよくありません。今度は「入力必須項目」を作ってみましょう。

図26を参考に、必須項目を設定してラベルで明示します。色はプロパティウィンドウの「ForeColor」で変更できます。このラベルはプログラムでは使いませんが、オブジェクト名もきちんと命名しておくとよいでしょう。サンプルのデータでは、「lbl_notes1」「lbl_asterisk1」から連番のオブジェクト名を付けてあります。

せっかくなので、「ふりがな」に関する注意事項のラベルも一緒に作成してあります。

なお、「F_Mst_Editor_Staff(社員情報編集)」のマルチページの「個人情報」タブ側には、ラベルの追加は不要です(このサンプルでは必須項目を設けません)。

図26 必須項目をラベルで明示

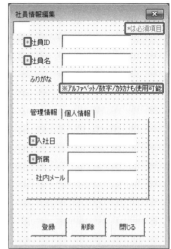

設定した必須項目をチェックするコードを追記します。まずは「F_Mst_Editor_Product（商品情報編集）」フォームからです（**コード30**）。If構文では複数の条件式を**If 条件1 Or 条件2 Then**と書くと**条件1もしくは条件2を満たした場合**となります。

コード30 「F_Mst_Editor_Product」の「btn_edit_Click」プロシージャ

```
01  Private Sub btn_edit_Click()
02      '## 「登録」ボタンクリック時
03
04      '必須項目チェック                                    3つの条件を「Or」でつなぐ
05      If Me.txb_prdId.Value = "" Or Me.txb_prdName.Value = "" Or Me.txb_prdPrice.Value = "" Then
06          MsgBox "必須項目が入力されていません", vbOKOnly + vbExclamation, "注意"   メッセージボックスを出力
07          Exit Sub  ←終了
08      End If
09
10      '値チェック
11      If Not isAcceptNum(Me.txb_prdPrice) Then Exit Sub
12
13      '確認メッセージ
               ～～～～～～～～～～～ 略 ～～～～～～～～～～～
14  End Sub
```

動作としてはこれで問題ありませんが、項目が多くなると横に長くなって読みにくくなってしまいます。VBEのコードは「 _（半角スペース＋アンダースコア）」で改行することができるので、改行を適宜使うとよいでしょう（**コード31**）。

コード31 改行を入れて読みやすく

```
01  Private Sub btn_edit_Click()
02    '## 「登録」ボタンクリック時
03
04    ' 必須項目チェック
05    If Me.txb_prdId.Value = "" Or _    ←改行を入れる
06       Me.txb_prdName.Value = "" Or _
07       Me.txb_prdPrice.Valuc = "" Then
08      MsgBox "必須項目が入力されていません", vbOKOnly + vbExclamation, "注意"
09      Exit Sub
10    End If
11
12    ' 値チェック
13    If Not isAcceptNum(Me.txb_prdPrice) Then Exit Sub
14
15    ' 確認メッセージ
                            略
16  End Sub
```

「F_Mst_Editor_Client（顧客情報編集）」と「F_Mst_Editor_Staff（社員情報編集）」のコードへも同じように反映します（**コード32**、**コード33**）。

コード32 「F_Mst_Editor_Client」の「btn_edit_Click」プロシージャ

```
01  Private Sub btn_edit_Click()
02    '## 「登録」ボタンクリック時
03
04    ' 必須項目チェック
05    If Me.txb_cltId.Value = "" Or _
06       Me.txb_cltName.Value = "" Then
07      MsgBox "必須項目が入力されていません", vbOKOnly + vbExclamation, "注意"
08      Exit Sub
09    End If
10
11    ' 確認メッセージ
                            略
```

コード33 「F_Mst_Editor_Staff」の「btn_edit_Click」プロシージャ

```
01  Private Sub btn_edit_Click()
02    '## 「登録」ボタンクリック時
03
04    ' 必須項目チェック
```

```
05    If Me.txb_stfId.Value = "" Or _
06      Me.txb_stfName.Value = "" Or _
07      Me.txb_stfJoinday.Value = "" Or _
08      Me.txb_stfPosition.Value = "" Then
09      MsgBox "必須項目が入力されていません", vbOKOnly + vbExclamation, "注意"
10      Exit Sub
11    End If
12
13    '値チェック
14    If Not isAcceptDate(Me.txb_stfJoinday) Then Exit Sub
15    If Not isAcceptDate(Me.txb_stfBirthday) Then Exit Sub
16
17    '確認メッセージ
                          ～～～～～～ 略 ～～～～～～
18  End Sub
```

これで必須項目の設定ができました（図27）。

図27 動作確認

CHAPTER 5

5-4 データの削除
〜Deleteメソッド

このフォームで残っている「削除」ボタンの機能を実装しましょう。ボタンを
クリックすると、該当シートの対象行が削除される仕組みにします。

5-4-1 プロシージャの作成

まず「商品情報編集」フォームから作っていきます。オブジェクト画面で、「削除」ボタンをダブル
クリックします（図28）。

図28 「削除」ボタンをダブルクリック

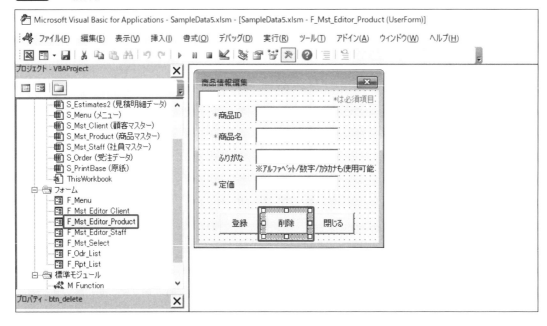

コードウィンドウに切り替わり、「削除」ボタンのオブジェクト名である「btn_delete」のクリック
イベントプロシージャが作成されました（図29）。

図29 「btn_delete」のクリックイベントプロシージャ

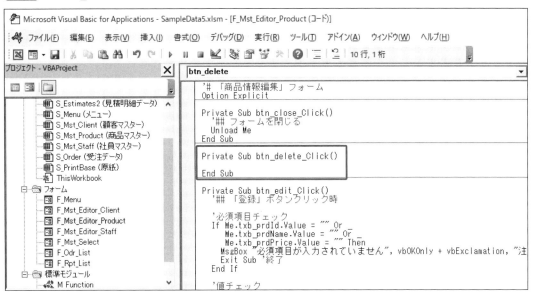

先に、ここまで勉強したメッセージボックスやIf構文を使ってメイン部分以外のコードを書いて
おきましょう（**コード34**）。

コード34 メイン部分以外の実装

```
01  Private Sub btn_delete_Click()
02    '##「削除」ボタンクリック時
03
04    '確認メッセージ
05    Dim msgText As String
06    msgText = "商品ID " & Me.txb_prdId.Value & " を削除します。" & vbNewLine & "よろしいですか?"
07    If MsgBox(msgText, vbOKCancel + vbQuestion, "確認") = vbCancel Then Exit Sub 'キャンセルなら終了
08
09    '削除(メイン部分)
10
11    '終了メッセージ
12    MsgBox "削除しました", vbOKOnly + vbInformation, "終了"
13
14    'フォームを閉じる
15    Unload Me
16  End Sub
```

5-4-2 シートから対象行を削除

シートから行を削除するには、「シート.Rows(行数).Delete」と書きます。行数は**5-1-2**（P.118参照）で作成したテキストボックスに格納されているものを使えばよいので、**コード35**のようになります。

コード35 削除部分の実装

```
01  Private Sub btn_delete_Click()
02    '## 「削除」ボタンクリック時
03
04    '確認メッセージ
05    Dim msgText As String
06    msgText = "商品ID " & Me.txb_prdId.Value & " を削除します。" & vbNewLine & "よろしいですか?"
07    If MsgBox(msgText, vbOKCancel + vbQuestion, "確認") = vbCancel Then Exit Sub 'キャンセルなら終了
08
09    '削除
10    Dim tgtRow As Long          ←─ 変数宣言
11    tgtRow = Me.txb_tgtRow.Value ←─ テキストボックスの値を代入
12    S_Mst_Product.Rows(tgtRow).Delete ←─ 対象行を削除
13
14    '終了メッセージ
15    MsgBox "削除しました", vbOKOnly + vbInformation, "終了"
16
17    'フォームを閉じる
18    Unload Me
19  End Sub
```

同じように、「F_Mst_Editor_Client（顧客情報編集）」と「F_Mst_Editor_Staff（社員情報編集）」のフォームにも展開しましょう。ほとんど同じコードですが、違う部分に色を付けてあります（**コード36**、**コード37**）。

コード36 「F_Mst_Editor_Client（顧客情報編集）」の「btn_ delete _Click」プロシージャ

```
01  Private Sub btn_delete_Click()
02    '## 「削除」ボタンクリック時
03
04    '確認メッセージ
05    Dim msgText As String
06    msgText = "顧客ID " & Me.txb_cltId.Value & " を削除します。" & vbNewLine & "よろしいですか?"
07    If MsgBox(msgText, vbOKCancel + vbQuestion, "確認") = vbCancel Then Exit Sub 'キャンセルなら終了
08
09    '削除
```

```
10    Dim tgtRow As Long '変数宣言
11    tgtRow = Me.txb_tgtRow.Value '代入
12    S_Mst_Client.Rows(tgtRow).Delete '対象行を削除
13
14    '終了メッセージ
15    MsgBox "削除しました", vbOKOnly + vbInformation, "終了"
16
17    'フォームを閉じる
18    Unload Me
19  End Sub
```

コード37　「F_Mst_Editor_Staff（社員情報編集）」の「btn_ delete _Click」プロシージャ

```
01  Private Sub btn_delete_Click()
02    '## 「削除」ボタンクリック時
03
04    '確認メッセージ
05    Dim msgText As String
06    msgText = "社員ID " & Me.txb_stfId.Value & " を削除します。" & vbNewLine & "よろしいですか?"
07    If MsgBox(msgText, vbOKCancel + vbQuestion, "確認") = vbCancel Then Exit Sub 'キャンセルなら終了
08
09    '削除
10    Dim tgtRow As Long '変数宣言
11    tgtRow = Me.txb_tgtRow.Value '代入
12    S_Mst_Staff.Rows(tgtRow).Delete '対象行を削除
13
14    '終了メッセージ
15    MsgBox "削除しました", vbOKOnly + vbInformation, "終了"
16
17    'フォームを閉じる
18    Unload Me
19  End Sub
```

　Excelシートのマスター情報はこれ以降も利用するので、「削除」ボタンの動作確認はコピーしたファイルなどで行ってください（**図30**）。

図30 動作確認

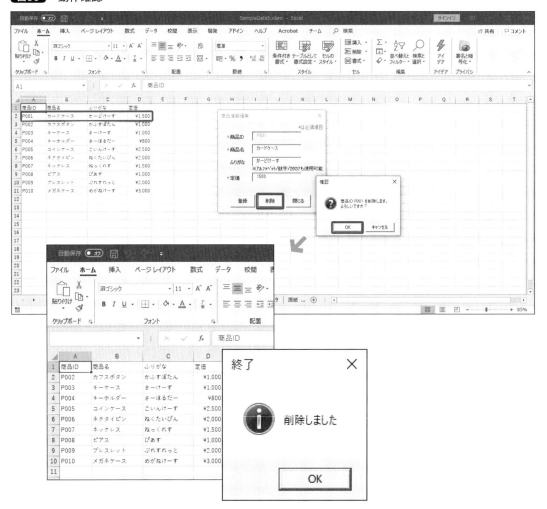

afterフォルダーに入っているサンプルも削除されていない状態になっています。

CHAPTER

6

フォーム間連携

CHAPTER 6

6-1 連携フォームの作成
〜For Each-Next ステートメント

ここまで作ってきた各種マスター編集フォームを連携させるために、マスターを「選択」するフォームと選択したマスター情報を「一覧」で見るためのフォームを作成しましょう。

6-1-1 「マスター選択」フォームの作成

3-2（P.69参照）で土台部分だけ作成してあった「F_Mst_Select（マスター選択）」フォームに機能を追加していきます。まずは**フレーム**というコントロールを配置しましょう。オブジェクト名は「frm_selection」、キャプションは「選択」としておきます（図1）。

図1 フレームの設置

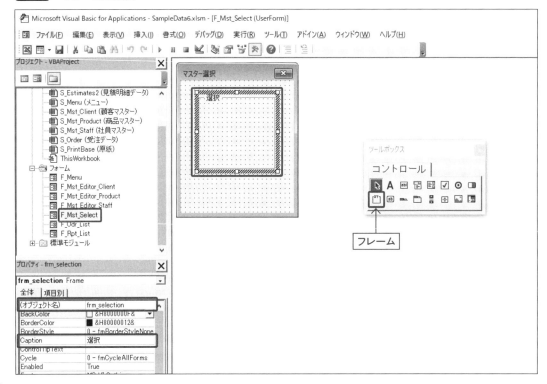

次に、このフレームの中に**オプションボタン**を3つ設置します（**図2**）。フレームの中に設置されたオプションボタンはグループ化され、**1つ選択するとほかの選択を解除**という動作ができるようになります。

図2 オプションボタンの設置

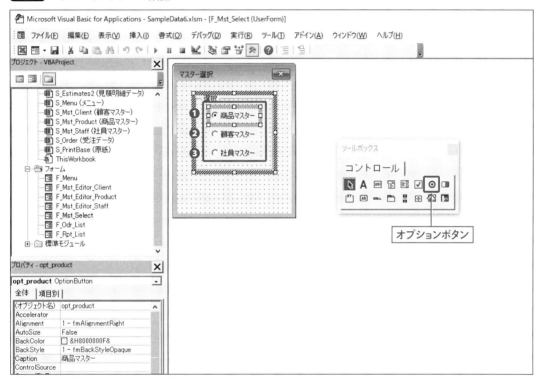

各プロパティは**表1**を参考に設定してください。どれか1つのボタンをあらかじめ選択状態にしておきたい場合、「Value」プロパティをTrueにします。

表1 オプションボタンのプロパティ設定

図中の番号	オブジェクト名	Caption	Value
❶	opt_product	商品マスター	True
❷	opt_client	顧客マスター	False
❸	opt_staff	社員マスター	False

最後にコマンドボタンを2つ設置します（**図3**）。各プロパティは**表2**を参考に設定してください。

図3 コマンドボタンの設置

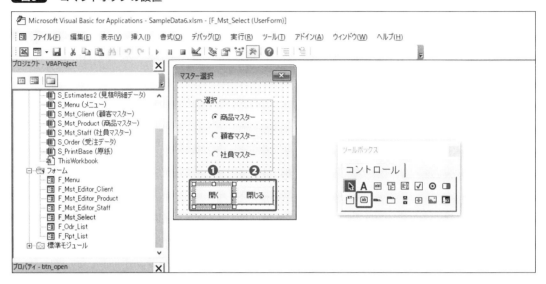

表2 コマンドボタンのプロパティ設定

図中の番号	オブジェクト名	Caption
❶	btn_open	開く
❷	btn_close	閉じる

6-1-2 「マスター一覧」フォームの作成

選択したマスター情報を閲覧する、「マスター一覧」フォームを作ります。「挿入」→「ユーザーフォーム」から新規のフォームを作り、**図4**を参考にコントロールを配置します。オブジェクト名やプロパティは**表3**を参考に設定してください。

図4　「F_Mst_List（マスター一覧）」フォーム

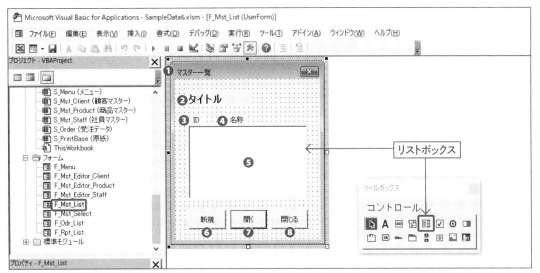

表3　「F_Mst_List（マスター一覧）」フォームのプロパティ設定

図中の番号	オブジェクトの種類	オブジェクト名	Caption
❶	フォーム	F_Mst_List	マスター一覧
❷	ラベル	lbl_title	タイトル
❸	ラベル	lbl_id	ID
❹	ラベル	lbl_name	名称
❺	リストボックス	lbx_table	-
❻	コマンドボタン	btn_new	新規
❼	コマンドボタン	btn_open	開く
❽	コマンドボタン	btn_close	閉じる

CHAPTER
6

　6-1-1で作った「F_Mst_Select（マスター選択）」フォームの「開く」ボタンに、今作ったフォームを開くコードを書きます。「閉じる」ボタンのコードも一緒に書いておきましょう（**コード1**）。

コード1　「F_Mst_Select（マスター選択）」フォームモジュール

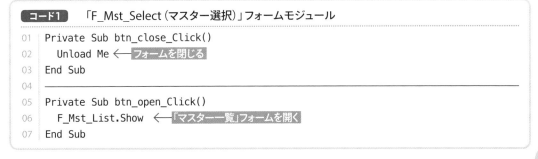

```
01  Private Sub btn_close_Click()
02      Unload Me  ← フォームを閉じる
03  End Sub
04  ─────────────────────────────
05  Private Sub btn_open_Click()
06      F_Mst_List.Show  ← 「マスター一覧」フォームを開く
07  End Sub
```

モジュールやプロシージャの概要を付け加えて、図5のようになりました。

図5 「F_Mst_Select（マスター選択）」フォームモジュール

これで、図6のように段階的に3つのフォームが開くことになります（図ではわかりやすいようにズラしていますが、実際にはフォームは重なって開きます）。

図6 動作確認

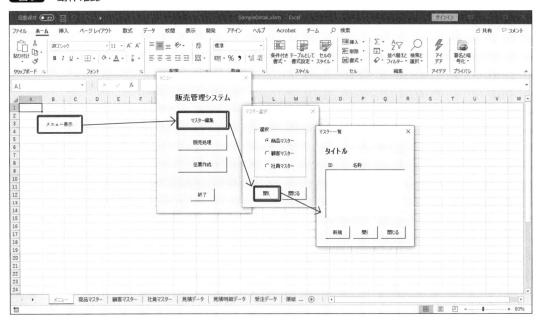

6-1-3　オプションボタンの値を取得する

「F_Mst_List（マスター一覧）」フォームは3種類のマスターで共通して使うものなので、このフォームが開いたときに、1つ手前の「F_Mst_Select（マスター選択）」フォームにて、どのマスターが選択されているのかを判別しなければなりません。そのためには3つのオプションボタンのValueプロパティがTrueになっているものを探します。

この「複数のコントロールの状態を調べる」ために、**繰り返し処理**を学びましょう。この手法は、VBAに限らずプログラミングではとてもよく使う構文です。

「複数のコントロールの状態を調べる」には、**For Each-Next ステートメント**を使います。**For Each** と **Next** の間に挟まれたブロックを作り、対象の「集合」から要素を1つずつ取り出して変数に入れ、すべての要素が終了するまでそのブロックを繰り返します（**図7**）。

図7　For Each-Next ステートメント

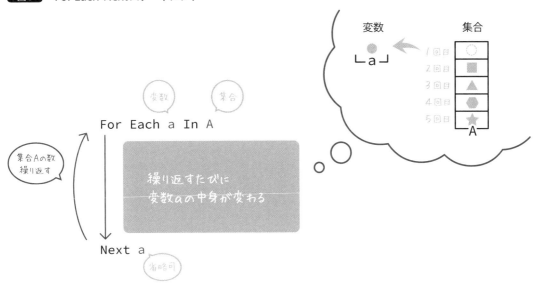

まずは、どんなことができるのか、かんたんに見てみましょう。4-1-1（P.86参照）で「M_Startup」モジュールに作成したテスト用の「tmp」プロシージャを**コード2**に書き換えます。

コード2　For Each-Next の例

```
01  Public Sub tmp()
02      '## 一時的プロシージャ
```

```
03
04    Dim ctl As MSForms.Control   ← コントロールを変数宣言
05    For Each ctl In F_Mst_Select.Controls ←
06       Debug.Print ctl.Name   ← コントロールのオブジェクト名をイミディエイトウィンドウに出力する
07    Next ctl   ← コントロールの数だけForの位置に戻って繰り返す
08  End Sub
```

「F_Mst_Select（マスター選択）」上の
すべてのコントロールを「集合」とする

　これは、「F_Mst_Select（マスター選択）」上のすべてのコントロールのオブジェクト名を出力する
コードです。6行目の「Debug.Print」という記述は、「イミディエイトウィンドウ」という場所に出力
するという意味で、これは「表示」→「イミディエイトウィンドウ」で右下に出てきます（**図8**）。
MsgBoxとは違い、ユーザーの目に見える場所ではないので、プログラミングの動作検証などに使
うウィンドウです。

図8 イミディエイトウィンドウ

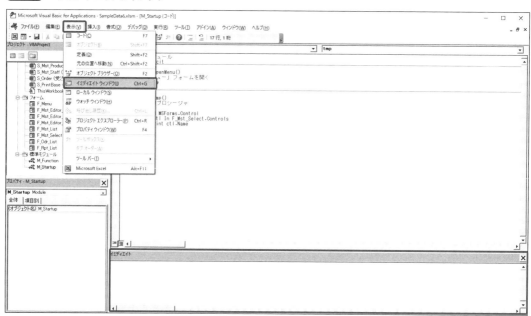

　この状態で「tmp」プロシージャを実行してみましょう。するとイミディエイトウィンドウに6つの
文字列が出力されました（**図9**）。

図9 For Each-Next の結果

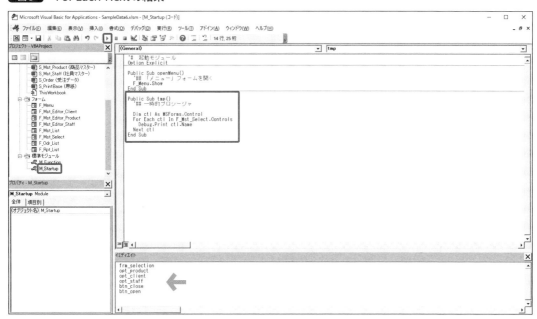

これは**6-1-1**（P.162参照）で作成した、1つのフレーム、3つのオプションボタン、2つのコマンドボタンのオブジェクト名だということがわかりますね。Forブロックが6回繰り返され、「F_Mst_Select（マスター選択）」上のすべてのコントロールのオブジェクト名を出力したことになります。

それでは実際に「F_Mst_List（マスター一覧）」フォームが開いたときにFor文が動くように実装します。**4-2-2**（P.95参照）を参考にして「UserForm_Initialize」イベントプロシージャを作成しましょう（**図10**）。

図10 「UserForm_Initialize」イベントプロシージャの作成

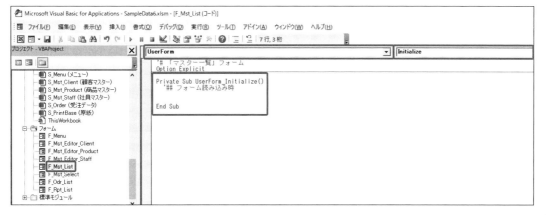

　ここへ、Forを使って「F_Mst_Select（マスター選択）」フォームの「オプションボタンの値が
True」だったら「F_Mst_List」フォームの「lbl_title」ラベルを変更する、というコードを書きます（**コード3**）。

コード3 「lbl_title」ラベルを変更するコード

```
01  Private Sub UserForm_Initialize()
02    '## フォーム読み込み時
03
04    Dim opt As MSForms.OptionButton        ← オプションボタンを変数宣言
05    For Each opt In F_Mst_Select.frm_selection.Controls ←
06      If opt.Value = True Then        ← オプションボタンの値がTrueだったら
07        Me.lbl_title.Caption = opt.Caption ←
08      End If
09    Next opt        ← コントロールの数だけForの位置に戻って繰り返す
10  End Sub
```

「F_Mst_Select」フォームの「frm_selection」フレーム上のコントロールを「集合」とする

「Me＝F_Mst_List」フォームの「lbl_title」ラベルのキャプションへオプションボタンのキャプションを代入する

　なお、If条件では「＝True」の省略（5-3-1 P.139参照）、Ifブロックが1行の場合は「End If」の省略（5-2-3 P.136参照）ができるので、**コード4**のように書いても動きます。

コード4 省コード化

```
01  Private Sub UserForm_Initialize()
02    '## フォーム読み込み時
03
04    Dim opt As MSForms.OptionButton
05    For Each opt In F_Mst_Select.frm_selection.Controls
06      If opt.Value Then Me.lbl_title.Caption = opt.Caption ← 「＝True」と「End If」を省略
07    Next opt
08  End Sub
```

　ただしコードの省略は、必須ではありません。

　「Is○○」という形の関数ならばTrueを省略しても意味がわかりますが、今回の「opt.Value」のようなプロパティ値ではTrueをあえて書いたほうがコードを読んだときにわかりやすいので、のちにコードを読む人のことを考えて選択しましょう。サンプルでは、この部分のコードはTrueを省略せずに書いてあります。

　動作確認してみましょう。「マスター選択」フォームで選んだオプションボタンのキャプションが、「マスター一覧」フォームのタイトルになりました（**図11**）。

図11　動作確認

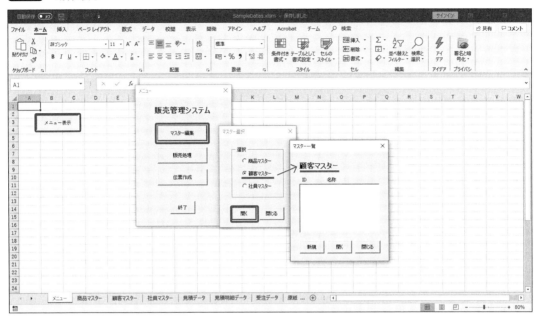

　なお、この時点では「マスター一覧」フォームの「閉じる」ボタンは実装していないので、「×」ボタンでウィンドウを閉じてください。こちらは**コード8**（P.175参照）で実装します。

6-2 一覧の読み込み
～配列

「F_Mst_List（マスター一覧）」フォームにて「どのマスターが選択されているか」を特定することができました。ここに配置されているリストボックスに、選択されたマスター情報を読み込んでみましょう。

6-2-1 リストボックスのソースを設定する

リストボックスには、該当シートの「ID」「名称」（図12）を表示させる想定とします。

図12 リストボックスに読み込ませたい部分

	A	B	C	D
1	商品ID	商品名	ふりがな	定価
2	P001	カードケース	かーどけーす	¥1,500
3	P002	カフスボタン	かふすぼたん	¥1,000
4	P003	キーケース	きーけーす	¥1,000
5	P004	キーホルダー	きーほるだー	¥800
6	P005	コインケース	こいんけーす	¥2,500
7	P006	ネクタイピン	ねくたいぴん	¥2,000
8	P007	ネックレス	ねっくれす	¥1,500
9	P008	ピアス	ぴあす	¥1,000
10	P009	ブレスレット	ぶれすれっと	¥2,000
11	P010	メガネケース	めがねけーす	¥3,000
12				
13				
14				

シートの情報をリストボックスに表示させるにはいくつか方法があり、1つはVBEのプロパティウィンドウで設定することができます（**図13**）。

図13　リストボックスの設定

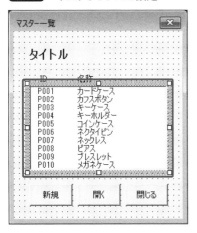

「ColumnWidth（列幅）」は、最終列の値は省略できます。

さて、見え方の確認のためにいったん「RowSouce（情報源）」を指定しましたが、この書き方はシートもセルも固定されている場合です。今回は可変にしたいので、別の書き方を学びましょう。**このプロパティウィンドウの「RowSouce」は削除しておいてください。**

「F_Mst_List（マスター一覧）」フォームの「UserForm_Initialize」プロシージャに**コード5**の10～11行目を追記します。

プロパティウィンドウの設定と同じように、「RowSouce」プロパティに「シート名!セル範囲」という文字列を組み立てます。シート名はタイトルに表示したキャプションが使えます。

コード5　リストボックスのソースを設定

```
01  Private Sub UserForm_Initialize()
02    '## フォーム読み込み時
03
04    'タイトル変更
05    Dim opt As MSForms.OptionButton
06    For Each opt In F_Mst_Select.frm_selection.Controls
07      If opt.Value = True Then Me.lbl_title.Caption = opt.Caption
08    Next opt
09
10    'リストボックスのソース設定
11    Me.lbx_table.RowSource = Me.lbl_title.Caption & "!A2:B11"
12  End Sub
```

.RowSourceプロパティを設定

シートの名称は可変になりましたが、まだ「A2:B11」セルは固定のままです。シートによって違いますし、増減もあるので、最後の「11」は「その時の最大行数」を取得して使いましょう。これはほか

でも使い道があるので汎用の関数として作ります。

「M_Function」モジュールに**コード6**のプロシージャを追加します。

コード6 最終行を取得する関数

```
01  Public Function getLastRow(ByVal ws As Worksheet) As Long
02    '## シートを指定して最終行を返す
03    getLastRow = ws.Cells(Rows.Count, 1).End(xlUp).Row    ← 1列目の最後の行数を取得
04  End Function
```

さて、この関数を使うためには「ワークシート自体」を引数として使う必要があるのですが、現状判明しているのは文字列型の「ワークシートの名称」で、「ワークシート自体」ではありません。

そのため、いったん「名称」を使ってワークシート自体を変数に格納します。そうすると、ワークシート自体としても使えるしプロパティ指定もできる、便利な使い方ができます（**コード7**）。

コード7 ワークシート変数の作成と関数の利用

```
01  Private Sub UserForm_Initialize()
02    '## フォーム読み込み時
03
04    '対象ワークシートを変数に格納
05    Dim ws As Worksheet       ← ワークシート型変数の宣言
06    Dim opt As MSForms.OptionButton
07    For Each opt In F_Mst_Select.frm_selection.Controls
08      If opt.Value = True Then Set ws = Sheets(opt.Caption) ←
09    Next opt                  オプションボタンがTrueだったらワークシートを変数へ代入
10
11    'タイトル変更
12    Me.lbl_title.Caption = ws.Name    ← ワークシート名の取得
13
14    'リストボックスのソース設定
15    Me.lbx_table.RowSource = ws.Name & "!A2:B" & getLastRow(ws)   ← 関数の利用
16  End Sub
```

なお、**Long**（**整数型**）や**String**（**文字列型**）のような変数では使いませんでしたが、「Worksheet（ワークシート）」のようにさまざまな属性を持つオブジェクトを変数に代入する場合は、**Set**という記述が必要です。

最後に「閉じる」ボタンでフォームを閉じるプロシージャも追記しておきましょう（**コード8**）。

コード8　　フォームを閉じるプロシージャを追記

```
01  Private Sub btn_close_Click()
02      '## フォームを閉じる
03      Unload Me
04  End Sub
```

動作確認すると、選択したマスターの一覧をリストボックスに表示することができました（**図14**）。

図14　　動作確認

6-2-2　配列をソースにする

　6-2-1では、リストボックスの「RowSource」というプロパティに「シート名!セル範囲」と書くことで設定しましたが、この方法はシートに書いてあるデータの数や並びに依存します。つまり、**シートとは違う並びや必要な行のデータだけ絞り込む**ということが困難なのです。

　今後、検索ワードで絞り込みなども行いたいため、別の方法も試してみましょう。

　VBAに限らず、プログラミングには**配列**という手段があり、**リストボックスのソースには配列を設定する**こともできます。

　シートのセル範囲を直接ソースにするのではなく、シートの情報から任意の配列を組み立てて、それをリストボックスのソースに設定すると、自由度の高いリスト表示ができるようになります（**図**

15）。

図15 配列の利用

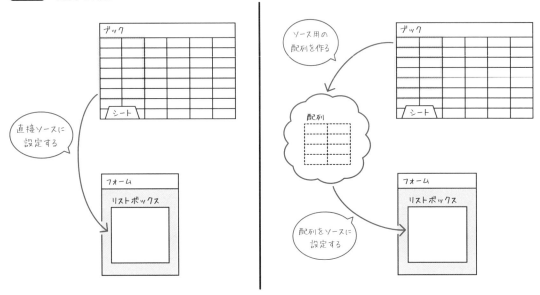

　配列は、**配列名(要素数) as 型**のように宣言することで、同じ性質の複数データをまとめて扱うことができます。同じ形の箱が1列に連なっていて、箱の番号で中身を出し入れするイメージです（図16）。

図16 配列のイメージ

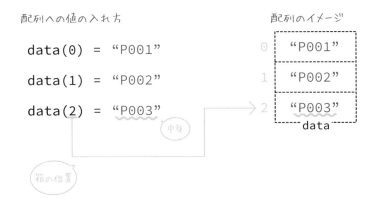

配列名(要素数1, 要素数2) as 型と書くと、縦と横の表状態にすることができます。この形を二次元配列と呼び、箱の位置は座標で指定するイメージになります(**図17**)。

図17　二次元配列

```
Dim data(2, 1) as String
```
配列名　要素数1　要素数2

二次元配列への値の入れ方

data(0, 0) = "P001"

data(1, 0) = "P002"

data(2, 0) = "P003"

data(0, 1) = "カードケース"

data(1, 1) = "カフスボタン"

data(2, 1) = "キーケース"

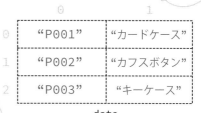

二次元配列のイメージ

実際に配列を作り、リストボックスのソースにしてみましょう。「F_Mst_List(マスター一覧)」フォームの「UserForm_Initialize」プロシージャを**コード9**のように変更します。

コード9　配列をリストボックスのソースにする

```
01  Private Sub UserForm_Initialize()
02    '## フォーム読み込み時
03
          ～～～～～～～～～～～～～～～ 略 ～～～～～～～～～～～～～～～
04
05    'タイトル変更
06    Me.lbl_title.Caption = ws.Name
07
08    'ソースとなる配列の作成
09    Dim srcArray(2, 1) As String  ←配列の宣言
10    srcArray(0, 0) = "P001"  ←配列の座標にアイテムを入れていく
11    srcArray(1, 0) = "P002"
12    srcArray(2, 0) = "P003"
13    srcArray(0, 1) = "カードケース"
14    srcArray(1, 1) = "カフスボタン"
15
```

```
16    srcArray(2, 1) = "キーケース"
17
18    Me.lbx_table.List = srcArray   ← リストボックスのソースに配列を設定
19  End Sub
```

これで動作確認してみると、作成した配列がリストボックスに表示されました（図18）。

図18 配列をソースにした例

この形を少しずつ汎用的にしていきましょう。今後も増える予定なので、「コントロールのソースとなる配列を作成する」目的のモジュールを作って関数化します。新規で「M_SrcArray」というオブジェクト名の標準モジュールを作成します（図19）。

図19 「M_ Src Array」モジュールの作成

このモジュールに、「各マスターのソースとなる配列を取得」するという意味で「getMstSrc」というFunctionプロシージャを作成して、**コード9**の配列部分を移動します。関数の戻り値を配列とし、ワークシートを引数として受け取るように書いておきます（図20、コード10）。

図20　配列作成部分を関数化する

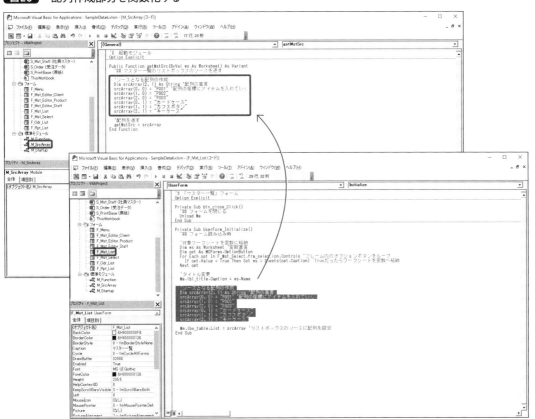

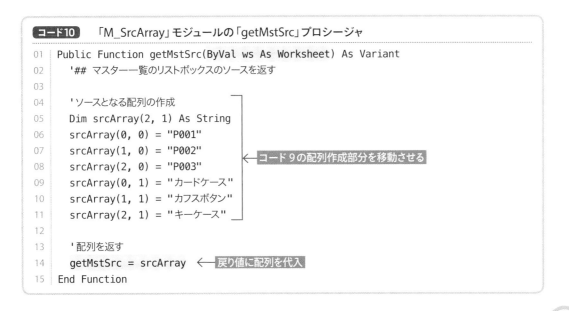

コード10　「M_SrcArray」モジュールの「getMstSrc」プロシージャ

```
01  Public Function getMstSrc(ByVal ws As Worksheet) As Variant
02      '## マスター一覧のリストボックスのソースを返す
03
04      'ソースとなる配列の作成
05      Dim srcArray(2, 1) As String
06      srcArray(0, 0) = "P001"
07      srcArray(1, 0) = "P002"          ← コード9の配列作成部分を移動させる
08      srcArray(2, 0) = "P003"
09      srcArray(0, 1) = "カードケース"
10      srcArray(1, 1) = "カフスボタン"
11      srcArray(2, 1) = "キーケース"
12
13      '配列を返す
14      getMstSrc = srcArray          ← 戻り値に配列を代入
15  End Function
```

「F_Mst_List（マスター一覧）」フォームの「UserForm_Initialize」プロシージャ側で、リストボックスのソース設定部分を作成した関数に置き換えます（**コード11**）。

コード11 「F_Mst_List」フォームの「UserForm_Initialize」プロシージャ

```
01  Private Sub UserForm_Initialize()
02    '## フォーム読み込み時
03
04    '対象ワークシートを変数に格納
              〜〜〜〜〜〜〜〜〜  略  〜〜〜〜〜〜〜〜〜
05
06    'タイトル変更
07    Me.lbl_title.Caption = ws.Name
08
09    'リストボックスにソースを設定
10    Me.lbx_table.List = getMstSrc(ws)  ←── 作成した関数に置き換え
11  End Sub
```

これで呼び出す側はすっきりしましたね。それでは「getMstSrc」プロシージャをもっと作り込んでいきましょう。現状、配列に値を直接書き込んでいるものをシートの値で置き換えます。シートの1行目は項目名が入っていてデータは2行目からなので、**コード12**のような形になります。

コード12 シートの値に置き換える

```
01  Public Function getMstSrc(ByVal ws As Worksheet) As Variant
02    '## マスター一覧のリストボックスのソースを返す
03
04    'ソースとなる配列の作成
05    Dim srcArray(2, 1) As String '配列の宣言
06    srcArray(0, 0) = ws.Cells(2, 1).Value  ←── A2セル
07    srcArray(1, 0) = ws.Cells(3, 1).Value  ←── A3セル
08    srcArray(2, 0) = ws.Cells(4, 1).Value  ←── A4セル
09    srcArray(0, 1) = ws.Cells(2, 2).Value  ←── B2セル
10    srcArray(1, 1) = ws.Cells(3, 2).Value  ←── B3セル
11    srcArray(2, 1) = ws.Cells(4, 2).Value  ←── B4セル
12
13    '配列を返す
14    getMstSrc = srcArray
15  End Function
```

これでも動作としては問題ありませんが、配列の座標は「0から」、シートのセル座標は「1から」なので、いちいち「ズレ」を考慮すると、こんがらがってしまいそうです。シートの情報を配列に入れ

るなら、配列の要素も「1から」にしてしまったほうが理解しやすくなります（**図21**、**コード13**）。

図21　配列の座標を1からはじめる

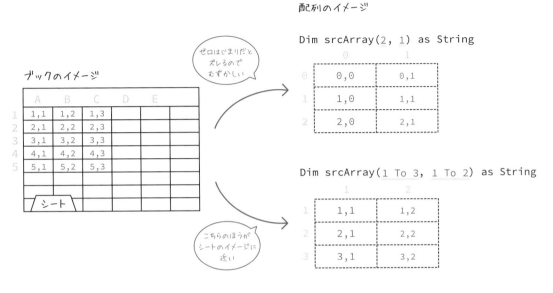

コード13　配列の要素を「1から」にする

```
01  Public Function getMstSrc(ByVal ws As Worksheet) As Variant
02    '## マスター一覧のリストボックスのソースを返す
03
04    'ソースとなる配列の作成
05    Dim srcArray(1 To 3, 1 To 2) As String  ← 配列の要素を「1から」にする
06    srcArray(1, 1) = ws.Cells(2, 1).Value
07    srcArray(2, 1) = ws.Cells(3, 1).Value
08    srcArray(3, 1) = ws.Cells(4, 1).Value
09    srcArray(1, 2) = ws.Cells(2, 2).Value
10    srcArray(2, 2) = ws.Cells(3, 2).Value
11    srcArray(3, 2) = ws.Cells(4, 2).Value
12
13    '配列を返す
14    getMstSrc = srcArray
15  End Function
```

　今度は配列に値を代入している6〜11行目に注目してみましょう。この部分は1つ1つ書くのではなく、**繰り返し**を使ったほうがスマートです。

　6-1-3（P.167参照）で学んだ**For Each-Next**は「集合」から「要素」を取り出して繰り返しましたが、ここでは**For-Next**という繰り返しを使ってみましょう。「1から10まで」のように、数値を使った繰

り返しができる構文です（図22）。

図22 For-Nextステートメント

数値を繰り返すFor-Nextでは、「i」という変数がよく使われます。これは**イテレーター（反復子）**の頭文字で、**繰り返し処理で変化する数値を格納する変数**として、VBAに限らずさまざまな言語で使われています。

「i」という変数が出てきたら、「繰り返しに使う一時値が入る変数」と覚えておいてください。繰り返しを使って書くと**コード14**のようになります。

コード14 「For-Next」を使って要素の数だけ繰り返す

```
01  Public Function getMstSrc(ByVal ws As Worksheet) As Variant
02    '## マスター一覧のリストボックスのソースを返す
03
04    'データの要素数を取得
05    Dim maxRow As Long
06    maxRow = getLastRow(ws) - 1    ← シートの行数から見出しを引いた数が要素数
07
08    'ソースとなる配列の作成
09    Dim srcArray() As Variant ← 要素数を指定せず配列の宣言（ここでは変数を使えない）
10    ReDim srcArray(1 To maxRow, 1 To 2) ← 要素数を変数で再定義
11
12    Dim i As Long  ← 繰り返し用変数（イテレーター）の宣言
```

4444 44

4 4444

```
13   For i = 1 To maxRow  ← 要素の数繰り返す
14     srcArray(i, 1) = ws.Cells(i + 1, 1).Value  ← ID
15     srcArray(i, 2) = ws.Cells(i + 1, 2).Value  ← 名称
16   Next i
17
18   '配列を返す
19   getMstSrc = srcArray
20 End Function
```

これで選択したマスターごとに、存在する要素数で配列を作成してリストボックスのソースにすることができました（図23）。

図23 動作確認

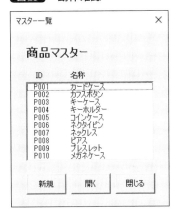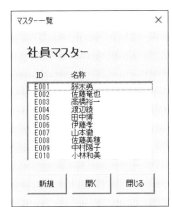

6-2-3 セル範囲を配列に格納する

シートのデータを配列に格納して、その配列をリストボックスのソースにしました。動作としては問題ないのですが、ここで**速度**について考えてみます。実は、今の形だと数が多くなると遅くなってしまうのです。

原因は、**セルというオブジェクト**です。セルは機能が豊富で、たくさんのメソッドやプロパティを持っているので、言ってしまえば大変に大きな荷物を抱えているオブジェクトなのです。

セルからValueプロパティを取り出すという行為はほかと比べて時間がかかるのですが、現状のサンプルの要素は10個程度なのでまったく気になることはないでしょう。ですが、数千、数万という回数になってくると、無視できない時間となってしまいます。

この問題を解決するために、該当のセル範囲を一時的な配列に入れてしまいましょう。1つ1つのセルへのアクセスは時間がかかりますが、「セル範囲」を1回配列に取り込むのは早いですし、配列か

ら配列へデータをやりとりするほうが格段に高速処理できるのです(**図24**)。

図24 高速処理のために配列を中継させる

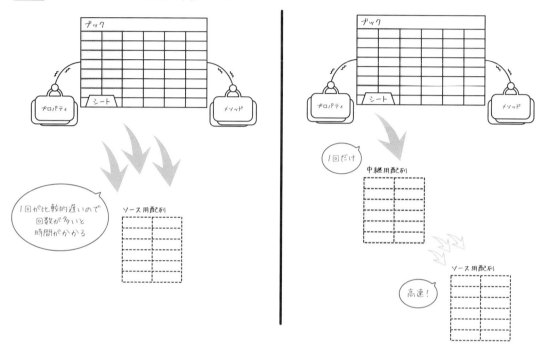

これを実際に書いてみると、**コード15**のようになります。

コード15 セル範囲を格納した配列を中継する

```
01  Public Function getMstSrc(ByVal ws As Worksheet) As Variant
02      '## マスター一覧のリストボックスのソースを返す
03
04      'シートから配列へ格納
05      Dim wsData() As Variant          ← ワークシートの情報を格納する配列を宣言
06      wsData = ws.Range("A2:D11")      ← 見出しを抜いたセル範囲を配列に代入
07
08      'データの要素数を取得
09      Dim maxRow As Long
10      maxRow = UBound(wsData, 1)       ← 1つめの要素(行)の最大数
11
12      'ソースとなる配列の作成
13      Dim srcArray() As Variant
14      ReDim srcArray(1 To maxRow, 1 To 2)
15
```

```
16    Dim i As Long '繰り返し用変数の宣言
17    For i = 1 To max '要素の数繰り返す
18      srcArray(i, 1) = wsData(i, 1)   ← 代入元を配列に変更(見出し行を抜いたので+1が不要に)
19      srcArray(i, 2) = wsData(i, 2)
20    Next i
21
22    '配列を返す
23    getMstSrc = srcArray
24 End Function
```

せっかく配列として扱うならば、「見出し行」を省いた範囲のデータを使いましょう（6行目）。そうすることで18〜19行の「+1」が不要になります。

シートはまさに二次配列と同じ形をしているので、配列にセル範囲を代入するだけでかんたんに二次配列として格納することができます。格納された配列の要素数は、行列ともに1からスタートすることに注意してください。

ここまでできたら、6行目の「見出しを抜いたセル範囲を配列に代入」の部分をどのシートでも対応できるように関数化しましょう。関数の中でも関数は使えます。

「M_Function」モジュールに新しく「getWsData」というFunctionプロシージャを追加します（コード16、図25）。

ここで、**もしもマスターのデータが空っぽだったら**という**例外処理**をするため、この関数ではデータがあればその配列を、なければ「Empty」という値を返す関数とします。

コード16 「getWsData」プロシージャの作成

```
01 Public Function getWsData(ByVal ws As Worksheet) As Variant
02    '## 対象シートのデータ部分があれば配列で、なければEmptyを返す
03
04 End Function
```

図25 「getWsData」プロシージャの追加

「getWsData」の中身を書いていきます（**コード17**）。

コード17 対象シートのデータ部分を配列に入れる関数

```
01  Public Function getWsData(ByVal ws As Worksheet) As Variant
02      '## 対象シートのデータ部分があれば配列で、なければEmptyを返す
03
04      'セル範囲を取得
05      Dim tgtRange As Range
06      Set tgtRange = ws.Range("A1").CurrentRegion    ←── アクティブセル領域の読み込み
07
08      '見出しのみだったらEmptyを入れて終了
09      If tgtRange.rows.Count = 1 Then    ←── 取得したセル範囲が1行しかなかったら
10        getWsData = Empty    ←── Emptyを返す
11        Exit Function    ←── 終了
12      End If
13
14      '見出しを除外して配列へ格納
15      Set tgtRange = tgtRange.Offset(1)    ←── 範囲を全体1行下へズラす（見出しの除外）
16      Set tgtRange = tgtRange.Resize(tgtRange.rows.Count - 1) ←──
17      Dim wsData() As Variant  ←── 配列の宣言   範囲の行数を1つ減らす（ズラしてできた空白行の削除）
18      wsData = tgtRange    ←── リサイズしたセル範囲を配列へ代入
19
```

```
20    '戻り値へ代入
21    getWsData = wsData
22 End Function
```

6行目の「.CurrentRegion」プロパティで、その時点でデータが埋まっている範囲のみを取り出せるので、別のシートで列の数が違っていたり、データの増減があったりしても、柔軟にセル範囲の取得ができます。その範囲をチェックして、見出しを除外するなど範囲のリサイズを行ったあと、配列に代入しています。

この関数を「M_SrcArray」モジュールの「getMstSrc」プロシージャ側で利用し、空だったら終了する形に変更します（**コード18**）。

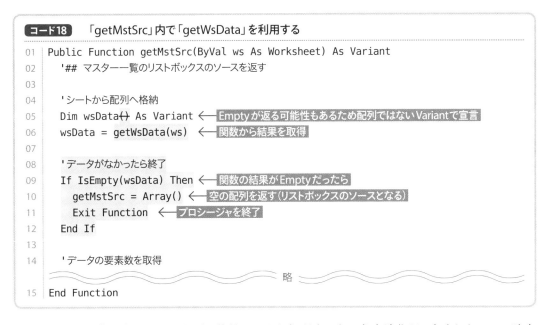

コード18 「getMstSrc」内で「getWsData」を利用する

```
01 Public Function getMstSrc(ByVal ws As Worksheet) As Variant
02    '## マスター一覧のリストボックスのソースを返す
03
04    'シートから配列へ格納
05    Dim wsData() As Variant  ← Emptyが返る可能性もあるため配列ではないVariantで宣言
06    wsData = getWsData(ws)    ← 関数から結果を取得
07
08    'データがなかったら終了
09    If IsEmpty(wsData) Then   ← 関数の結果がEmptyだったら
10      getMstSrc = Array()     ← 空の配列を返す（リストボックスのソースとなる）
11      Exit Function           ← プロシージャを終了
12    End If
13
14    'データの要素数を取得
略
15 End Function
```

これで、セル範囲をいったん配列へ格納してから処理するという高速化ができました。この時点のサンプルでは速度は体感できないとは思いますが、覚えておくと役に立つテクニックです。

CHAPTER
6

6-3 編集フォームの連携
～Selectステートメント

「マスター選択」フォームから、該当の「マスター一覧」フォームまで作ることができました。それでは、この「マスター一覧」フォームと、CHAPTER5まで作ってきた各マスターの編集フォームを連携させましょう。

6-3-1 該当フォームを選択して開く

「F_Mst_List（マスター一覧）」フォームの「開く」ボタンをダブルクリックして、「btn_open_Click」プロシージャを作成します（図26）。

図26 イベントプロシージャの作成

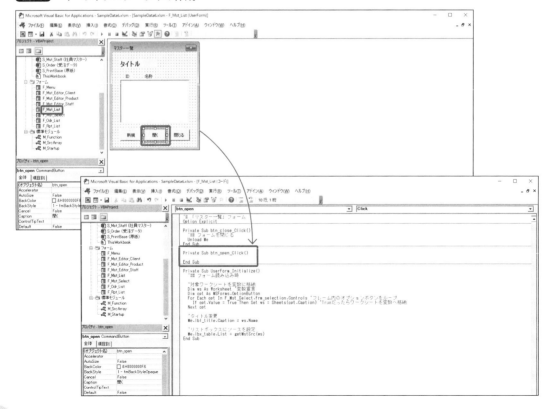

「開く」ボタンをクリックされたら、タイトルに表示されている文字列に対応するフォームを開くようにしましょう。これは**5-2-3**（P.132参照）で学んだIfステートメントで書くことができます（**コード19**）。

コード19　Ifステートメントで分岐

```
01  Private Sub btn_open_Click()
02      '## 「開く」ボタンクリック時
03
04      'タイトルの文字列に対応するフォームを開く
05      If Me.lbl_title.Caption = "商品マスター" Then      ← タイトルが「商品マスター」だったら
06          F_Mst_Editor_Product.Show      ← 対応する編集フォームを開く
07      ElseIf Me.lbl_title.Caption = "顧客マスター" Then
08          F_Mst_Editor_Client.Show
09      ElseIf Me.lbl_title.Caption = "社員マスター" Then
10          F_Mst_Editor_Staff.Show
11      End If
12  End Sub
```

なお、条件分岐は、**Select Case ステートメント**で書くこともできます（**図27**）。

図27　Select Caseステートメント

```
Select Case 変数

    Case 条件 1
```
（変数＝条件?）
```
        条件 1 に一致した場合の処理

    Case 条件 2

        条件 2 に一致した場合の処理

    Case Else

        どの条件にも一致しなかった場合の処理

End Select
```

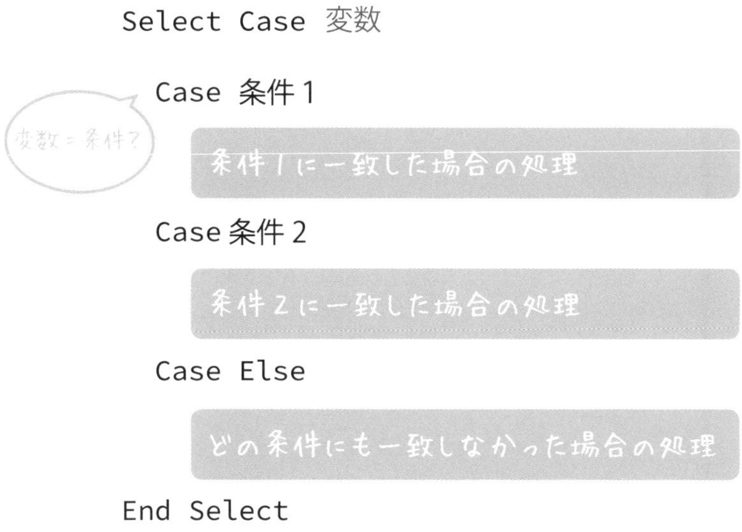

　動作は同じですが、条件の左辺部分を何度も書かなくてよいので、条件が多い場合、こちらのほうがすっきりした記述になります（**コード20**）。

コード20 Select Caseステートメントで分岐

```vb
01  Private Sub btn_open_Click()
02    '## 「開く」ボタンクリック時
03
04    'タイトルの文字列に対応するフォームを開く
05    Select Case Me.lbl_title.Caption
06      Case "商品マスター"        ← 変数と一致したら
07        F_Mst_Editor_Product.Show  ← 対応する編集フォームを開く
08      Case "顧客マスター"
09        F_Mst_Editor_Client.Show
10      Case "社員マスター"
11        F_Mst_Editor_Staff.Show
12    End Select
13  End Sub
```

　さらに機能を追加しましょう。このボタンは「開く」なので、リストボックスで選択されている項目について詳細を表示する想定です。ということは、リストボックスで選択「されていなかったら」先へ進まないという機能もあるとよいでしょう。

　リストボックスは、選択されている場合「.ListIndex」で行位置（先頭行0から連番）を取得することができ、選択されていない場合は「-1」となるので、それを利用します（**コード21**）。

コード21 例外処理

```vb
01  Private Sub btn_open_Click()
02    '## 「開く」ボタンクリック時
03
04    '選択項目がなければ終了
05    If Me.lbx_table.ListIndex = -1 Then  ← 何も選択されていない場合
06      MsgBox "対象のデータを選択してください", vbOKOnly + vbExclamation, "注意" ←
07      Exit Sub  ← 終了                              メッセージボックスを出力
08    End If
09
10    'タイトルの文字列に対応するフォームを開く
11    Select Case Me.lbl_title.Caption
12      Case "商品マスター"
13        F_Mst_Editor_Product.Show
14      Case "顧客マスター"
15        F_Mst_Editor_Client.Show
16      Case "社員マスター"
17        F_Mst_Editor_Staff.Show
18    End Select
19  End Sub
```

これで、リストボックスの項目を選択しているとき、していないときの動作が実装できました（**図 28**）。

図28　動作確認

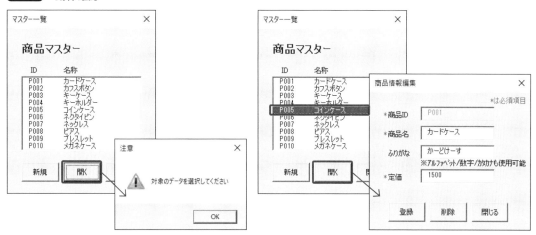

なお、この時点では「商品情報編集」フォームは常にシートの2行目のデータを開く設定になっているので、選択した項目は反映されません。次の**6-3-2**で実装します。

6-3-2　行数を検索して組み込む

「F_Mst_List（マスター一覧）」フォームにて、リストボックスで選択された項目が、シート上でどの行に位置するかを特定します。これは今後も使うので、関数として作りましょう。

「M_Function」モジュールに、新たに「getIdRow」プロシージャを作成します（**コード22**）。

コード22　IDから対象データの行数を取得する関数

```
01  Public Function getIdRow(ByVal id As String, ByVal ws As Worksheet) As Long
02     '## IDとシートを指定して行数を返す
03
04     Dim tgtRng As Range
05     Set tgtRng = ws.Columns("A").Find(id, LookAt:=xlWhole)  ← A列の中から完全一致で検索
06     If tgtRng Is Nothing Then ← 見つからなかったら
07        getIdRow = 0 ← ゼロを返す
08     Else ← 見つかったら
09        getIdRow = tgtRng.row ← 対象セルの行数を返す
10     End If
11  End Function
```

　これは、Findというメソッドを使って対象シートのA列で同じIDを探し、検索結果によって処理を分岐しています。

　注意点としては、ワークシート上でIDは必ずA列に存在し、**同じ値は存在しない**のが前提です。同じ値が複数ある場合、上から探して最初に見つかったものが対象になってしまいます。このため、重複したIDが登録できない仕組みが必要になります。その機能は**6-4-3**（P.205参照）で実装します。

　「F_Mst_Editor_Product（商品情報編集）」フォームの「UserForm_Initialize」プロシージャに、先ほど作成した関数を組み込みます。「Me.txb_tgtRow.Value = 2」となっていた部分を置き換えましょう。リストボックスで選択されている項目の値は「.Text」プロパティで取得できます（**コード23**）。

コード23 行数を取得して使う

```
01  Private Sub UserForm_Initialize()
02    '## フォーム読み込み時
03
04    '状態変更
05    Me.txb_prdId.Enabled = False '使用不可
06    Me.txb_prdId.BackColor = RGB(240, 240, 240) '背景色グレー
07    Me.txb_tgtRow.Value = 2
08
09    '対象行の読み込み
10    Dim lbx As MSForms.ListBox  ← リストボックス用の変数を宣言
11    Set lbx = F_Mst_List.lbx_table ← 対象のリストボックスをセット
12    Me.txb_tgtRow.Value = getIdRow(lbx.Text, S_Mst_Product) ← 選択されている項目の行を取得
13
14    '値の読み込み
15    Dim tgtRow As Long '変数宣言
16    tgtRow = Me.txb_tgtRow.Value '代入
17    With S_Mst_Product
                                      略
18    End With
19
20  End Sub
```

　「F_Mst_Editor_Client（顧客情報編集）」と「F_Mst_Editor_Staff（社員情報編集）」にも**コード23**の9～12行目の変更を加えます。12行目のgetIdRow関数の2番目の引数（シート名）は、顧客情報の場合「S_Mst_Client」、社員情報の場合は「S_Mst_Staff」に、それぞれ修正してください。これで、一覧の「開く」ボタンで選択した項目を各編集フォームへ読み込むことができるようになります（図29）。

図29 動作確認

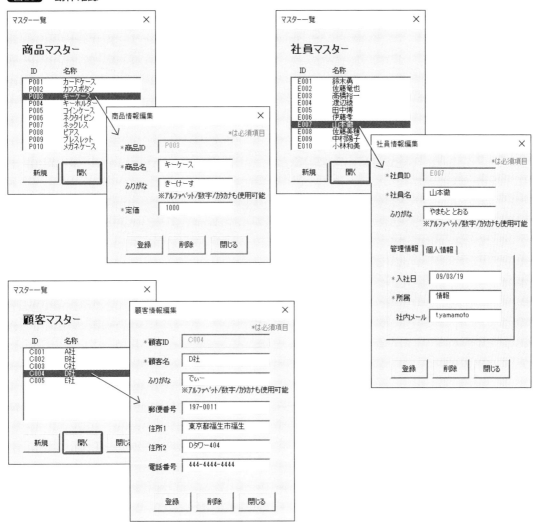

6-3-3 登録後に一覧を更新する

リストボックスで項目を選択して「開く」ボタンをクリックすると、そのデータの編集フォームを開くことができました。

ところが、試しに商品名を変更してみると、「登録しました」とメッセージボックスが表示されたものの、一覧では変わっていません（図30）。

図30 一覧に変更が反映されない

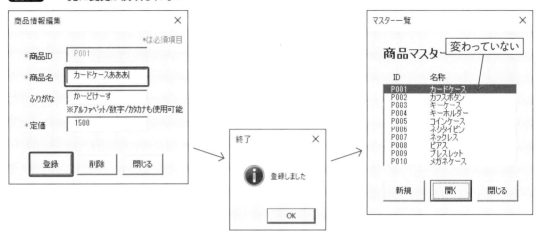

実際に、シート上ではデータは書き換わっています。しかしフォームの表示上は、最初にリストボックスを読み込んだ状態のままになっているのです。登録終了後、このリストボックスの表示を更新しないといけません。

「F_Mst_List（マスター一覧）」フォームの「btn_open_Click」プロシージャに**コード24**を追記します。

コード24 リストボックスの更新を追記

```
01  Private Sub btn_open_Click()
02    '## 「開く」ボタンクリック時
03
04    '選択項目がなければ終了
05    If Me.lbx_table.ListIndex = -1 Then
06      MsgBox "対象のデータを選択してください", vbOKOnly + vbExclamation, "注意"
07      Exit Sub '終了
08    End If
09
10    'タイトルの文字列に対応するフォームを開く
11    Select Case Me.lbl_title.Caption
12      Case "商品マスター"
13        F_Mst_Editor_Product.Show
14      Case "顧客マスター"
15        F_Mst_Editor_Client.Show
16      Case "社員マスター"
17        F_Mst_Editor_Staff.Show
18    End Select
19
```

いずれかの編集フォームが開いている間
このプロシージャは「.Show」の行で一時停止し、
フォームが閉じられると再開する

```
20      'リストボックス更新
21      Dim ws As Worksheet  ← ワークシート用の変数宣言
22      Set ws = Sheets(Me.lbl_title.Caption)  ← タイトルの文字列からワークシート変数を作成
23      Me.lbx_table.List = getMstSrc(ws)  ← ソースを再設定
24  End Sub
```

　3つの編集フォームは登録後に自動で閉じるようになっているので、編集フォームが閉じたあと、このプロシージャの続きが実行され、リストボックスが更新されます（図31）。

図31　動作確認

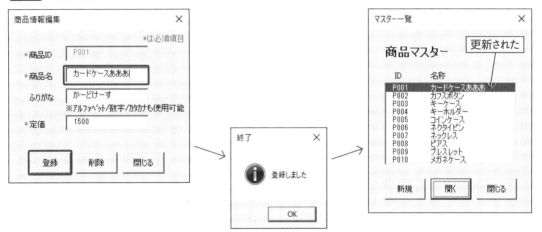

　なお、今後の整合性もあるので、動作確認を行って変更してしまったデータは元に戻しておいてください。

195

6-4 新規作成ボタンの実装
〜Callステートメント

ここまでの実装で、登録済みのデータの編集ができるようになったので、
今度は新規データを登録する機能を作りましょう。

6-4-1 新規ボタンの実装

「F_Mst_List（マスター一覧）」フォームの「新規」ボタンをダブルクリックして、「btn_new_Click」
プロシージャを作成します（図32）。

図32 イベントプロシージャの作成

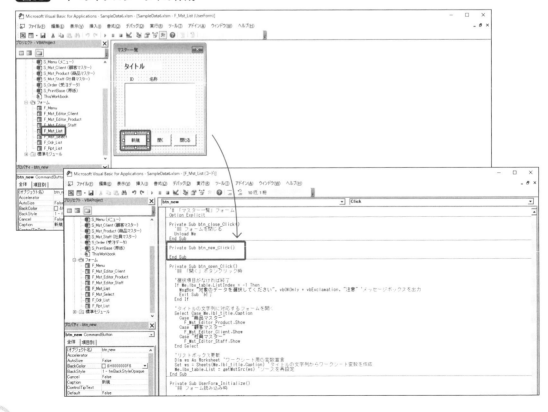

「開く」ボタンと同じように、対応するフォームを開くコードを書きます。「開く」ボタンではリストボックスが選択されていなければなりませんでしたが、「新規」では「選択されていない」ことを条件とします。したがって、もしリストボックスが選択されていたら解除します（**コード25**）。

コード25　「btn_new_Click」プロシージャの実装

```
01  Private Sub btn_new_Click()
02    '##「新規」ボタンクリック時
03
04    '選択項目があったら解除
05    Dim lbx As MSForms.ListBox   ←  リストボックス用の変数を宣言
06    Set lbx = Me.lbx_table   ←  対象のリストボックスをセット
07    If lbx.ListIndex <> -1 Then   ←  選択されていたら
08      lbx.Selected(lbx.ListIndex) = False   ←  選択項目を解除する
09    End If
10
11    'タイトルの文字列に対応するフォームを開く
12    Select Case Me.lbl_title.Caption
13      Case "商品マスター"
14        F_Mst_Editor_Product.Show
15      Case "顧客マスター"
16        F_Mst_Editor_Client.Show
17      Case "社員マスター"
18        F_Mst_Editor_Staff.Show
19    End Select
20
21    'リストボックス更新
22    Dim ws As Worksheet 'ワークシート用の変数宣言
23    Set ws = Sheets(Me.lbl_title.Caption) 'タイトルの文字列からワークシート変数を作成
24    Me.lbx_table.List = getMstSrc(ws) 'ソースを再設定
25  End Sub
```

ここで、22〜23行目の記述に注目してみましょう。wsというワークシート用の変数を宣言して、対象となるシートを変数に代入しています。この記述は、「btn_open_Click」「UserForm_Initialize」プロシージャにも同じものがあるので、1回だけで済むようにしてみましょう。

「UserForm_Initialize」プロシージャの「Dim ws As Worksheet」という部分を、モジュールの先頭である「宣言セクション」に「Dim m_ws As Worksheet」に置き換えて移動します。変数名が変わったので該当箇所も修正します（**コード26**）。

CHAPTER
6

コード26 変数の修正

```
01  Option Explicit
02  Private m_ws As Worksheet ←── ワークシート用の変数        宣言セクション（モジュールの先頭）
03  ────────────────────────────────────────
                              ～ 略 ～
04
05  Private Sub UserForm_Initialize()
06    '## フォーム読み込み時
07
08    '対象ワークシートを変数に格納
09    Dim ws As Worksheet ←── 削除
10    Dim opt As MSForms.OptionButton
11    For Each opt In F_Mst_Select.frm_selection.Controls
12      If opt.Value = True Then Set m_ws = Sheets(opt.Caption) ←── 修正
13    Next opt
14
15    'タイトル変更
16    Me.lbl_title.Caption = m_ws.Name ←── 修正
17
18    'リストボックスにソースを設定
19    Me.lbx_table.List = getMstSrc(m_ws) ←── 修正
20  End Sub
```

コード26では、**変数の適用範囲**（**スコープ**と呼びます）の変更を行いました。ここまで使ってきた変数は**ローカル変数**と呼ばれるものでした。変数には**表4**の種類があります。

表4 変数の種類

種類	命名規則	宣言場所	記述	適用範囲（スコープ）
ローカル変数	○○	プロシージャ内	Dim	宣言したプロシージャ内
モジュール変数	m_○○	宣言セクション	DimまたはPrivate	宣言したモジュール内
グローバル変数	g_○○	宣言セクション	Public	プロジェクト全体

変数は宣言の仕方で**図33**のようなイメージで使える場所が変わります。ただし、スコープを広げすぎるとバグが起こりやすくなりますので、できるだけ小さな範囲で使うのがよいでしょう。

図33 変数のスコープイメージ

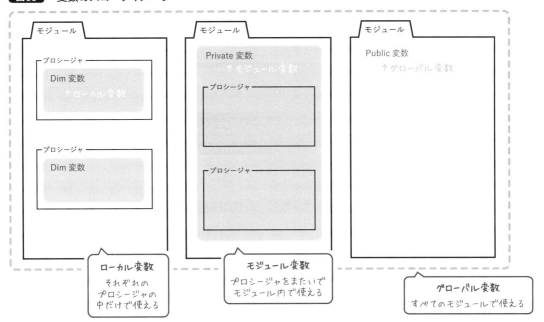

コード26の修正をすることでワークシート用の変数m_wsはPrivateで宣言され、フォームを開くと同時に「UserForm_Initialize」プロシージャでこの変数にワークシートが代入されます。すると、変数「m_ws」はこのモジュール内で有効になるので、「btn_new_Click」と「btn_open_Click」プロシージャでも、宣言と代入を行わずに使えるようになります（**コード27**）。

コード27 宣言と代入の削除と修正

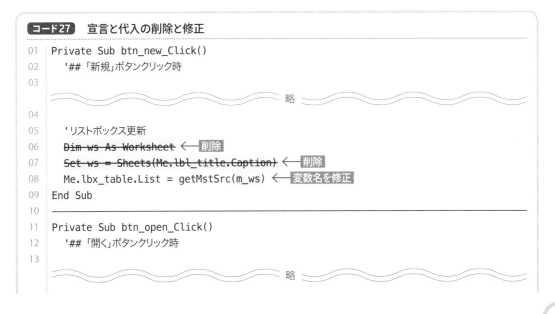

```
01  Private Sub btn_new_Click()
02      '##「新規」ボタンクリック時
03                          略
04
05      'リストボックス更新
06      Dim ws As Worksheet        ← 削除
07      Set ws = Sheets(Me.lbl_title.Caption)  ← 削除
08      Me.lbx_table.List = getMstSrc(m_ws)    ← 変数名を修正
09  End Sub
10
11  Private Sub btn_open_Click()
12      '##「開く」ボタンクリック時
13                          略
```

```
14
15    'リストボックス更新
16    Dim ws As Worksheet  ← 削除
17    Set ws = Sheets(Me.lbl_title.Caption)  ← 削除
18    Me.lbx_table.List = getMstSrc(m_ws)  ← 変数名を修正
19 End Sub
```

　次に「新規」ボタンをクリックして開かれる、それぞれの編集フォームのコードを修正しましょう。代表して「F_Mst_Editor_Product（商品情報編集）」フォームの「UserForm_Initialize」プロシージャを見てみてください。

　ここに「F_Mst_List（マスター一覧）」フォームのリストボックスが「選択されているか否か」でIf分岐を作り、「新規」の場合と「開く」の場合で処理を分けます（**コード28**）。

コード28　「新規」と「開く」の動作を分岐

```
01 Private Sub UserForm_Initialize()
02    '## フォーム読み込み時
03
04    Dim lbx As MSForms.ListBox  ← リストボックス用の変数を宣言（移動）
05    Set lbx = F_Mst_List.lbx_table  ← 対象のリストボックスをセット（移動）
06
07    If lbx.ListIndex = -1 Then  ← リストボックスが選択されていない「新規」の場合
08
09      '状態変更
10      Me.txb_prdId.Enabled = True  ← 使用可
11      Me.txb_prdId.BackColor = RGB(255, 255, 255)  ← 背景色白（vbWhiteでも可）
12      Me.btn_edit.Caption = "登録"  ← ボタンのキャプション
13      Me.btn_delete.Enabled = False  ← 削除ボタン使用不可
14
15      '対象行の読み込み
16      Me.txb_tgtRow = getLastRow(S_Mst_Product) + 1  ← 最終行+1が新規行
17
18    Else  ← リストボックスが選択されている「開く」の場合
19
20      '状態変更
21      Me.txb_prdId.Enabled = False '使用不可
22      Me.txb_prdId.BackColor = RGB(240, 240, 240) '背景色グレー
23      Me.btn_edit.Caption = "更新"  ← ボタンのキャプション
24
25      '対象行の読み込み
26      Dim lbx As MSForms.ListBox  ← 移動
27      Set lbx = F_Mst_List.lbx_table  ← 移動
28      Me.txb_tgtRow.Value = getIdRow(lbx.Text, S_Mst_Product) '選択されている項目の行を取得
```

```
29
30       '値の読み込み
31       Dim tgtRow As Long '変数宣言
32       tgtRow = Me.txb_tgtRow.Value '代入
33       With S_Mst_Product
                           ————— 略 —————
34       End With
35
36     End If
37   End Sub
```

　「F_Mst_Editor_Client（顧客情報編集）」と「F_Mst_Editor_Staff（社員情報編集）」にも同じように
展開します。コードはほとんど同じなので割愛しますが、展開する場合、10～11行目の「txb_○○
ID」、16行目の「getLastRow(S_Mst_○○)」、それぞれの部分の変更を忘れずに行ってください。

　動作確認をすると、図34のように「新規」と「開く」で動作が変わりました。

図34　動作確認

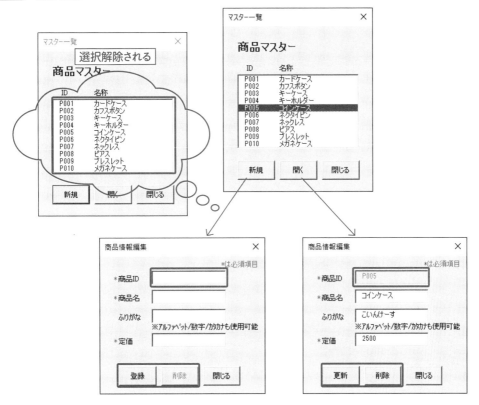

6-4-2 並び替え機能の作成と呼び出し

編集フォームの登録ボタンのキャプションを、新規の場合は「登録」、既存データ編集の場合は「更新」にしたので、表示されるメッセージボックスも少し工夫してみましょう。代表して「F_Mst_Editor_Product（商品情報編集）」フォームの「btn_edit_Click」プロシージャを見てみてください。

ボタンのキャプションを使って、処理前後のメッセージボックスの文章を変化させます（**コード29**）。

コード29 メッセージボックスの文章を変化

```
01  Private Sub btn_edit_Click()
02    '## 「登録」ボタンクリック時
03
04    '必須項目チェック
05    If Me.txb_prdId.Value = "" Or _
06      Me.txb_prdName.Value = "" Or _
07      Me.txb_prdPrice.Value = "" Then
08      MsgBox "必須項目が入力されていません", vbOKOnly + vbExclamation, "注意" 'メッセージボックスを出力
09      Exit Sub '終了
10    End If
11
12    '値チェック
13    If Not isAcceptNum(Me.txb_prdPrice) Then Exit Sub
14
15    '確認メッセージ
16    Dim msgText As String
17    If Me.btn_edit.Caption = "登録" Then
18      msgText = "商品ID " & Me.txb_prdId.Value & " を新規に登録します。" & vbNewLine & "よろしいですか?"
19    Else
20      msgText = "商品ID " & Me.txb_prdId.Value & " の内容を更新します。" & vbNewLine & "よろしいですか?"
21    End If
22    If MsgBox(msgText, vbOKCancel + vbQuestion, "確認") = vbCancel Then Exit Sub 'キャンセルなら終了
23
24    '値の書き込み
25    Dim tgtRow As Long '変数宣言
26    tgtRow = Me.txb_tgtRow.Value '代入
27    With S_Mst_Product
                          〜略〜
28    End With
29
30    '終了メッセージ
31    MsgBox Me.btn_edit.Caption & "しました", vbOKOnly + vbInformation, "終了"
32
33    'フォームを閉じる
```

```
34      Unload Me
35    End Sub
```

　こちらも「○○ID」部分の記述に注意して、「F_Mst_Editor_Client（顧客情報編集）」と「F_Mst_Editor_Staff（社員情報編集）」にも同じように展開します。
　「登録」と「更新」で違うメッセージが表示されるようになりました（**図35**）。

図35　動作確認

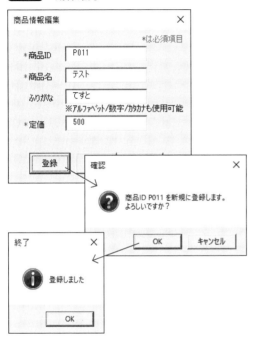
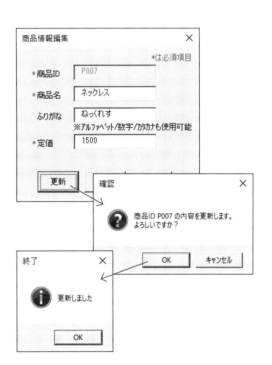

　ところで、現時点では「新規登録」のデータは対象マスターシートの最後の行に追加されていく仕様になっています。ID順ではなく登録順になってしまうので、**6-3-3**（P.194参照）で実装した「リストボックス更新」の直前で、シートをID順に並べ替えるようにしてみましょう。

　この部分は機能として切り分けることができるので、別のプロシージャを作って呼び出す形にします。対象シートなどの引数は渡すものの、戻り値が必要ないので、Subプロシージャで作ります。汎用のSubプロシージャを書く「M_Common」モジュールを作成しましょう（**図36**）。

図36 標準モジュール「M_Common」を作成

このモジュールに、ワークシートと並び順（昇順もしくは降順）を引数とする「sortRange」という
Subプロシージャを作ります（**コード30**）。

コード30 並び替えを行うSubプロシージャ

```vba
01  Public Sub sortRange(ByVal ws As Worksheet, ByVal odr As Long)
02    '## シートをA列を基準に並び替え
03
04    'セル範囲を取得
05    Dim tgtRange As Range
06    Set tgtRange = ws.Range("A1").CurrentRegion 'アクティブセル領域の読み込み
07    If tgtRange.Rows.Count = 1 Then '取得したセル範囲が1行しかなかったら
08      Exit Sub '終了
09    End If
10
11    '並び替え                                        見出し行有りで並び替え
12    tgtRange.Sort key1:= ws.Range("A1"), Order1:=odr, Header:=xlYes ←
13  End Sub
```

「F_Mst_List（マスター一覧）」フォームの「btn_new_Click」プロシージャにて、リストボックス更
新の直前に、sortRangeプロシージャを呼び出します（**コード31**）。Callは省略可能です。

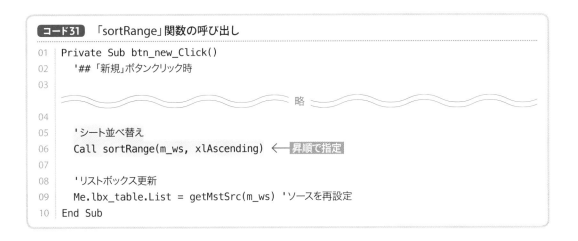

コード31　「sortRange」関数の呼び出し

```
01  Private Sub btn_new_Click()
02    '## 「新規」ボタンクリック時
03
                     略
04
05    'シート並べ替え
06    Call sortRange(m_ws, xlAscending)  ← 昇順で指定
07
08    'リストボックス更新
09    Me.lbx_table.List = getMstSrc(m_ws) 'ソースを再設定
10  End Sub
```

「xlAscending（昇順）」は定数（**5-2-1** P.127参照）で、実態は整数型の「1」で、「xlDescending（降順）」は「2」です。数値で指定しても動きますが、定数を使ったほうが、コードの可読性は向上します。

これで新規登録後、IDが昇順に並び変わってからリストが更新されるようになりました（**図37**）。

図37　動作確認

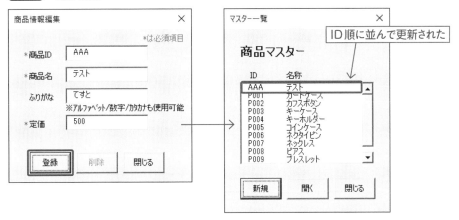

6-4-3　既存IDとの重複チェック

「新規」で登録する際、同じIDが登録できてしまうのは仕様としてよくありません。登録前に同じIDが存在しないかチェックする機能を作りましょう。

「M_Function」モジュールに、IDの重複をチェックする関数「isUniqId」プロシージャを作成します（**コード32**）。

コード32 IDの重複チェック

```
01  Public Function isUniqId(ByVal tgtTxb As MSForms.TextBox, ByVal ws As Worksheet) As Boolean
02    '## ID重複チェック
03
04    Dim tgtRange As Range                               テキストボックスの値(ID)でA列を検索
05    Set tgtRange = ws.Columns("A").Find(tgtTxb.Value, LookAt:=xlWhole) ←
06    If tgtRange Is Nothing Then    ← 存在しなかったら
07      isUniqId = True    ← True を返す
08    Else ← 既に同じIDがあったら
09      tgtTxb.ForeColor = vbRed    ← 文字色を赤に           メッセージボックスを出力
10      MsgBox "このIDは既に使用されているため登録できません", vbOKOnly + vbExclamation, "注意" ←
11    End If
12  End Function
```

3つの編集フォームからこの関数を使います。代表して「F_Mst_Editor_Product（商品情報編集）」フォームの「btn_edit_Click」プロシージャに書いてみます（**コード33**）。

コード33 関数を使ってチェック

```
01  Private Sub btn_edit_Click()
02    '## 「登録」ボタンクリック時
03
04    '必須項目チェック
                                    略
05
06    'IDチェック
07    If Me.btn_edit.Caption = "登録" Then    ← 新規の場合のみ
08      If Not isUniqId(Me.txb_prdId, S_Mst_Product) Then Exit Sub    ← 重複があったら終了
09    End If
10
11    '値チェック
                                    略
12  End Sub
```

先ほど「M_Function」モジュールに書いた「isUniqId」プロシージャでは、IDが重複していたら文字の色を赤くするということしか書いていないので、一度赤くなったらそのままになってしまいます。テキストボックスの値が変更されたら文字の色を黒くする記述も追加しましょう。

「txb_prdId」テキストボックスをダブルクリックすると「○○_Change」というイベントプロシージャが挿入されます（**図38**）。

図38　イベントプロシージャの作成

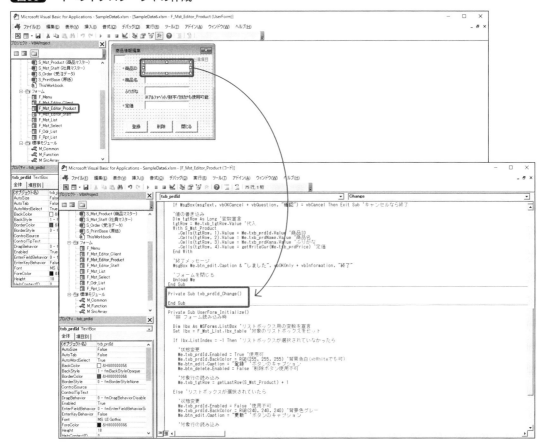

挿入された「txb_prdId_Change」プロシージャに**コード34**のように書きます。

コード34　テキストボックス変更時

```
01  Private Sub txb_prdId_Change()
02    '## 「商品ID」テキストボックス変更時
03
04    txb_prdId.ForeColor = vbBlack   ← 文字色を黒に
05  End Sub
```

「F_Mst_Editor_Client（顧客情報編集）」と「F_Mst_Editor_Staff（社員情報編集）」にも同じように
展開します（**コード35**、**コード36**）。シートやテキストボックスのオブジェクト名を間違えないよう
に注意してください。

コード35 「F_Mst_Editor_Client（顧客情報編集）」フォーム

```
01  Private Sub btn_edit_Click()
02      '##「登録」ボタンクリック時
03
04      '必須項目チェック
                              略
05
06      'IDチェック
07      If Me.btn_edit.Caption = "登録" Then    ←─ 新規の場合のみ
08          If Not isUniqId(Me.txb_cltId, S_Mst_Client) Then Exit Sub    ←─ 重複があったら終了
09      End If
10
11      '確認メッセージ
                              略
12  End Sub
13
14  Private Sub txb_cltId_Change()
15      '##「顧客ID」テキストボックス変更時
16
17      txb_cltId.ForeColor = vbBlack    ←─ 文字色を黒に
18  End Sub
```

コード36 「F_Mst_Editor_Staff（社員情報編集）」フォーム

```
01  Private Sub btn_edit_Click()
02      '##「登録」ボタンクリック時
03
04      '必須項目チェック
                              略
05      'IDチェック
06      If Me.btn_edit.Caption = "登録" Then    ←─ 新規の場合のみ
07          If Not isUniqId(Me.txb_stfId, S_Mst_Staff) Then Exit Sub    ←─ 重複があったら終了
08      End If
09
10      '値チェック
                              略
11  End Sub
12
13  Private Sub txb_stfId_Change()
14      '##「社員ID」テキストボックス変更時
15
16      txb_stfId.ForeColor = vbBlack    ←─ 文字色を黒に
17  End Sub
```

これで、新規登録時のチェックと、文字の色の変更ができるようになりました（**図39**）。

図39 動作確認

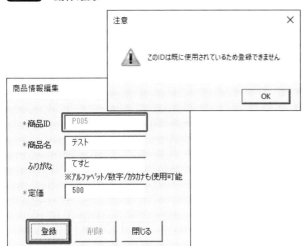

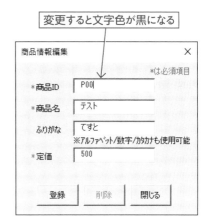

変更すると文字色が黒になる

CHAPTER 6

6-5 検索機能
～省略可能な引数

現在「マスター一覧」フォームには、シートに記載されているすべての情報が表示されるようになっていますが、これをキーワードで検索して絞り込む機能を付けてみましょう。

6-5-1 コントロールの追加

まず「F_Mst_List（フォーム一覧）」フォームに、図40と表5を参考にコントロールを追加します。

表5 追加するコントロール

図中の番号	種類	オブジェクト名	Caption
❶	ラベル	lbl_search	名称やふりがなで検索できます
❷	テキストボックス	txb_keyword	-
❸	コマンドボタン	btn_search	検索
❹	コマンドボタン	btn_reset	リセット

図40 検索用コントロールの配置

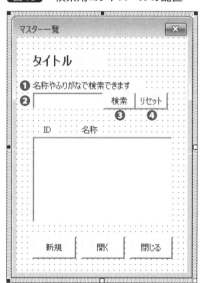

6-5-2 検索ワードが含まれているか判定する関数を作る

検索ワードは1行ずつチェックしていくので、ブール型で判定する関数を作っておくと便利です。「M_Function」モジュールに新たに「hasKeyword」というプロシージャを作り、**コード37**のように書きます。

> **コード37**　検索ワードが含まれているか判定する関数

```
01   Public Function hasKeyword(ByVal tgtWord As String, ByVal keyword As String) As Boolean
02      '## 検索ワードが含まれているか
03
04      '対象ワードの補正
05      tgtWord = StrConv(tgtWord, vbKatakana)    ←── カナ変換
06      tgtWord = StrConv(tgtWord, vbNarrow)      ←── 半角変換
07      tgtWord = LCase(tgtWord)   ←── 小文字変換
08                                                        検索ワードが含まれていたらTrue
09      If InStr(tgtWord, keyword) <> 0 Then hasKeyword = True ←─
10   End Function
```

　まず5〜7行目では、対象ワードをいったんカナ・半角・小文字へ変換しています。こうすることで、ひらがな検索でカタカナをヒットさせたり、大文字小文字の誤差をなくしたり、表記ゆれをカバーすることができます（**図41**）。

図41　変換してから比べる

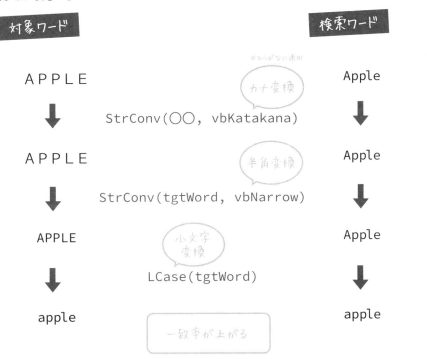

最後の9行目では、InStr関数を使っています。これは「InStr(対象ワード, 検索ワード)」と書くと、検索ワードが含まれていたらその位置を、含まれていなければ0を取得できるので、「0以外だったら含まれている」と判定できます。

6-5-3 検索条件を組み込む

それではリストボックスのソース配列を作る、「M_SrcArray」モジュールの「getMstSrc」プロシージャを改造していきましょう。

まずは、このプロシージャ内で検索ワードを使いたいので、受け取る引数を追加します。このとき、**Optional ByVal 引数名 As 型名＝既定値**と書くと、**省略可能な引数**として扱うことができます（**コード38**）。

この場合、呼び出す側で「getMstSrc(m_ws, "検索ワード")」と書けば指定した文字列が渡されますが、「getMstSrc(m_ws)」と省略すると、規定値の「""」が使用されることになります。

コード38 省略可能な引数の追加

```
01  Public Function getMstSrc( _      ←長くなる場合は改行する
02    ByVal ws As Worksheet, Optional ByVal keyword As String = "") As Variant
                             略
03  End Function
```

なお、**省略可能な引数はOptional が付いていない引数の前には付けることはできません。**

まずどのような改造を行うのかおおまかな流れを見てみましょう（**コード39**）。追加、修正とある部分に手を加えていきます。

また、ソース用の配列を作っている部分で変数iを宣言していますが、この変数はここだけでなく汎用的に使いたいので、プロシージャ全体で使えるように冒頭に移動させておきます。

コード39 おおまかな流れ

```
01  Public Function getMstSrc( _
02    ByVal ws As Worksheet, Optional ByVal keyword As String = "") As Variant
03    '## マスター一覧のリストボックスのソースを返す
04
05    Dim i As Long      ←繰り返し用の変数宣言（移動）
06
07    'シートから配列へ格納
                             略
08
```

```
09      'データがなかったら終了
──────────────────────── 略 ────────────────────────
10
11      '検索ワードがある場合      ← 追加（コード40）
12
13      'データの要素数を取得      ← 修正（コード41）
14
15      'ソースとなる配列の作成    ← 修正（コード42）
16      …
17      Dim i As Long      ← 汎用的に使いたいので冒頭へ移動
18      …
19
20      '配列を返す
21
22  End Function
```

まずは検索ワードが存在する場合の処理です。**コード39**の11行目部分に、**コード40**を追加します。

コード40 検索ワードがある場合

```
01  '検索ワードがある場合
02  Dim indexArray() As Long  ← 対象の番号を格納するための一時的な配列を宣言
03  Dim n As Long  ← 要素数カウント用
04  n = 0
05  If keyword <> "" Then  ← 検索ワードが空白でなければ
06    '検索ワードの補正
07    keyword = StrConv(keyword, vbKatakana)  ← カナ変換
08    keyword = StrConv(keyword, vbNarrow)  ← 半角変換
09    keyword = LCase(keyword)  ← 小文字変換
10
11    '対象のデータだけ配列番号を格納
12    For i = LBound(wsData) To UBound(wsData)  ← 元配列を最小値から最大値まで繰り返す
13      '2列目（名称）もしくは3列目（ふりがな）に検索ワードが含まれていたら
14      If hasKeyword(wsData(i, 2), keyword) Or hasKeyword(wsData(i, 3), keyword) Then
15        n = n + 1  ← 要素数を増やす
16        ReDim Preserve indexArray(1 To n)  ← 配列を再定義
17        indexArray(n) = i  ← 配列番号を格納しておく
18      End If
19    Next i
20
21    '該当データがなければ終了
22    If n = 0 Then  ← 対象数がゼロなら
23      getMstSrc = Array()  ← 空の配列を返す
24      Exit Function  ← 終了
```

CHAPTER
6

```
25    End If
26  End If
```

　検索ワードが存在する場合、「wsData」の中で検索ワードを含むデータの配列番号のみを格納する一時的な配列「indexArray」を作ります。これは**図42**のようなイメージです。

図42　一時的な配列に対象の番号だけを格納しておく

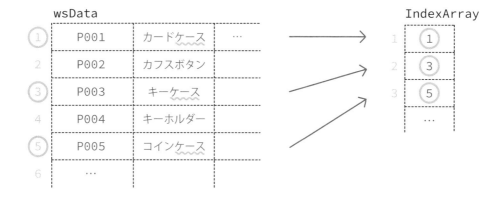

　続いて、データの要素数を取得する部分を検索ワードの有無で分岐させます。**コード39**の13行目部分にあるコードを、**コード41**のように修正します。

コード41　データの要素数を取得する部分を分岐

```
01  'データの要素数を取得
02  Dim maxRow As Long
03  If keyword = "" Then      ← 検索ワードがない場合
04    maxRow = UBound(wsData, 1) '元配列の最大行数
05  Else      ← 検索ワードがある場合
06    maxRow = n      ← カウントした要素数
07  End If
```

　最後に、ソース用配列を作っている部分である、**コード39**の15行目部分にあるコードを、**コード42**のように修正します。

コード42　コード39の15行目の修正

```
01  'ソースとなる配列の作成
```

```
02  Dim srcArray() As Variant '配列の宣言
03  ReDim srcArray(1 To maxRow, 1 To 2) '要素数を変数で再定義
04
05  Dim index As Long   ←━ 配列番号を格納する変数を宣言
06  For i = 1 To maxRow '要素の数繰り返す
07    '読込のための配列番号を取り出す
08    If keyword = "" Then   ←━ 検索ワードがない場合
09      index = i   ←━ シートから格納した配列番号のまま
10    Else   ←━ 検索ワードがある場合
11      index = indexArray(i)   ←━ コード40で格納した配列番号を使う
12    End If
13
14    '転記
15    srcArray(i, 1) = wsData(index, 1)   ←━ 変数indexに格納した配列番号を使う
16    srcArray(i, 2) = wsData(index, 2)
17  Next i
```

ここでは、検索ワードの有無で取り出す配列番号を分けています。**図43**のようなイメージです。

図43　検索ワードの有無で転記する配列番号を変える

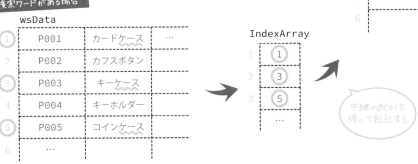

これでソースとなる配列を作成する関数ができましたので、「F_Mst_List（マスター一覧）」にて「検索」「リセット」ボタンのイベントプロシージャの追加と、リスト更新の呼び出し部分を書き換えます。検索ワードとなる2番目の引数は省略可にしたので、必要な部分だけ書けばOKです（**コード43**）。

コード43 「F_Mst_List（マスター一覧）」フォーム

```
01  '# 「マスター一覧」フォーム
02  Option Explicit
03  Private m_ws As Worksheet 'ワークシート用の変数
04  ────────────────────────────────
05  Private Sub btn_close_Click()
06    '## フォームを閉じる
07    Unload me
08  End Sub
09  ────────────────────────────────
10  Private Sub btn_new_Click()
11    '##「新規」ボタンクリック時
12
                            略
13    'リストボックス更新
14    Me.lbx_table.List = getMstSrc(m_ws, Me.txb_keyword.Value)   ← 絞り込んだ状態で更新
15  End Sub
16  ────────────────────────────────
17  Private Sub btn_open_Click()
18    '##「開く」ボタンクリック時
19
                            略
20
21    'リストボックス更新
22    Me.lbx_table.List = getMstSrc(m_ws, Me.txb_keyword.Value)   ← 絞り込んだ状態で更新
23  End Sub
24  ────────────────────────────────
25  Private Sub btn_reset_Click()
26    '##「リセット」ボタンクリック時
27
28    Me.txb_keyword.Value = ""   ← クリア
29    Me.lbx_table.List = getMstSrc(m_ws)   ← 検索ワードなしで更新
30  End Sub
31  ────────────────────────────────
32  Private Sub btn_search_Click()
33    '##「検索」ボタンクリック時
34
35    Me.lbx_table.List = getMstSrc(m_ws, Me.txb_keyword.Value)   ← 絞り込み
36  End Sub
37  ────────────────────────────────
```

```
38  Private Sub UserForm_Initialize()
39    '## フォーム読み込み時
40
41    'リストボックスにソースを設定
42    Me.lbx_table.List = getMstSrc(m_ws)  ←── これはこのままでOK
43  End Sub
```

　動作確認してみましょう。テキストボックスに検索したいワードを入力して「検索」ボタンをクリックすると、「名称」「ふりがな」で該当する項目のみに絞り込まれます（**図44**）。

図44　検索の動作確認

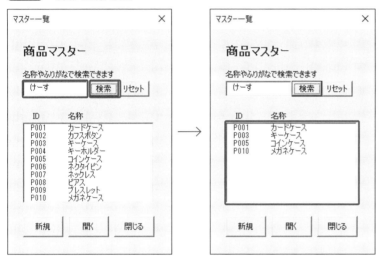

　「リセット」ボタンをクリックすると、テキストボックスが空になり、リストが全表示に戻ります（**図45**）。

図45 リセットの動作確認

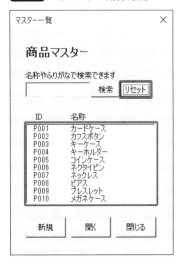

漢字やひらがななど、柔軟な検索が可能です（図46）。

図46 検索の例

見積一覧フォーム

7-1

フォームの作成
～ComboBox

ここからは「販売処理」機能を作っていきましょう。CHAPTER 7では「見積
一覧」のフォームを作ります。

7-1-1 コントロールの配置

3-2（P.69参照）で作った「F_Odr_List（見積一覧）」フォームを開き、図1と表1を参考にコントロールを配置します。ここでは見積（estimate）を「est」と略してオブジェクト名に使っています。

ここではじめて使用するコンボボックスというコントロールは、ほかと同じくツールボックスで選択して任意の場所でクリックもしくはドラッグすることで配置できます。

配置するコントロール

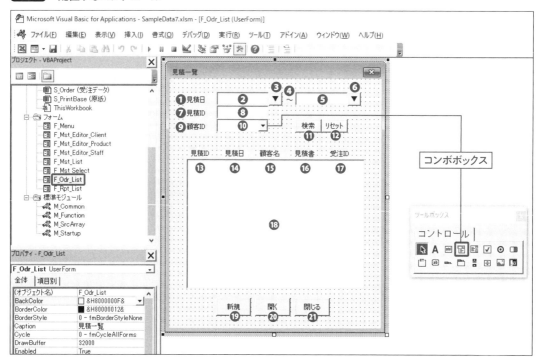

表1 コントロールの設定

図中の番号	種類	オブジェクト名	キャプション	IMEMode
❶	ラベル	lbl_date	見積日	-
❷	テキストボックス	txb_date1	-	3 - fmIMEModeDisable
❸	コマンドボタン	btn_calendar1	▼	-
❹	ラベル	lbl_between	～	-
❺	テキストボックス	txb_date2	-	3 - fmIMEModeDisable
❻	コマンドボタン	btn_calendar2	▼	-
❼	ラベル	lbl_estId	見積ID	-
❽	テキストボックス	txb_estId	-	3 - fmIMEModeDisable
❾	ラベル	lbl_cltId	顧客ID	-
❿	コンボボックス	cmb_cltId	-	3 - fmIMEModeDisable
⓫	コマンドボタン	btn_search	検索	-
⓬	コマンドボタン	btn_reset	リセット	-
⓭	ラベル	lbl_header1	見積ID	-
⓮	ラベル	lbl_header2	見積日	-
⓯	ラベル	lbl_header3	顧客名	-
⓰	ラベル	lbl_header4	見積書	-
⓱	ラベル	lbl_header5	受注ID	-
⓲	リストボックス	lbx_table	-	-
⓳	コマンドボタン	btn_new	新規	-
⓴	コマンドボタン	btn_open	開く	-
㉑	コマンドボタン	btn_close	閉じる	-

CHAPTER
7

　❿のコンボボックス「cmb_cltId」は、ドロップダウンされたときにIDと名称を2列で表示させたいので、プロパティウィンドウで「ColumnCount（列数）」を「2」、「ColumnWidth（列幅）」を「30pt; 30pt」に設定しておきます。

　なお、コンボボックスの「Style」プロパティを「2 - fmStyleDropDownList」に設定すると、ドロップダウンリストで表示される項目のみコンボボックス内に入力可能にすることができます。ドロップダウンリストにマスターの情報を読み込めば、マスターに登録されているID以外は利用できなくなり、誤入力防止になります。

　ただし、運用途中でマスターの項目を削除した場合、この制限が逆に働いて不整合を起こす可能性もあるので、使用する場合は注意してください。本書では「fmStyleDropDownList」の変更は行わずに進めていきます。

図2 コンボボックスの設定

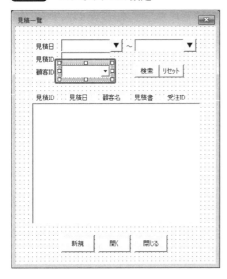

❶のリストボックス「lbx_table」では、「ColumnCount（列数）」を「5」に、「ColumnWidth（列幅）」を適度な大きさ（本書では、「40 pt;60 pt;49.95 pt;40 pt;30 pt」）に設定します（図3）。

図3 リストボックスの設定

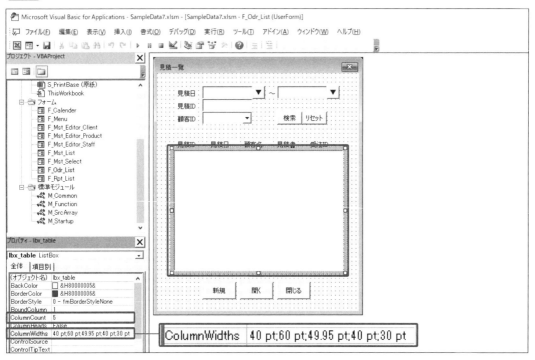

なお、プロパティ値はtwipという単位が基準として内部処理されているため、手入力したpt単位の数値が近似値に変更されることがあります。

7-1-2　コンボボックスのソースの設定

コンボボックス「cmb_cltId」のドロップダウンリストに表示される項目を設定しましょう。これは **6-2**（P.173参照）でリストボックスに設定した方法と同じ考え方です。

「cmb_cltId.List = 配列」のように設定してもよいですし、「cmb_cltId.RowSouce = "シート!セル範囲"」でもよいです。ここでは後者を使って、いろんなフォームで使える汎用プロシージャを作ってみましょう。

「M_Common」モジュールに新しく「setCmbSrc」というSubプロシージャを作り、そこへ**コード1**のように記述します。

コード1　コンボボックスのソースを設定するプロシージャ

```
01  Public Sub setCmbSrc(ByVal tgtCmb As MSForms.ComboBox, ByVal ws As Worksheet)
02    '## コンボボックスのソース設定
03
04    tgtCmb.RowSource = ws.Name & "!A2:B" & getLastRow(ws)  ← RowSourceに文字列結合で設定
05  End Sub
```

コンボボックスとワークシートを引数にして設定することで、さまざまなフォームから汎用的に使えるようになります。

「F_Odr_List（見積一覧）」フォームで、このプロシージャを使ってみましょう。「UserForm_Initialize」イベントプロシージャを作成して、**コード2**のように記述します。

コード2　ソース設定のプロシージャを呼び出す

```
01  Private Sub UserForm_Initialize()
02    '## フォーム読み込み時
03    Call setCmbSrc(Me.cmb_cltId, S_Mst_Client)  ← 「顧客ID」コンボボックスのソース設定
04  End Sub
```

ここまで実装して実際に動かしてみると、コンボボックスの「.RowSource」プロパティに「"顧客マスター!A2:B最終行"」が設定され、**図4**のようにドロップダウンリストに表示されます。

図4 動作検証

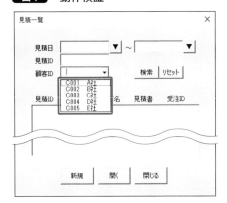

7-1-3 「閉じる」ボタンの実装

「閉じる」ボタンの実装もしておきましょう。ここまでのフォームで作ってきたのと同じように、ボタンをダブルクリックしてクリックイベントプロシージャを作り、**コード3**のように記述します。

コード3 「btn_close_Click」プロシージャ

```
01  Private Sub btn_close_Click()
02    '## フォームを閉じる
03    Unload Me
04  End Sub
```

ここまでで、「F_Odr_List（見積一覧）」フォームのコードは**図5**のようになっています。

図5 「F_Odr_List（見積一覧）」フォーム

7-2 一覧の読み込み
〜On Error ステートメント

リストボックスにデータの一覧を読み込みます。最終的にはマスターにあるデータも利用して、カスタマイズした一覧にしてみましょう。

7-2-1 リストボックスのソースに配列を設定する

「F_Odr_List（見積一覧）」フォームのリストボックスに読み込む部分は「S_Estimates1（見積データ）」シートの囲んである部分です（**図6**）。

図6 読み込むデータ

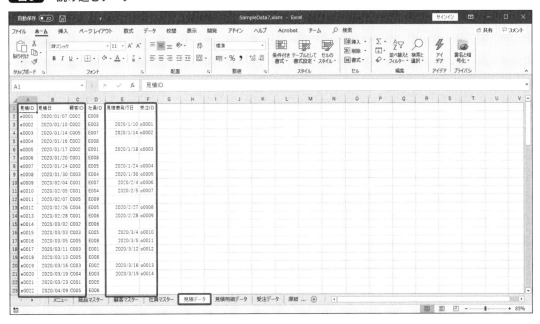

CHAPTER 6で作成した「getMstSrc」関数を参考に、新たにリストボックスのソースとなる配列を作成する関数を作りましょう。

「M_SrcArray」モジュールに、見積一覧のソースという意味で「getOdrSrc」という関数を作りま

す。ここで使うシートは「S_Estimates1（見積データ）」のみなので、まずは引数なし、検索での絞り込みを考えずに書いてみましょう。**コード4**のようになります。

コード4 見積一覧のソースとなる配列を作る関数

```
01  Public Function getOdrSrc() As Variant
02    '## 見積一覧のリストボックスのソースを返す
03
04    Dim i As Long '繰り返し用変数の宣言
05
06    'シートから配列へ格納
07    Dim wsData As Variant
08    wsData = getWsData(S_Estimates1) ←──「見積データ」シートを元にする
09
10    'データがなかったら終了
11    If IsEmpty(wsData) Then
12      getOdrSrc = Array() '空の配列を返す
13      Exit Function
14    End If
15
16    'データの要素数を取得
17    Dim maxRow As Long
18    maxRow = UBound(wsData, 1) '元配列の最大行数
19
20    'ソースとなる配列の作成
21    Dim srcArray() As Variant '配列の宣言
22    ReDim srcArray(1 To maxRow, 1 To 5) '要素数を変数で再定義
23
24    For i = 1 To maxRow '要素の数だけ繰り返す
25      srcArray(i, 1) = wsData(i, 1) ←── 見積ID
26      srcArray(i, 2) = wsData(i, 2) ←── 見積日
27      srcArray(i, 3) = wsData(i, 3) ←── 顧客ID
28      srcArray(i, 4) = wsData(i, 5) ←── 見積書発行日
29      srcArray(i, 5) = wsData(i, 6) ←── 受注ID
30    Next i
31
32    '配列を返す
33    getOdrSrc = srcArray
34  End Function
```

列数は増えましたが、基本的には同じです。

次に「F_Odr_List（見積一覧）」フォームの「UserForm_Initialize」にて、この配列を使ってリストボックスにソースを設定しましょう。**コード5**のように追記します。

コード5　リストボックスの設定を追記

```
01  Private Sub UserForm_Initialize()
02    '## フォーム読み込み時
03    Call setCmbSrc(Me.cmb_cltId, S_Mst_Client) '「顧客ID」コンボボックスのソース設定
04    Me.lbx_table.List = getOdrSrc  ← リストボックスにソースを設定
05  End Sub
```

これで動作確認してみると、**図7**のようにリストボックスに表示されました。

まだシートの情報をそのまま並べただけなので、「顧客名」にしたい部分が「顧客ID」になっています。また、「見積書」には「"済"もしくは空白」を表示したいので、これらの箇所を修正していきましょう。

図7　動作検証

「S_Estimates1（見積データ）」シートには必要最低限の情報しか記載されていないので、顧客名は掲載されていません。そこで、IDからマスターを参照して名称を取得する関数を作りましょう。「M_Function」モジュールに「getName」関数を新しく作ります（**コード6**）。

コード6　IDからマスターを参照して名称を取得する関数

```
01  Public Function getName(ByVal id As String, ByVal ws As Worksheet) As String
02    '## IDとマスターを指定して名称を返す
03
04    If id = "" Or getLastRow(ws) <= 1 Then  ← idが空白またはシートにデータがない場合
```

```
05       getName = ""        ←— 空白を返す
06     Else ←— idとデータが共に存在する場合
07       Dim tgtRange As Range
08       Set tgtRange = ws.Range("A1").CurrentRegion   ←— アクティブセル領域の読み込み
09       getName = WorksheetFunction.VLookup(id, tgtRange, 2, False) ←—
10     End If
                                          VLookup関数を使って2列目の値を返す
11   End Function
```

　9行目ではワークシート関数でお馴染みのVLookupを使っています。VBA上でもこのようにワークシート関数が使えるのです。引数や使い方も同じです。

　では「M_SrcArray」モジュールの「getOdrSrc」プロシージャでこの関数を使ってみましょう（**コード7**）。

コード7　「getName」関数を組み込む

```
01 Public Function getOdrSrc() As Variant
02   '## 見積一覧のリストボックスのソースを返す
03
                                    略
04
05   'ソースとなる配列の作成
06   Dim srcArray() As Variant '配列の宣言
07   ReDim srcArray(1 To maxRow, 1 To 5) '要素数を変数で再定義
08
09   For i = 1 To maxRow '要素の数だけ繰り返す
10     srcArray(i, 1) = wsData(i, 1) '見積ID
11     srcArray(i, 2) = wsData(i, 2) '見積日
12     srcArray(i, 3) = getName(wsData(i, 3), S_Mst_Client)   ←— IDから顧客名を取得
13     If wsData(i, 5) <> "" Then srcArray(i, 4) = "済"   ←— 見積書発行日が空白でなければ「済」
14     srcArray(i, 5) = wsData(i, 6) '受注ID
15   Next i
16
17   '配列を返す
18   getOdrSrc = srcArray
19 End Function
```

　これで動作検証してみると、**図8**のように表示されました。

図8　「名称」と「済」になった

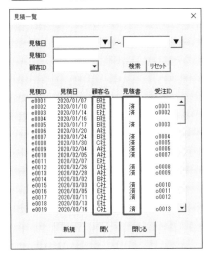

　よさそうに見えますが、もう少し手を加えておきましょう。

　「M_Function」モジュールの「getName」プロシージャを見てください。VLookup関数を利用してIDから名称を取得していますが、存在しないIDを指定したときなど、「見つからない」場合にも考慮しておいたほうが安心です。

　VLookup関数は見つからなかった場合、エラーになってしまうため、「エラーが起きたとき」の動作を指示する「On Error」ステートメントを使って例外処理をしておきましょう（図9）。

図9　「On Error」ステートメント

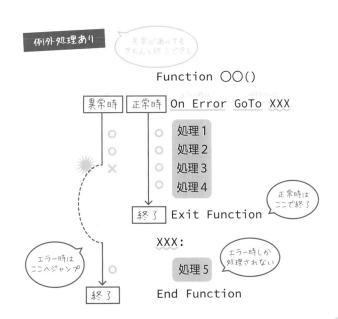

これをプロシージャに書いてみると、**コード8**のようになります。こうすることで、見つからない場合は空白が返ってきます。

コード8 例外処理を追加

```
01  Public Function getName(ByVal id As String, ByVal ws As Worksheet) As String
02      '## IDとマスターを指定して名称を返す
03
04      On Error GoTo ErrHandler    ← エラー時に「ErrHandler」行へジャンプする宣言
05
06      If id = "" Or getLastRow(ws) <= 1 Then  'idが空白またはシートにデータがない場合
07        getName = ""  '空白を返す
08      Else  'idとデータが共に存在する場合
09        Dim tgtRange As Range
10        Set tgtRange = ws.Range("A1").CurrentRegion  'アクティブセル領域の読み込み
11        getName = WorksheetFunction.VLookup(id, tgtRange, 2, False) ←
12      End If                                  VLookup関数を使って2列目の値を返す
13
14      Exit Function    ← エラーが起こらなければここで終了
15
16  ErrHandler:    ← エラー時はここへジャンプする
17      getName = ""    ← 空白を返す
18  End Function
```

最後に、並び順について考えてみましょう。現状はシートの並び通りに、登録された順番、つまり日付の古い順に並んでいます。これはユーザー目線から見たらどうでしょうか？ マスターならまだしも、このようなデータがどんどん追加されていく形式では、新しいものが上に表示されていたほうが使いやすいかもしれません。シート上はそのままで、このリストボックスに表示する順番を逆転させてみましょう。

「M_SrcArray」モジュールの「getOdrSrc」プロシージャを**コード9**のように修正します。元データ配列「wsData」を最大値から降順にループさせて、ソースとなる配列「srcArray」を昇順にデータを転記していけば表示が逆転します。

コード9 リストボックスの表示順を逆転させる

```
01  Public Function getOdrSrc() As Variant
02      '## 見積一覧のリストボックスのソースを返す
03                               略
04
```

```
05      'ソースとなる配列の作成
06      Dim srcArray() As Variant '配列の宣言
07      ReDim srcArray(1 To maxRow, 1 To 5) '要素数を変数で再定義
08      Dim n As Long   ← リストボックスのカウント用
09      n = 1  ← 初期値
10
11      For i = maxRow To 1 Step -1  ← 要素の数だけ降順に繰り返す
12        srcArray(n, 1) = wsData(i, 1) '見積ID
13        srcArray(n, 2) = wsData(i, 2) '見積日
14        srcArray(n, 3) = getName(wsData(i, 3), S_Mst_Client) 'IDから顧客名を取得
15        If wsData(i, 5) <> "" Then srcArray(n, 4) = "済" '見積書発行日が空白じゃなければ「済」
16        srcArray(n, 5) = wsData(i, 6) '受注ID
17
18        n = n + 1  ← カウントアップ
19      Next i
20
21      '配列を返す
22      getOdrSrc = srcArray
23    End Function
```

こうすると、変数iは降順、変数nは昇順でデータが転記されていきます。動作検証してみると、逆の順番で表示させることができました(**図10**)。

図10 逆の順番で表示

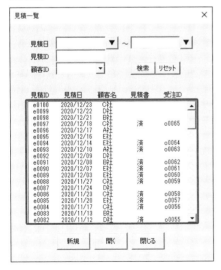

7-2-2 「検索」ボタンの実装

続いて検索機能を実装します。VBEで「F_Odr_List（見積一覧）」フォームの「検索」ボタンをダブルクリックしてイベントプロシージャを作成します。また、2つの日付のテキストボックスは、5-3で作成した日付チェックのisAcceptDate関数（P.150参照）を使うので、「Tag」プロパティを設定しておいてください（図11）。

図11 イベントの作成とTagプロパティの設定

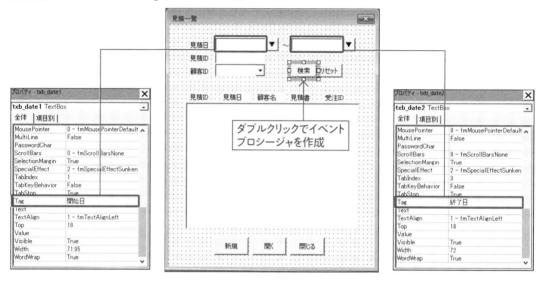

作成した「btn_search_Click」プロシージャを**コード10**のように書きます。

コード10 値のチェックとリストボックスのソース設定

```
01  Private Sub btn_search_Click()
02    '## 「検索」ボタンクリック時
03
04    '日付の型チェック
05    If Not isAcceptDate(Me.txb_date1) Then Exit Sub
06    If Not isAcceptDate(Me.txb_date2) Then Exit Sub
07
08    '日付がどちらか片方だけ入っていたら
09    If (Me.txb_date1.Value = "" And Me.txb_date2.Value <> "") Or _
10      (Me.txb_date1.Value <> "" And Me.txb_date2.Value = "") Then
11      MsgBox "日付で絞り込む場合は両日ともに必要です。", _
12        vbOKOnly + vbExclamation, "注意"    ← メッセージボックスを出力
13      Exit Sub    ← 終了
```

```
14    End If
15
16    '日付の前後チェック
17    If Me.txb_date1.Value > Me.txb_date2.Value Then
18      MsgBox "終了日(右側)は開始日(左側)より後の日付を入力してください。", _
19        vbOKOnly + vbExclamation, "注意"  ←─ メッセージボックスを出力
20      Exit Sub  ←─ 終了
21    End If
22
23    'リストボックスにソースを設定
24    Me.lbx_table.List = getOdrSrc( _
25      Me.txb_date1.Value, _
26      Me.txb_date2.Value, _
27      Me.txb_estId.Value, _
28      Me.cmb_cltId.Value)  ←─ 引数を4つ使う
29  End Sub
```

「検索」ボタンで「getOdrSrc」を呼び出す時に4つの引数を設定したので、これを使えるように、「M_SrcArray」モジュールの「getOdrSrc」プロシージャを修正しましょう。

かっこの中に省略可能な形で日付1、日付2、見積ID、顧客IDを引数として受け取れるようにします。この引数を使って、検索対象の有無で配列「srcArray()」を変えていきます（**コード11**）。考え方はマスター一覧を作ったときと同じです（**6-5-3** P.212参照）。検索部分は**コード12**にて解説します。

コード11　「getOdrSrc」プロシージャの修正

```
01  Public Function getOdrSrc( _
02    Optional ByVal date1 As String = "", _
03    Optional ByVal date2 As String = "", _
04    Optional ByVal estId As String = "", _
05    Optional ByVal cltId As String = "") As Variant  ←─ 省略可能な4つの引数を追加
06    '## 見積一覧のリストボックスのソースを返す
07
08    Dim i As Long '繰り返し用変数の宣言
09    Dim n As Long  ←─ カウント用変数の宣言を移動(汎用で使うため)
10
11    'シートから配列へ格納
12    Dim wsData As Variant
13    wsData = getWsData(S_Estimates1) '「見積データ」シートを元にする
14
15    'データがなかったら終了
16    If IsEmpty(wsData) Then
17      getOdrSrc = Array() '空の配列を返す
18      Exit Function
```

```vba
19    End If
20
21    '検索対象があるか判定する変数を作っておく ←━このセクションを追加
22    Dim hasSearch As Boolean
23    If Not (date1 = "" And date2 = "" And estId = "" And cltId = "") Then
24      hasSearch = True
25    End If
26
27    '検索対象がある場合 ←━このセクションを追加
28    If hasSearch Then
29        ←━対象の配列番号を格納するindexArray()を作成(コード12にて解説)
30    End If
31
32    'データの要素数を取得
33    Dim maxRow As Long
34    If Not hasSearch Then ←━検索対象がない場合
35      maxRow = UBound(wsData, 1) '元配列の最大行数
36    Else ←━検索ワードがある場合
37      maxRow = n ←━カウントした要素数
38    End If
39
40    'ソースとなる配列の作成
41    Dim srcArray() As Variant '配列の宣言
42    ReDim srcArray(1 To maxRow, 1 To 5) '要素数を変数で再定義
43    Dim n As Long ←━汎用として使うので冒頭へ移動
44    n = 1 'リストボックスのカウント初期値
45
46    Dim index As Long '配列番号を格納する変数を宣言
47    For i = maxRow To 1 Step -1 '要素の数だけ降順に繰り返す
48      '読込のための配列番号を取り出す
49      If Not hasSearch Then '検索対象がない場合
50        index = i 'そのまま
51      Else '検索対象がある場合
52        index = indexArray(i) '格納した配列番号を使う
53      End If
54
55      '転記
56      srcArray(n, 1) = wsData(index, 1) '見積ID
57      srcArray(n, 2) = wsData(index, 2) '見積日
58      srcArray(n, 3) = getName(wsData(index, 3), S_Mst_Client) 'IDから顧客名を取得
59      If wsData(index, 5) <> "" Then srcArray(n, 4) = "済" '見積書発行日が空白じゃなければ「済」
60      srcArray(n, 5) = wsData(index, 6) '受注ID
61
62      n = n + 1 'カウントアップ
63    Next i
```

```
64
65      '配列を返す
66      getOdrSrc = srcArray
67  End Function
```

コード11の27〜30行目を**コード12**のように書きます。プログラムでは、「有りか無しか」をブール型の変数で「フラグ（旗）」と呼ぶことがあるのですが、フラグ1を日付、フラグ2を見積ID、フラグ3を顧客IDとして、それぞれ対象であれば各フラグをTrueにし、すべてTrueだったら処理する、という書き方をしています。

コード12　コード11の検索部分

```
01      '検索対象がある場合
02      If hasSearch Then
03        Dim indexArray() As Long  '対象の番号を格納するための配列を宣言
04        n = 0  '要素数カウントの初期値
05
06        '条件チェック変数
07        Dim hasFlg1 As Boolean    ← 日付用
08        Dim hasFlg2 As Boolean    ← 見積ID用
09        Dim hasFlg3 As Boolean    ← 顧客ID用
10
11        '型変換や補正など
12        If date1 <> "" Then  '開始日
13          Dim startDate As Date
14          startDate = date1    ← 日付型変数に入れておく（あとで比較するため）
15        End If
16        If date2 <> "" Then  '終了日
17          Dim endDate As Date
18          endDate = date2    ← 日付型変数に入れておく（あとで比較するため）
19        End If
20        If estId <> "" Then  '見積ID
21          estId = LCase(estId)    ← 小文字変換（IMEモードで半角英数入力になっているのでこれだけ）
22        End If
23
24        '対象のデータだけ配列番号を格納
25        For i = LBound(wsData) To UBound(wsData)  '元配列を最小値から最大値まで繰り返す
26          '条件チェック変数をFalseにしておく
27          hasFlg1 = False
28          hasFlg2 = False
29          hasFlg3 = False
30
31          '日付チェック(hasFlg1)
```

```
32      If date1 = "" And date2 = "" Then
33        hasFlg1 = True  ←── 空白なら True
34      Else
35        Dim tgtDate As Date
36        tgtDate = wsData(i, 2)  ←── 日付型の変数に格納
37        If startDate <= tgtDate And tgtDate <= endDate Then hasFlg1 = True ←
38      End If                                        条件を満たせば True
39
40      '見積IDチェック(hasFlg2)
41      If estId = "" Then
42        hasFlg2 = True  ←── 空白なら True
43      Else
44        If hasKeyword(wsData(i, 1), estId) Then hasFlg2 = True ←
45      End If                                キーワードが含まれれば True
46
47      '顧客IDチェック(hasFlg3)
48      If cltId = "" Then
49        hasFlg3 = True  ←── 空白なら True
50      Else
51        If wsData(i, 3) = cltId Then hasFlg3 = True ←── ID が一致したら True
52      End If
53
54      'すべて条件を満たしていたら
55      If hasFlg1 And hasFlg2 And hasFlg3 Then
56        n = n + 1 '要素数を増やす
57        ReDim Preserve indexArray(1 To n) '配列を再定義
58        indexArray(n) = i '配列番号を格納しておく
59      End If
60    Next i
61
62    '該当データがなければ終了
63    If n = 0 Then '対象数がゼロなら
64      getOdrSrc = Array() '空の配列を返す
65      Exit Function '終了
66    End If
67  End If
```

これで動作検証してみましょう。**図12**のようにデータを絞り込んで表示することができました。

図12 動作検証

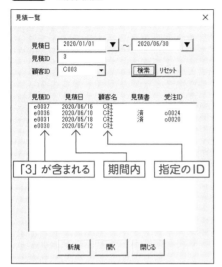

7-2-3 「リセット」ボタンの実装

VBE上で「F_Odr_List」フォームの「リセット」ボタンをダブルクリックしてイベントプロシージャを作成し、**コード13**を書きます。

コード13　「リセット」ボタンのクリックイベント

```
01  Private Sub btn_reset_Click()
02    '## 「リセット」ボタンクリック時
03
04    Me.txb_date1.Value = ""   ← クリア
05    Me.txb_date2.Value = ""
06    Me.txb_estId.Value = ""
07    Me.cmb_cltId.Value = ""
08
09    Me.lbx_table.List = getOdrSrc   ← 検索対象なしで更新
10  End Sub
```

これで、リストボックスの絞り込み解除ができるようになりました。

各機能ボタンの実装
～グローバル変数

「見積一覧」フォーム残りの機能である「開く」「新規」ボタンと、カレンダー
を利用するボタンを実装していきましょう。

7-3-1 「開く」ボタンの実装

「F_Odr_List（見積一覧）」フォームから編集用のフォームを開くボタンを実装します。このボタン
の動作確認のため、「F_Odr_Editor（見積情報編集）」フォームの土台だけ作っておきましょう（図
13）。こちらの詳細はCHAPTER 8で実装していきます。

図13 「F_Odr_Editor（見積情報編集）」フォームを作成

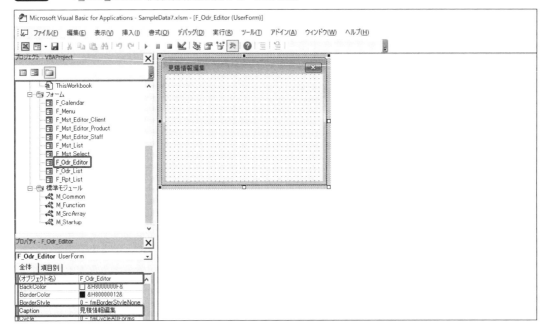

「F_Odr_List（見積一覧）」フォームの「開く」ボタンをダブルクリックしてイベントプロシージャを
作成します（コード14）。「F_Odr_Editor（見積情報編集）」フォームを開く前にリストボックスが選

択されているかチェックするのは、「F_Mst_List（マスター一覧）」フォームの時と同じ考え方です。

コード14　「btn_open_Click」プロシージャ

```
01  Private Sub btn_open_Click()
02    '## 「開く」ボタンクリック時
03
04    '選択項目がなければ終了
05    If Me.lbx_table.ListIndex = -1 Then
06      MsgBox "対象のデータを選択してください", vbOKOnly + vbExclamation, "注意" 'メッセージボックスを出力
07      Exit Sub '終了
08    End If
09
10    '見積情報編集フォームを開く
11    F_Odr_Editor.Show
12  End Sub
```

さて、先ほど**7-2-2**（P.232参照）では「検索」ボタンのクリックイベントに検索値のチェックとリストボックスの更新を行う動作を実装しました。「開く」ボタンをクリックしたときに検索値が入っていないとは限りませんし、編集後リストを更新するときのためにも、ここでも値チェックとリストの更新を行ったほうが安全です。

同じ動きをさせたいので、先ほど「btn_search_Click」に実装した内容を別のプロシージャに移して、双方から呼び出す形にすると効率的なコードになります。

「F_Odr_List（見積一覧）」内にモジュール内に「isSearch」という新たなFunctionプロシージャを作って「btn_search_Click」の内容を移行し、「開く」「検索」のクリックイベントから呼び出します（**コード15**）。「isSearch」プロシージャは同モジュールからしか使わないので、スコープはPrivateにしておきます。

コード15　「F_Odr_List（見積一覧）」フォーム

```
01  Private Sub btn_open_Click()
02    '## 「開く」ボタンクリック時
03
04    '値チェックと更新
05    If Not isSearch Then Exit Sub    ←追加
06
07    '選択項目がなければ終了
08    If Me.lbx_table.ListIndex = -1 Then
09      MsgBox "対象のデータを選択してください", vbOKOnly + vbExclamation, "注意" 'メッセージボックスを出力
10      Exit Sub '終了
```

```
11      End If
12
13      '見積情報編集フォームを開く
14      F_Odr_Editor.Show
15    End Sub
16    ─────────────────────────────────────────
17    Private Sub btn_search_Click()
18      '## 「検索」ボタンクリック時
19
20      Call isSearch    ← ここでは戻り値が必要ないのでCallで呼び出す
21    End Sub
22    ─────────────────────────────────────────
23    Private Function isSearch() As Boolean    ← 新しく作成して元btn_search_Clickの内容を移行
24      '## 値チェックと検索を行って結果を返す
25
26      '日付の型チェック
27      If Not isAcceptDate(Me.txb_date1) Then Exit Function    ← SubからFunctionに変更
28      If Not isAcceptDate(Me.txb_date2) Then Exit Function
29
30      '日付がどちらか片方だけ入っていたら
31      If (Me.txb_date1.Value = "" And Me.txb_date2.Value <> "") Or _
32        (Me.txb_date1.Value <> "" And Me.txb_date2.Value = "") Then
33        MsgBox "日付で絞り込む場合は両日ともに必要です。", _
34          vbOKOnly + vbExclamation, "注意" 'メッセージボックスを出力
35        Exit Function
36      End If
37
38      '日付の前後チェック
39      If Me.txb_date1.Value > Me.txb_date2.Value Then
40        MsgBox "終了日(右側)は開始日(左側)より後の日付を入力してください。", _
41          vbOKOnly + vbExclamation, "注意" 'メッセージボックスを出力
42        Exit Function
43      End If
44
45      'リストボックスにソースを設定
46      Me.lbx_table.List = getOdrSrc( _
47        Me.txb_date1.Value, _
48        Me.txb_date2.Value, _
49        Me.txb_estId.Value, _
50        Me.cmb_cltId.Value)
51
52      isSearch = True    ← 最後まで実行できたらTrueを返す
53    End Function
```

これで、検索条件に値を入力後「検索」ボタンを押さずに「開く」ボタンを押す、といった操作にも

対応できました。

　もう1つ気になる部分を直しましょう。今回のように数の多いリストの場合、中央あたりを選択してリストボックスを更新するとスクロールバーの位置がズレてしまいます（**図14**）。

図14 選択して更新すると位置がズレてしまう

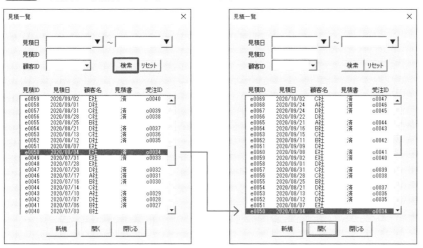

　対策として、更新前のリストボックスの「TopIndex」プロパティの値を取得しておいて、更新後に同じ値を設定します（**コード16**）。

CHAPTER
7

コード16 「isSearch」プロシージャの修正

```
01  Private Function isSearch() As Boolean
02    '## 値チェックと検索を行って結果を返す
03
                          略
04
05    'リストボックスにソースを設定
06    Dim i As Long
07    i = Me.lbx_table.TopIndex  ← 更新前の位置を取得
08    Me.lbx_table.List = getOdrSrc( _
09      Me.txb_date1.Value, _
10      Me.txb_date2.Value, _
11      Me.txb_estId.Value, _
12      Me.cmb_cltId.Value) 'ソースを再設定
13    If i <> 0 Then Me.lbx_table.TopIndex = i  ← 位置を戻す（更新時のズレ防止）
14
15    isSearch = True '最後まで実行できたらTrueを返す
16  End Function
```

このコードを追記すると、**図15**のように更新後の見た目が同じ位置になります。

図15 更新後の位置がズレない

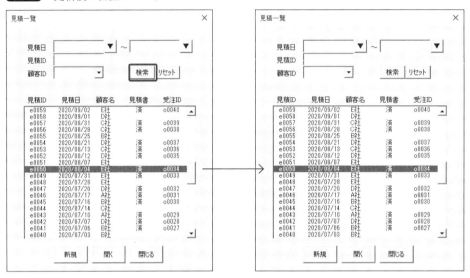

7-3-2 「新規」ボタンの実装

「新規」ボタンも、これまでと同じようにダブルクリックしてイベントプロシージャを作成します（**コード17**）。

コード17 「btn_new_Click」プロシージャ

```
01  Private Sub btn_new_Click()
02    '## 「新規」ボタンクリック時
03
04    '値チェックと更新
05    If Not isSearch Then Exit Sub
06
07    '選択項目があったら解除
08    Dim lbx As MSForms.ListBox 'リストボックス用の変数を宣言
09    Set lbx = Me.lbx_table '対象のリストボックスをセット
10    If lbx.ListIndex <> -1 Then '選択されていたら
11      lbx.Selected(lbx.ListIndex) = False '選択項目を解除する
12    End If
13
14    '見積情報編集フォームを開く
15    F_Odr_Editor.Show
```

```
16 | End Sub
```

なお、**CHAPTER 6**で作った「F_Mst_List（マスター一覧）」フォームの「新規」「開く」「検索」ボタンでも、更新前後の位置ズレ防止や、編集フォームを開く前にリストを更新する内容を付け加えておきましょう。

ここでも共通する部分をPrivateプロシージャに移行し、呼び出す形にすると便利です。値チェックの戻り値が必要ないので、Subプロシージャで作っています（**コード18**）。

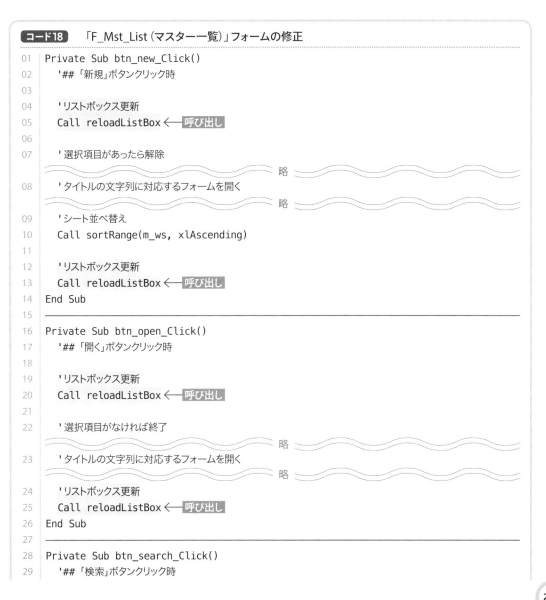

コード18 「F_Mst_List（マスター一覧）」フォームの修正

```
01 Private Sub btn_new_Click()
02    '## 「新規」ボタンクリック時
03
04    'リストボックス更新
05    Call reloadListBox ←─ 呼び出し
06
07    '選択項目があったら解除
                                          略
08    'タイトルの文字列に対応するフォームを開く
                                          略
09    'シート並べ替え
10    Call sortRange(m_ws, xlAscending)
11
12    'リストボックス更新
13    Call reloadListBox ←─ 呼び出し
14 End Sub
15
16 Private Sub btn_open_Click()
17    '## 「開く」ボタンクリック時
18
19    'リストボックス更新
20    Call reloadListBox ←─ 呼び出し
21
22    '選択項目がなければ終了
                                          略
23    'タイトルの文字列に対応するフォームを開く
                                          略
24    'リストボックス更新
25    Call reloadListBox ←─ 呼び出し
26 End Sub
27
28 Private Sub btn_search_Click()
29    '## 「検索」ボタンクリック時
```

CHAPTER
7

```
30    'リストボックス更新
31    Call reloadListBox      ← 呼び出し
32  End Sub
33  ─────────────────────────────────
34  Private Sub reloadListBox()   ← 新しく作ってbtn_search_Clickの内容を移行
35    '## リストボックス更新
36
37    Dim i As Long
38    i = Me.lbx_table.TopIndex '更新前の位置を取得
39    Me.lbx_table.List = getMstSrc(m_ws, Me.txb_keyword.Value) 'ソース再設定
40    If i <> 0 Then Me.lbx_table.TopIndex = i '位置を戻す(更新時のズレ防止)
41  End Sub
```

7-3-3 カレンダーフォームの設定

　CHAPTER 7以降のフォルダーに入っているサンプルデータには、「F_Calendar（カレンダー）」フォームが追加されています。日付横のコマンドボタンからカレンダーを利用できるようにしてみましょう。

　CHAPTER 6まで作成してきたデータを引き続いてお使いの方は、VBEのプロジェクトエクスプローラー上で右クリック→「ファイルのインポート」から、付属CD-ROMの**CHAPTER 7**→beforeフォルダー内の「F_Calendar.frm」ファイルを選択することでインポートできます（**図16**）。

図16 「F_Calendar（カレンダー）」フォームのインポート

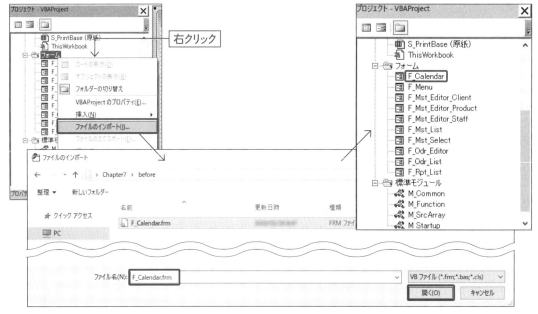

このフォームを使うためのコードを「M_Common」モジュールに書きます。

このカレンダーはほかのフォームと、モジュールを超えて値をやりとりするので、グローバル変数（6-4-1 P.198参照）を使います。宣言セクションで変数宣言をします（**コード19**）。

コード19　「M_Common」の宣言セクション

```
01  Option Explicit
02
03  'カレンダー用グローバル変数
04  Public g_cldCurrentDate As Date      ← デフォルトの日付
05  Public g_cldPickedDate As Date       ← カレンダーで選択された日付
06  Public g_isCldCancel As Boolean      ← キャンセル判定用
```

続いて、カレンダーを開いて日付を入力するプロシージャを「M_Common」モジュールに追記します（**コード20**）。

コード20　カレンダーを利用するプロシージャ

```
01  Sub setCalendarDate(ByVal tgtTxb As MSForms.TextBox)
02    '## カレンダーで選択した日付をテキストボックスに入力する
03
04    If IsDate(tgtTxb.Value) = False Then   ← 日付が入ってなければ
05      g_cldCurrentDate = Date              ← 今日の日付を格納
06    Else
07      g_cldCurrentDate = tgtTxb.Value      ← テキストボックスの日付を格納
08    End If
09
10    F_Calendar.Show   ← カレンダーを開く
11
12    If g_isCldCancel = True Then Exit Sub ← キャンセル（バツボタンで閉じられた）なら終了
13    tgtTxb.Value = g_cldPickedDate ← クリックされた日付を上書き
14  End Sub
```

「M_Common」モジュールに追記した部分は**図17**のようになります。宣言セクションはモジュールの一番上になければいけませんが、プロシージャの順番は入れ替えても構いません。

CHAPTER
7

図17 「M_Common」モジュール

「F_Odr_List（見積一覧）」フォームの**図18**部分の2つのコマンドボタンをダブルクリックして、イベントプロシージャを作成します。

図18 イベントプロシージャを作成

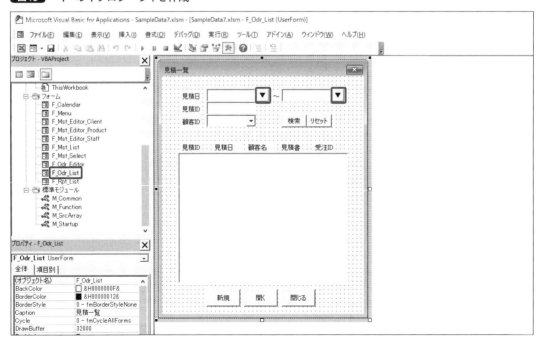

作成したイベントプロシージャから、先ほど「M_Common」に書いた「setCalendarDate」プロシージャを呼び出します。ここで、「このボタンで開いたカレンダーの日付はこのテキストボックスへ」としたい対象のテキストボックスを引数とします（コード21）。

コード21 「F_Odr_List（見積一覧）」フォーム

```
01  Private Sub btn_calendar1_Click()
02    '## 「▼（カレンダー）」ボタンクリック時
03    Call setCalendarDate(Me.txb_date1)  ← 日付を入れる対象のテキストボックスを引数にする
04  End Sub
05  ────────────────────────────────────────────
06  Private Sub btn_calendar2_Click()
07    '## 「▼（カレンダー）」ボタンクリック時
08    Call setCalendarDate(Me.txb_date2)
09  End Sub
```

これでカレンダーが使えるようになったので、動かしてみましょう。「▼」ボタンをクリックすると「F_Calendar（カレンダー）」フォームが開き、対象のテキストボックスにあらかじめ入力されていた日付には背景色が、本日の日付には枠が付きます。カレンダーの日付をクリックするとフォームが閉じ、対象のテキストボックスにクリックされた日付が入力されます（図19）。

図19 カレンダーフォームの仕様

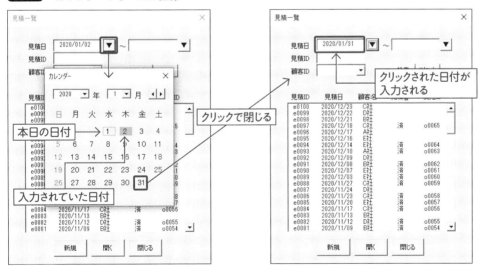

　対象のテキストボックスが空だった場合、「あらかじめ入力されていた」日付には本日が適用され、枠と背景色が両方付きます(同色なので枠は同化します)。また、月を選択するコンボボックスの隣に、月の増減がかんたんにできる機能も実装されています。この部分はコマンドボタンではなく、P.43で説明したスピンボタンを使っています(図20)。

図20 カレンダーフォームの仕様その2

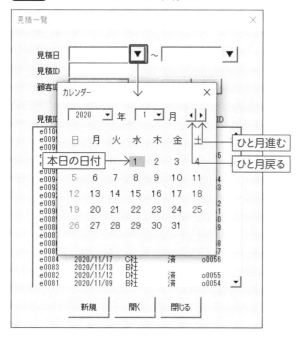

　このカレンダーフォームは今後もほかのフォームからも汎用的に使っていきます。「F_Calendar(カレンダー)」フォームのコードで、どのようにカレンダーの形を作ったり日付を取得したりしているかは、Appendixで解説しています。

CHAPTER

8

見積情報編集フォーム

フォームの作成
～1対多のデータ

CHAPTER8では、見積情報を登録したり更新したりする編集フォームを作ります。ここまでCHAPTER4、CHAPTER5でマスター情報の編集フォームを作ってきましたが、今回のフォームは少し性質が異なります。

8-1-1 1対多とは

「F_Mst_Editor_Product（商品情報編集）」フォームを例に見てみると、このフォームで情報を読み書きするのは、「S_Mst_Product（商品マスター）」シートの1行のみです（図1）。

図1 マスター編集フォームのデータ

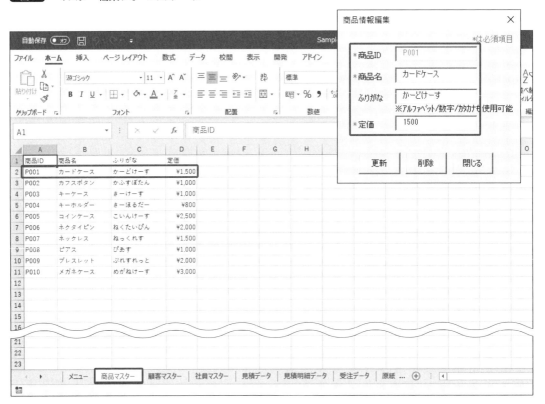

　比較して、これから作ろうとしている「見積情報編集」のためのフォームは、「1回の取引に対してアイテムが複数存在する」可能性があります。これを1つのシートで管理しようとすると、「いつ」「どこに」などの情報が重複してしまうので、シートを2つに分割して管理することでデータの効率化を図っています。

　このようなデータの形を、**1対多**と呼びます（**図2**）。1側に持っているIDを多側に持たせることで関連のあるデータであると特定することができます。

図2　1対多のデータ形式

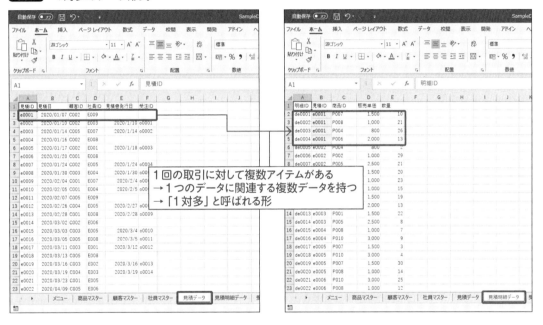

1側を親、多側を子と表現されることもあるので、本書では**親子データ**と呼んで解説していきます。

　さて、この親子データの読み書きを行うフォームがどんなものかというと、**図3**のような形です。販売管理ではよく見かける形ですよね。**CHAPTER 8**では、1つのフォームで2つのシートのデータを読み書きする仕組みを作ってみましょう。

図3　親子データのフォーム

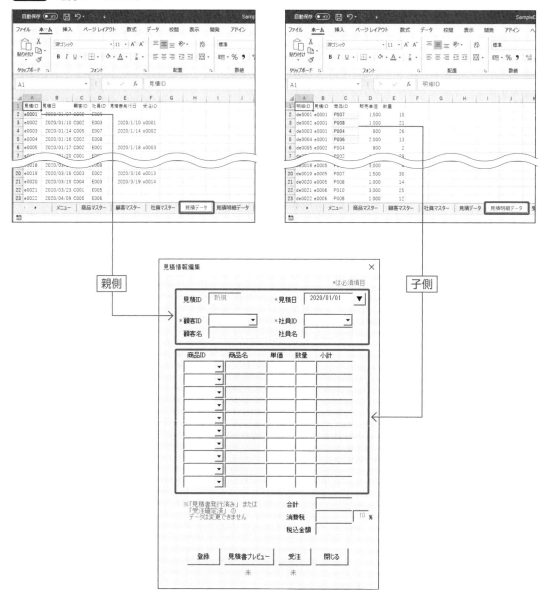

親側

子側

8-1-2 コントロールの配置

　それでは、「F_Odr_Editor(見積情報編集)」フォームを作っていきます。**図4**と**表1**を参考にコントロールを配置してみましょう。❾〜⓯は、それぞれのオブジェクト名を「○○1」「○○2」…のように連番で10まで作成します。

なお、ページの都合によりプログラムで使わないラベルの詳細を割愛していますが、図を参考に配置してください。

図4　コントロールの配置

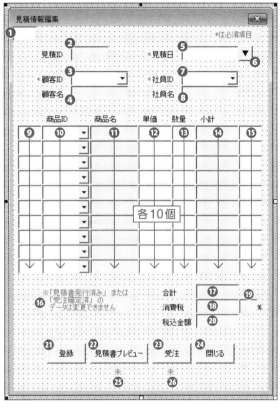

表1　コントロールの設定

図中の番号	種類	オブジェクト名	キャプション
❶	テキストボックス	txb_tgtRow	-
❷	テキストボックス	txb_estId	-
❸	コンボボックス	cmb_cltId	-
❹	テキストボックス	txb_cltName	-
❺	テキストボックス	txb_date	-
❻	コマンドボタン	btn_calendar	▼
❼	コンボボックス	cmb_stfId	-
❽	テキストボックス	txb_stfName	-
❾	テキストボックス	txb_dtlId1(〜10)	-
❿	コンボボックス	cmb_prdId1(〜10)	-
⓫	テキストボックス	txb_prdName1(〜10)	-
⓬	テキストボックス	txb_ price1(〜10)	-
⓭	テキストボックス	txb_ qty1(〜10)	-
⓮	テキストボックス	txb_subtotal1(〜10)	-

CHAPTER 8

図中の番号	種類	オブジェクト名	キャプション
⑮	テキストボックス	txb_tgtDRow1(〜10)	-
⑯	ラベル	lbl_message	※「見積書発行済み」または「受注確定済」のデータは変更できません
⑰	テキストボックス	txb_total	-
⑱	テキストボックス	txb_tax	-
⑲	テキストボックス	txb_taxrate	-
⑳	テキストボックス	txb_tax_in_total	-
㉑	コマンドボタン	btn_edit	登録
㉒	コマンドボタン	btn_preview	見積書プレビュー
㉓	コマンドボタン	btn_order	受注
㉔	コマンドボタン	btn_close	閉じる
㉕	ラベル	lbl_preview	未
㉖	ラベル	lbl_order	未

❷，❹，❽，⓫，⓮，⑰〜⑳のテキストボックスは誤って直接入力をしたくない場所なので、「Enable」プロパティを「False」にしておきます。一緒に背景色もグレーにしておきましょう（図5）。

なお、これ以外の編集可能な⓬，⓭のテキストボックス、❸，❼，❿のコンボボックスには、半角英数しか入力できないように「IMEMode」を「3 – fmIMEModeDisable」にします。

図5 編集不可にするテキストボックス

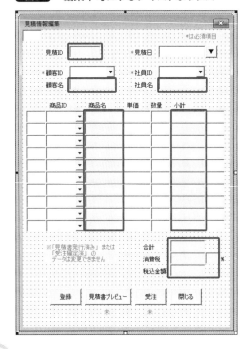
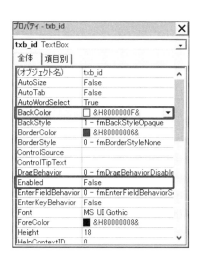

図6の❸，❼，❿のコンボボックスにも表2のように設定して、ドロップダウン時の表示を整えます（図6）。

VBEではtwipという単位が基準として内部処理されているため、手入力したpt単位の数値が近似値に変更されることがあるので、だいたいで構いません。

図6 コンボボックスの設定

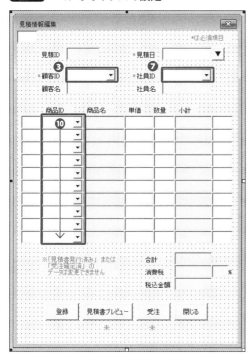 

表2 コンボボックスの詳細設定

図中の番号	オブジェクト名	ColumnCount	ColumnWidth
❸	cmb_cltId	2	30pt; 30pt
❼	cmb_stfId	2	30pt; 50pt
❿	cmb_prdId1（～10）	2	30pt; 50pt

なお、図4の❶，❾，⓯のラベルの付いていないテキストボックスは、それぞれ対応するシートの行数や詳細IDなど、システム上で必要な値を格納するために使います。これらはユーザーには不要な情報なので、最終的に非表示にしますが、動作検証が終了するまでは表示しておきましょう（図7）。

CHAPTER
8

図7 あとで非表示にする予定のテキストボックス

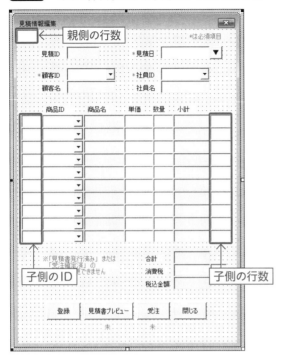

8-1-3 読み込み時の設定

まず、このフォームが開いたときにあらかじめ入っていてほしい値を設定しておきましょう。
4-2-2（P.95参照）を参考に「UserForm_Initialize」プロシージャを作成します（図8）。

図8 「UserForm_Initialize」プロシージャの作成

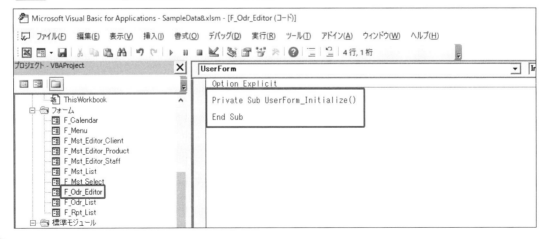

「顧客ID」「社員ID」「商品ID」のコンボボックスのドロップダウンリストを設定するコードを書きます（**コード1**）。これは**7-1-2**（P.223参照）で作成した「setCmbSrc」プロシージャを利用するとかんたんです。

コード1　コンボボックスのドロップダウンリストを設定

```
01  Private Sub UserForm_Initialize()
02    Call setCmbSrc(Me.cmb_cltId, S_Mst_Client)   ← 顧客情報の設定
03    Call setCmbSrc(Me.cmb_stfId, S_Mst_Staff)    ← 社員情報の設定
04    Call setCmbSrc(Me.cmb_prdId1, S_Mst_Product) ← 商品情報の設定
05  End Sub
```

動作確認してみると、「社員ID」と「商品ID」の横幅が足りずに水平のスクロールバーが出てしまっています。この部分は「ListWidth」を大きめに調整すると解決できます（**図9**）。複数のコントロールは Ctrl キーを押しながら選択できるので、同じ属性はまとめて変更すると便利です。

図9　コンボボックスの横幅を調整

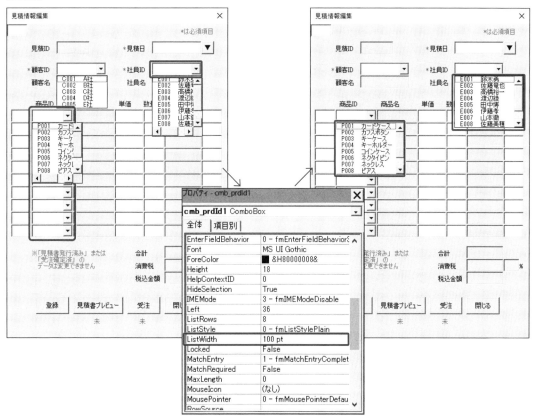

「商品ID」は1から10まで存在します。これをすべて同じように書くと**コード2**のようになりますが、これは面倒と思いますよね。

コード2 1から10までのコンボボックス

```
01 | Private Sub UserForm_Initialize()
02 |   Call setCmbSrc(Me.cmb_cltId, S_Mst_Client)
03 |   Call setCmbSrc(Me.cmb_stfId, S_Mst_Staff)
04 |   Call setCmbSrc(Me.cmb_prdId1, S_Mst_Staff)    ← 1つ目
05 |   Call setCmbSrc(Me.cmb_prdId2, S_Mst_Staff)    ← 2つ目
06 |   Call setCmbSrc(Me.cmb_prdId3, S_Mst_Staff)    ← 3つ目
07 |   …    ← 10まで続ける
08 | End Sub
```

コントロールの指定は、オブジェクト名でそのまま「Me.cmb_prdId1」と指定する以外に、「Me. Control("オブジェクト名")」のように文字列を使って指定することができます。これの何がよいかというと、変数を組み合わせてコントロールの指定ができるのです（**図10**）。また、「.Controls」は省略することができます。

図10 コントロールを文字列で指定

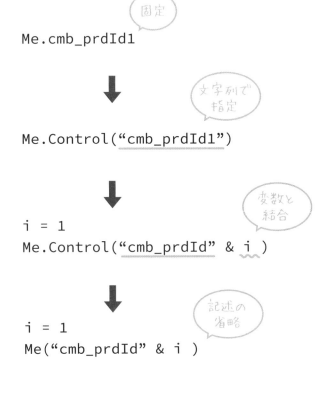

変数を使えるということは、連番のコントロールに繰り返し処理を使えば10個でも100個でもかんたんに指定ができます（**コード3**）。

コード3 繰り返しで連番のコントロールの指定

```
01  Private Sub UserForm_Initialize()
02    Dim i As Long  ←─ 汎用変数
03
04    Call setCmbSrc(Me.cmb_cltId, S_Mst_Client)
05    Call setCmbSrc(Me.cmb_stfId, S_Mst_Staff)
06    For i = 1 To 10
07      Call setCmbSrc(Me("cmb_prdId" & i), S_Mst_Product)  ←─ 繰り返しの数値を組み合わせてコントロールを指定
08    Next i
09
10  End Sub
```

なお、この「1 To 10」は、今後何度も出てきます。本書のサンプルでは10個ですが、サンプルを元に改造したい場合、10で固定してしまうと変更が大変なので、宣言セクションでモジュールレベルの定数を作って置き換えましょう。定数は、「Const」を使うと自作することができます。なお、本書では自作の定数は（接頭辞を除いて）大文字にするという命名規則を設けます。

ほかにも、あらかじめ税率を入れておいたり、カレンダー（**7-3-3** P.244参照）が起動したり、「閉じる」ボタンが動く設定もしておきます（**コード4**）。プロシージャの順番は任意です。

コード4 「F_Odr_Editor（見積情報編集）」のコード

```
01  '# 「見積情報編集」フォーム
02  Option Explicit
03
04  Private Const m_MAX_RCD As Long = 10  ←─ 詳細レコードの数を定数で
05
06  Private Sub btn_calendar_Click()  ←─ 「▼（カレンダー）」ボタン
07    '## 「▼（カレンダー）」ボタンクリック時
08    Call setCalendarDate(Me.txb_date)
09  End Sub
10
11  Private Sub btn_close_Click()  ←─ 「閉じる」ボタン
12    '## フォームを閉じる
13    Unload Me
14  End Sub
15
16  Private Sub UserForm_Initialize()
17    '## フォーム読み込み時
```

```
18
19    Dim i As Long '汎用変数
20
21    'ドロップダウンリストの設定
22    Call setCmbSrc(Me.cmb_cltId, S_Mst_Client) '顧客情報
23    Call setCmbSrc(Me.cmb_stfId, S_Mst_Staff) '社員情報
24    For i = 1 To m_MAX_RCD    ←━ 定数で置き換える
25      Call setCmbSrc(Me("cmb_prdId" & i), S_Mst_Product) '商品情報
26    Next i
27
28    '税率
29    txb_taxrate.Value = 10    ←━ 税率(%)があらかじめ表示されるようにする
30    End Sub
```

この時点で、コードウィンドウと起動した画面は**図11**のようになっています。

図11　「F_Odr_Editor（見積情報編集）」のフォームとコード

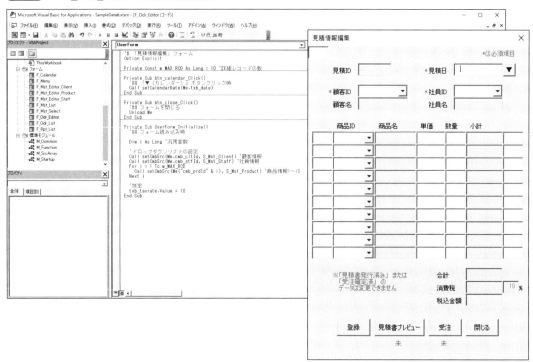

8-2 フォームへの親子データの読み込み　〜2シートから1フォームへ

作成したフォームに、「新規」と「開く」でそれぞれの読込ができるようにしてみましょう。

8-2-1 データの読み込み部分

まずは、どのボタンからこの「F_Odr_Editor（見積情報編集）」フォームが開かれたのかによって処理を分岐させるため、**コード4**の続きを書きます（**コード5**）。マスター編集で作成したコード（6-4-1 P.200参照）と同様です。

コード5　「新規」と「開く」の分岐

```
01  Private Sub UserForm_Initialize()
02     '## フォーム読み込み時
03
                                          略
04
05     '税率
06     txb_taxrate.Value = 10
07
08     'データ読込
09     Dim lbx As MSForms.ListBox       ←  リストボックス用の変数を宣言
10     Set lbx = F_Odr_List.lbx_table   ←  対象のリストボックスをセット
11
12     If lbx.ListIndex = -1 Then        ←  リストボックスが選択されていなかったら
13
14       ←  「新規」ボタンで開かれたときの処理（コード7）
15
16     Else ←  リストボックスが選択されていたら
17
18       ←  「開く」ボタンで開かれたときの処理（コード6）
19
20     End If
21  End Sub
```

　Elseブロックの中に「開く」ボタンで開かれたときの処理（**コード6**）を書きます。ボタンのキャプションの変更、親データ読み込み、子データ読み込みの3段階を行っています。

コード6 「開く」ボタンで開かれたときの処理

```
01  '状態変更
02  Me.btn_edit.Caption = "更新"      ← ボタンのキャプション
03
04  '親データ読み込み
05  Me.txb_tgtRow.Value = getIdRow(lbx.Text, S_Estimates1)    ← 対象行取得
06  Dim tgtRow As Long
07  tgtRow = Me.txb_tgtRow      ← 変数に代入
08  With S_Estimates1
09    Me.txb_estId.Value = .Cells(tgtRow, 1).Value    ← 見積ID
10    Me.txb_date.Value = .Cells(tgtRow, 2).Value     ← 見積日
11    Me.cmb_cltId.Value = .Cells(tgtRow, 3).Value    ← 顧客ID
12    Me.cmb_stfId.Value = .Cells(tgtRow, 4).Value    ← 社員ID
13  End With
14
15  '子データ読み込み
16  Dim wsData As Variant
17  wsData = getWsData(S_Estimates2)    ← シートから配列へ格納
18  If IsEmpty(wsData) Then Exit Sub    ← データがなかったら終了
19
20  Dim n As Long      ← カウント用変数の宣言
21  n = 1
22  For i = LBound(wsData) To UBound(wsData)
23    If wsData(i, 2) = Me.txb_estId.Value Then    ← 見積IDが親と一致するものだけ
24      Me("txb_dtlId" & n).Value = wsData(i, 1)    ← 明細ID
25      Me("cmb_prdId" & n).Value = wsData(i, 3)    ← 商品ID
26      Me("txb_price" & n).Value = wsData(i, 4)    ← 単価
27      Me("txb_qty" & n).Value = wsData(i, 5)      ← 数量
28      Me("txb_tgtDRow" & n).Value = i + 1         ← 行
29
30      n = n + 1    ← カウントアップ
31    End If
32  Next i
```

　ここまでの実装で動作確認をしてみましょう。「F_Odr_List（見積一覧）」フォームからデータを選択して「開く」ボタンをクリックすると、「S_Estimates1（見積データ）」シートと「S_Estimates2（見積明細データ）」シートから該当の親IDを持つデータが読み込まれます（**図12**）。

図12　「開く」ボタンの動作確認

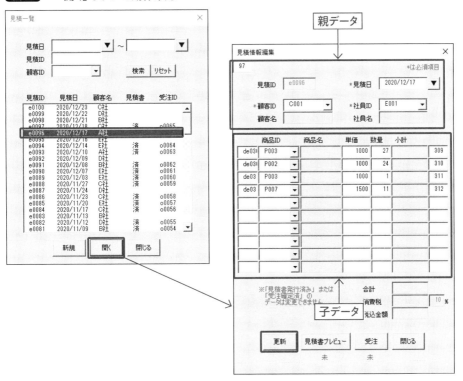

次に、Elseの上のIfブロックに「新規」ボタンで開かれたときの処理（**コード7**）を書きます。

CHAPTER
8

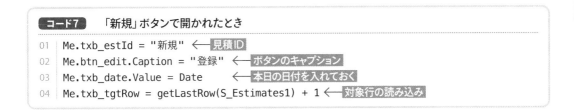

コード7　「新規」ボタンで開かれたとき

```
01  Me.txb_estId = "新規"          ← 見積ID
02  Me.btn_edit.Caption = "登録"    ← ボタンのキャプション
03  Me.txb_date.Value = Date       ← 本日の日付を入れておく
04  Me.txb_tgtRow = getLastRow(S_Estimates1) + 1 ← 対象行の読み込み
```

動作確認してみます。「F_Odr_List（見積一覧）」フォームから「新規」ボタンをクリックすると、**図13**のような形で開きます。

図13 「新規」ボタンの動作確認

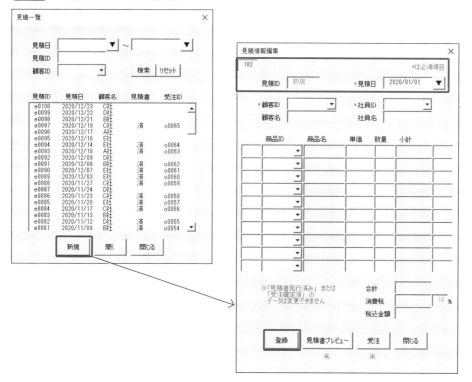

8-2-2 関連データの読み込み

次は、「○○ID」コンボボックスが変更されたら「○○名」テキストボックスに、その名称が入るようにしてみます。

まずは「顧客ID」と「社員ID」のコンボボックスが変更されたら動く、**Changeイベントプロシージャ**を作りましょう。オブジェクト画面でコンボボックスをダブルクリックすると Change イベントが挿入されます（**図14**）。

図14　Changeイベントプロシージャの作成

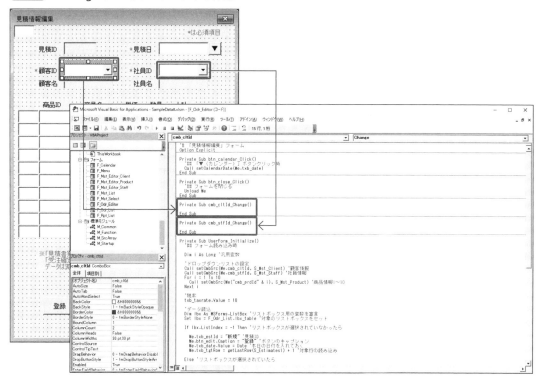

　IDから名称を取得するコードは、7-2-1（P.227参照）で「getName」という関数を作ったので、それを使えばかんたんなんです（**コード8**）。

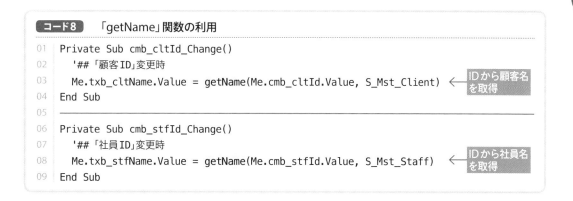

コード8　「getName」関数の利用

```
01  Private Sub cmb_cltId_Change()
02    '##「顧客ID」変更時
03    Me.txb_cltName.Value = getName(Me.cmb_cltId.Value, S_Mst_Client)    ←IDから顧客名を取得
04  End Sub
05
06  Private Sub cmb_stfId_Change()
07    '##「社員ID」変更時
08    Me.txb_stfName.Value = getName(Me.cmb_stfId.Value, S_Mst_Staff)    ←IDから社員名を取得
09  End Sub
```

　これで、UserForm_Initializeイベント（フォーム読み込み時）のID入力時に今実装したChangeイベントがそれぞれ実行され、フォームを開いた時点でIDに対する名称が入っている状態になります（**図15**）。

図15 名称が自動挿入された

これと同じように「商品ID」にもChangeイベントを付けたいのですが、これは10個あるのでちょっと大変ですね。1つずつ、「商品ID1」のコンボボックスが変更されたら「商品名1」のテキストボックスへ…、というコードを10回書いてももちろん動くのですが、ここでは違ったアプローチをしてみましょう。

「cmb_prdId_ChangeCommon」という、「商品IDコンボボックスが変更されたときの共通処理」を行うプロシージャを作ります。これはイベントプロシージャではなく、ジェネラルプロシージャです。

それを各Changeイベントから、現在の番号を引数として呼び出すことで、処理部分を共通化させることができます（**コード9**）。

コード9 処理部分を共通化して呼び出す

```
01  Private Sub cmb_prdId1_Change()
02      '## 「商品ID1」変更時
03      Call cmb_prdId_ChangeCommon(1)  ← 番号を引数にして共通処理の呼び出し
04  End Sub
05  ─────────────────────────────────
06  Private Sub cmb_prdId2_Change()
07      '## 「商品ID2」変更時
08      Call cmb_prdId_ChangeCommon(2)
```

```
09  End Sub
10  ──────────────────────────────────────────────────────────
11  ← 3～9まで同様のプロシージャを作る
12  ──────────────────────────────────────────────────────────
13  Private Sub cmb_prdId10_Change()
14      '##「商品ID10」変更時
15      Call cmb_prdId_ChangeCommon(10)
16  End Sub
17  ──────────────────────────────────────────────────────────
18  Private Sub cmb_prdId_ChangeCommon(ByVal i As Long) ← 番号を引数として持ってくる
19      '##「商品ID1～10」変更時(共通処理)
20      Me("txb_prdName" & i).Value = getName(Me("cmb_prdId" & i).Value, S_Mst_Product) ←
21  End Sub                                                    IDから商品名を取得
```

　現状では1行で済む処理しかしていないので、各イベントプロシージャに書いてもよい気もしますが、この形にしておいたほうが、今後処理が増えてくるとコードが少なくて済みます。

　これで商品名も自動で入力されるようになりました（**図16**）。

図16　商品名が自動挿入された

8-2-3 帳票発行・受注の「未/済」表記

「開く」ボタンで読み込んだ場合、そのデータの「見積書が発行されているか」「受注されているか」が編集画面でわかるようにしましょう。「S_Estimates1（見積データ）」シートに「見積書発行日」「受注ID」という項目があるので、ここが空白でなければ「済」に変更します（図17）。

図17 「未/済」表記

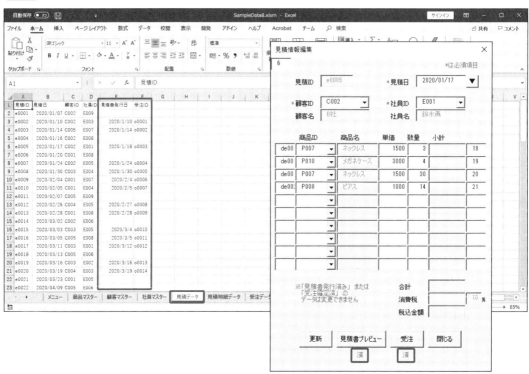

「F_Odr_Editor（見積情報編集）」フォームのコードに、「setStatus」というプロシージャを新しく作り、選択されているリストの内容から「済」へ変更する処理を書きます。さらにそれを、「UserForm_Initialize」プロシージャのElseブロック（「開く」ボタンで開かれている場合）の最後で呼び出します（コード10）。

コード10 「setStatus」プロシージャの作成と呼び出し

```
01   Private Sub UserForm_Initialize()
02     '## フォーム読み込み時
              略
03     If lbx.ListIndex = -1 Then 'リストボックスが選択されていなかったら
```

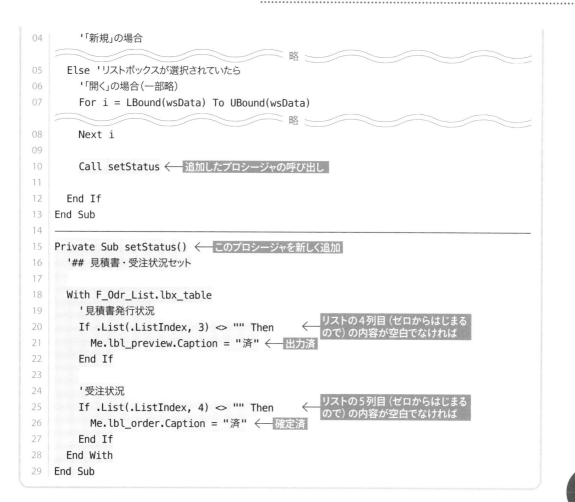

```
04      '「新規」の場合
                              ～略～
05    Else 'リストボックスが選択されていたら
06       '「開く」の場合(一部略)
07       For i = LBound(wsData) To UBound(wsData)
                              ～略～
08       Next i
09
10       Call setStatus  ←─ 追加したプロシージャの呼び出し
11
12    End If
13  End Sub
14  ─────────────────────────────────────────────
15  Private Sub setStatus()  ←─ このプロシージャを新しく追加
16     '## 見積書・受注状況セット
17
18     With F_Odr_List.lbx_table
19       '見積書発行状況
20       If .List(.ListIndex, 3) <> "" Then  ←─ リストの4列目(ゼロからはじまる
                                                  ので)の内容が空白でなければ
21         Me.lbl_preview.Caption = "済"  ←─ 出力済
22       End If
23
24       '受注状況
25       If .List(.ListIndex, 4) <> "" Then  ←─ リストの5列目(ゼロからはじまる
                                                  ので)の内容が空白でなければ
26         Me.lbl_order.Caption = "済"  ←─ 確定済
27       End If
28     End With
29  End Sub
```

これで「未」と「済」の表記ができました。

CHAPTER
8

8-3 自動計算機能
～Changeイベントの活用

このフォームでは読み込むデータによって金額が変わらなくてはなりません。また、「数量」「単価」などが変更されたときに自動で合計が変わる仕組みを作ってみましょう。

8-3-1 小計/合計の算出

まずは小計と、合計や税込み金額などの計算をする部分を作りましょう（図18）。

図18 小計と合計

「F_Odr_Editor（見積情報編集）」フォームに小計を算出する「calcSubTotal」プロシージャを新しく作ります（コード11）。数量または単価が変更されたとき、その番号に対して再計算を行うので受け取る引数を設定しておきます。

コード11 「calcSubTotal」プロシージャ

```
01  Private Sub calcSubTotal(ByVal i As Long)  ←番号を引数として持ってくる
02    '## 小計の算出
03                                                数量/単価ともに数値だったら
04    If IsNumeric(Me("txb_qty" & i).Value) And IsNumeric(Me("txb_price" & i).Value) Then
05      Me("txb_subtotal" & i).Value = CCur(Me("txb_qty" & i).Value) * CCur(Me("txb_price" & i).Value)
06    Else  ←数値じゃなければ                                    数量*単価
07      Me("txb_subtotal" & i).Value = ""  ←空白を入れる
08    End If
09
10    Call calcTotal  ←合計の算出を呼び出す(コード12)
11  End Sub
```

小計が変更されたら合計を再計算するためのプロシージャ「calcTotal」を追加します（**コード12**）。

コード12 「calcTotal」プロシージャ

```
01  Private Sub calcTotal()
02    '## 合計の算出
03
04    Dim i As Long '汎用変数
05
06    '小計を加算して合計の算出
07    Dim total As Currency  ←合計値を格納する変数
08    For i = 1 To m_MAX_RCD
09      If IsNumeric(Me("txb_subtotal" & i).Value) Then  ←各小計が数値だった場合
10        total = total + CCur(Me("txb_subtotal" & i).Value)  ←小計値を加算
11      End If
12    Next i
13
14    'ゼロだったら空白にする
16    If total = 0 Then
17      Me.txb_total.Value = ""         ←合計
18      Me.txb_tax.Value = ""           ←消費税
19      Me.txb_tax_in_total.Value = ""  ←税込金額
20      Exit Sub  ←終了
21    End If
22
23    '税率に数値が入っていなければ終了
24    If Not IsNumeric(Me.txb_taxrate) Then Exit Sub
25
26    '算出
27    Dim tax As Currency  ←消費税額
```

```
28    tax = Int(total * (CLng(Me.txb_taxrate.Value) / 100))
29    Dim taxInTotal As Currency    ←─ 税込金額
30    taxInTotal = total + tax
31
32    'テキストボックスに代入
33    Me.txb_total.Value = total       ←─ 合計
34    Me.txb_tax.Value = tax           ←─ 消費税
35    Me.txb_tax_in_total.Value = taxInTotal  ←─ 税込金額
36  End Sub
```

これで、小計の算出→合計の算出の流れができました。この時点ではまだどこからも呼び出されていないので、「calcSubTotal」プロシージャを呼び出す部分も次で作っていきましょう。

8-3-2 数量／単価の変更時

8-2-2（P.266参照）で書いた「商品ID」と同じように、1～10のChangeイベントプロシージャと、そこから呼び出される共通処理のジェネラルプロシージャを書きます（**コード13**）。

コード13 「数量」変更時の共通処理の呼び出し

```
01  Private Sub txb_qty1_Change()
02    '## 「数量1」変更時
03    Call txb_qty_ChangeCommon(1)
04  End Sub
05  ─────────────────────────────────────────
06  Private Sub txb_qty2_Change()
07    '## 「数量2」変更時
08    Call txb_qty_ChangeCommon(2)
09  End Sub
10  ─────────────────────────────────────────
11  ←─ 3～9まで同様のプロシージャを作る
12  ─────────────────────────────────────────
13
14  Private Sub txb_qty10_Change()
15    '## 「数量10」変更時
16    Call txb_qty_ChangeCommon(10)
17  End Sub
18  ─────────────────────────────────────────
19  Private Sub txb_qty_ChangeCommon(ByVal i As Long)  ←─ 位置番号を引数として持ってくる
20    '## 「数量1～10」変更時（共通）
21
22    Call isAcceptNum(Me("txb_qty" & i))  ←─ 数値チェック
```

```
23    Call calcSubTotal(i) ←小計の算出
24  End Sub
```

共通処理では、**5-3-2**（P.143参照）で作った数値チェック関数を利用しています。この関数は本来「True」か「False」を受け取るのですが、今回はその結果に関わらず、小計の算出を行いたい（数値でなければ空白として再計算したい）ので、戻り値が必要ありません。このような場合、Callで呼び出すこともできます。

「単価」に対しても、同じように書きます（**コード14**）。

コード14　「単価」変更時の共通処理の呼び出し

```
01  Private Sub txb_price1_Change()
02    '## 「単価1」変更時
03    Call txb_price_ChangeCommon(1)
04  End Sub
05  ───────────────────────────────
06  Private Sub txb_price2_Change()
07    '## 「単価2」変更時
08    Call txb_price_ChangeCommon(2)
09  End Sub
10  ───────────────────────────────
11  ← 3～9まで同様のプロシージャを作る
12  ───────────────────────────────
13
14  Private Sub txb_price10_Change()
15    '## 「単価10」変更時
16    Call txb_price_ChangeCommon(10)
17  End Sub
18  ───────────────────────────────
19  Private Sub txb_price_ChangeCommon(ByVal i As Long) '位置番号を引数として持ってくる
20    '## 「単価1～10」変更時（共通）
21
22    Call isAcceptNum(Me("txb_price" & i)) ← 数値チェック
23    Call calcSubTotal(i) ← 小計の算出
24  End Sub
```

数値チェックでは「数量」「単価」テキストボックスの「Tag」プロパティを利用するので、忘れずに設定しておきましょう（**図19**）。この部分はユーザーの利便性によって、1～10を付けるか否かは任意です。

図19 「Tag」プロパティの設定

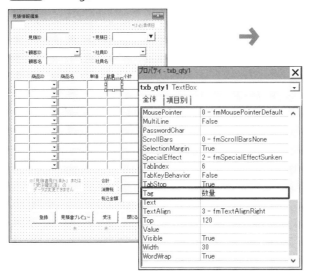

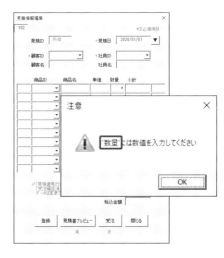

これで、データ読み込み時、変更時に自動的に金額が計算されるようになりました（**図20**）。

図20 動作確認

8-3-3 プロシージャ間移動のショートカット

さて、ここまで「商品ID」「数量」「単価」に対して各10個ずつイベントプロシージャを書いたので、モジュール内で目当てのプロシージャを探すのが大変になってきましたね。そこで、マウススクロールだけでなくプロシージャ間を移動するテクニックも紹介しておきます。

Ctrl + ↓ キーまたは Ctrl + ↑ キーで、プロシージャを1つずつ上下に移動できます（**図21**）。

図21 プロシージャを1つずつ上下に移動

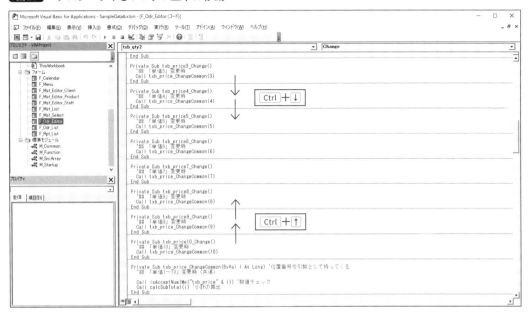

また、プロシージャ名にカーソルがある状態で、 Shift + F2 キーで呼び出し先のプロシージャ
への移動、 Ctrl + Shift + F2 キーで元の場所に戻ることができます（**図22**）。

図22 呼び出し先への移動

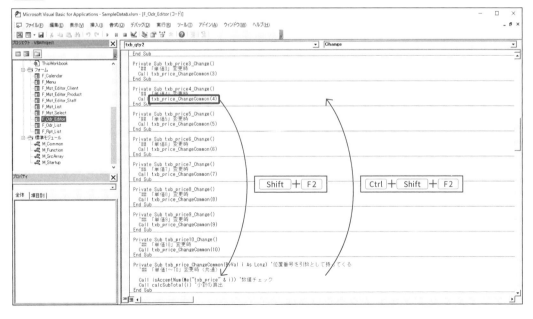

CHAPTER
8

　なお、クラスモジュールを使うと、テキストボックスの数だけイベントプロシージャを書かずに同じ動作を実装することができます。そちらの方法はAppendixで紹介しています。

8-3-4 商品IDの変更時

　現時点では、「数量」も「単価」も直接入力しなければなりませんが、「単価」をすべて覚えておくのは大変です。8-2-2（P.267参照）で書いた、「商品ID」が変更されたときの共通処理に、マスターから「定価」を読み込んで「単価」に代入し、「数量」に「1」が入るようにしておくと使いやすくなります。

　「cmb_prdId_ChangeCommon」プロシージャに定価、数量を変更する内容を追加しましょう（**コード15**）。

コード15 商品ID変更の共通処理

```
01  Private Sub cmb_prdId_ChangeCommon(ByVal i As Long)
02      '## 「商品ID1～10」変更時(共通)
03
04      'IDから商品名を取得
05      Me("txb_prdName" & i).Value = getName(Me("cmb_prdId" & i).Value, S_Mst_Product)
06
07      '定価の取得
08      On Error Resume Next        ← エラー時は次の行へ
09      Dim tgtRange As Range
10      Set tgtRange = S_Mst_Product.Range("A1").CurrentRegion    ← アクティブセル領域の読み込み
11      Dim tgtPrice As String    ← 定価を格納する変数
12      tgtPrice = WorksheetFunction.VLookup(Me("cmb_prdId" & i).Value, tgtRange, 4, False)
13      Me("txb_price" & i).Value = tgtPrice    ← 代入
                                                  VLookup関数を使って4列目
14                                                の値（定価）を返す
15      '数量の設定
16      Me("txb_qty" & i).Value = 1    ← 1を入れる
```

　定価の取得は、7-2（P.227参照）で作った「getName」関数とほぼ同じで、VLookup関数を使ってIDから定価を取得します。この使い方は1回だけなのでプロシージャ内に書いてしまいましたが、「getPrice」関数などとして、プロシージャを別に作って呼び出しても構いません。

　なお、「getName」関数で実装したエラー処理は、Gotoステートメントを併用して「エラーが起きたときはこの行へジャンプ」という内容でしたが、「On Error Resume Next」と書くと「エラーが起きたら無視して次の行へ進む」意味になります。ここではそれを使っています。

　動作確認してみると、商品IDを変更すると「数量」と「単価」が入るようになりました。連動して小計、合計も算出されています（**図23**）。

　ここまで自動で入力されれば、ユーザーは数量または単価を手直しして登録することができるの

で作業が楽になりますね。

図23　**動作確認**

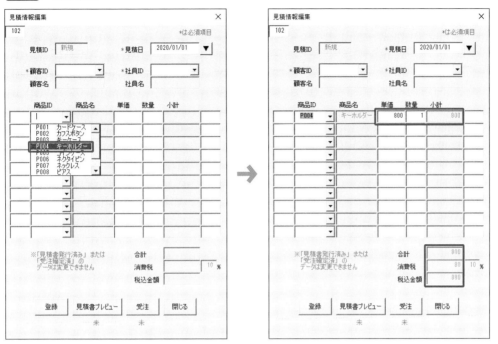

　さて、ここで1つ有効なテクニックを紹介します。コンボボックスの「Style」プロパティを「fmStyleDropDownList」にすると、ドロップダウンリストで表示される項目のみ、コンボボックス内に入力可能にすることができるという説明をしました（P.221 参照）。

　この設定を利用した場合、直接入力ができず、かつリストにある値しか選ぶことができなくなってしまうので、1度選択したら項目を空欄に戻すことができません。そのため、ドロップダウンリストに空欄を追加するテクニックを覚えておくと便利です。

　コンボボックスのソースを設定している、「M_Common」モジュールの「setCmbSrc」プロシージャを修正します。

　ここまでのコードは「RowSource」プロパティを設定していますが、この形では別の項目を追加できないので、配列を使って「List」プロパティで項目を設定する形に修正します。そこへ、引数として利用するシートが「S_Mst_Product（商品マスター）」だった場合、先頭に空白の項目を追加するという書き方をしています（**コード16**）。

CHAPTER 8

コード16 「setCmbSrc」プロシージャ

```
01  Public Sub setCmbSrc(ByVal tgtCmb As MSForms.ComboBox, ByVal ws As Worksheet)
02    '## コンボボックスのソース設定
03
04    tgtCmb.List = getWsData(ws)    ← 配列でリストボックスの項目を設定
05    If ws.CodeName = "S_Mst_Product" Then ← 商品マスターの場合
06      tgtCmb.AddItem "", 0   ← 先頭に空白の項目を追加
07    End If
08  End Sub
```

続けて、「F_Odr_Editor（見積情報編集）」フォーム」の「cmb_prdId_ChangeCommon」プロシージャに、変更された「商品ID」が空白だったときの処理を追加しましょう（**コード17**）。

コード17 商品ID変更の共通処理

```
01  Private Sub cmb_prdId_ChangeCommon(ByVal i As Long)  '位置番号を引数として持ってくる
02    '## 「商品ID1〜10」変更時（共通）
03
04    'IDから商品名を取得
05    Me("txb_prdName" & i).Value = getName(Me("cmb_prdId" & i).Value, S_Mst_Product)
06
07    If Me("cmb_prdId" & i).Value = "" Then   ← 商品IDが空白だったら
08      '数量と単価を空白にする
09      Me("txb_qty" & i).Value = ""
10      Me("txb_price" & i).Value = ""
11    Else ← 商品IDが空白じゃなかったら
12      '定価の取得
                                      略
13      '数量の設定
                                      略
14    End If
15  End Sub
```

これで動作確認してみると、「商品ID」リストボックスの先頭に空欄が追加されました。選択済みコンボボックスの項目を空白に戻すと、数量と単価が空白になり、小計と合計も更新されます（**図24**）。

図24 動作確認

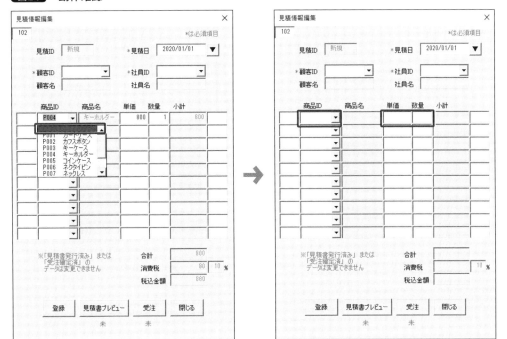

CHAPTER 8

8-4 フォームから親子データへの書き込み ～1フォームから2シートへ

データの読み込み、フォームの使い勝手について実装できましたので、いよいよフォームからシートへデータを書き込む実装をしていきましょう。

8-4-1 仕様と全体像

親子データの処理は複雑なので、まずは書き込みの際の仕様をチェックしておきます。

書き込みは、親部分→子部分の順番で進んでいきます。このとき、1行分のデータ（レコード）は「商品ID」「数量」「単価」のすべてが埋まっていないとNGとします（図25）。

処理対象かどうかは、明細IDのテキストボックス（子部分の左端の列）が埋まっているかによって判断します。IDのテキストボックスに入る文字列は、「登録済みのID」または「新規」とし、「新規」の場合は連番の新しいIDを取得します。

この仕様にするため、商品ID変更時の共通処理を行う「cmb_prdId_ChangeCommon」プロシージャに**コード18**の内容を追記しておきます。

図25 書き込みの順番とルール

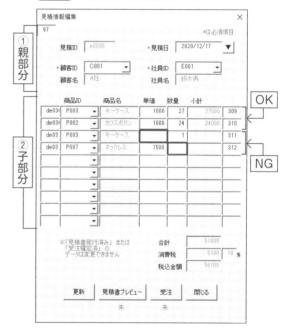

コード18 商品ID変更時の共通処理への追記

```
01  Private Sub cmb_prdId_ChangeCommon(ByVal i As Long) '位置番号を引数として持ってくる
02      '## 「商品ID1～10」変更時(共通)
03
04      'IDから商品名を取得
```

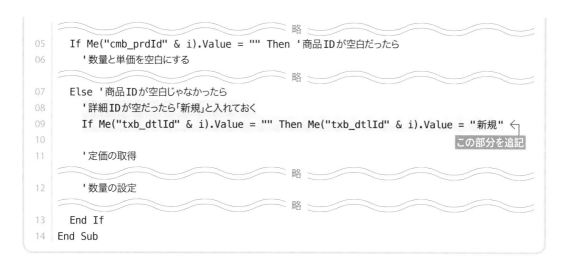

```
                              略
05  If Me("cmb_prdId" & i).Value = "" Then '商品IDが空白だったら
06     '数量と単価を空白にする
                              略
07  Else '商品IDが空白じゃなかったら
08     '詳細IDが空だったら「新規」と入れておく
09     If Me("txb_dtlId" & i).Value = "" Then Me("txb_dtlId" & i).Value = "新規"
10
11     '定価の取得
                              略
12     '数量の設定
                              略
13  End If
14 End Sub
```

　この部分を追記

　これにより、見積ID（親）、明細ID（子）ともに「登録済みのID」または「新規」のどちらかが入っているレコードが処理対象となります（図26）。

図26　見積ID、明細IDが埋まっているものが対象

　また、見積の親データには削除機能を実装しません。修正が必要な場合は新たに作り直す仕様と

します。既存データをコピーして新規データに転用する機能もあると便利なので、そちらは
Appendix（P.392参照）で紹介しています。

子データのみ、「数量」を「0」にしたレコードは削除対象となります。また、「商品ID」コンボボックスで「空欄」を選択して「数量」「単価」が空白になった場合（**8-3-4**で実装）も削除対象となります（**図27**）。削除は登録済みデータにのみ適用され、新規の場合は登録されません。

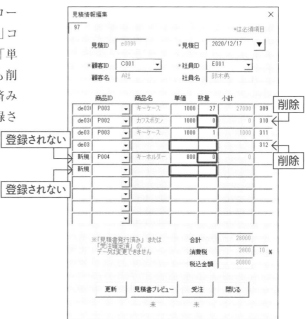

図27 削除のルール

それでは、コードを書いていきましょう。

「F_Odr_Editor（見積情報編集）」フォームの「登録」ボタンをダブルクリックして、「btn_edit_Click」プロシージャを作成します（**図28**）。

図28 イベントプロシージャを作成

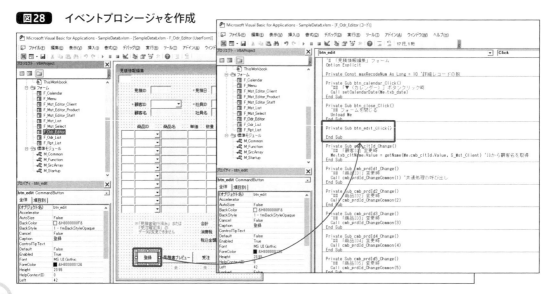

まずは、全体像を書き込んでどのように処理を進めていくのか確認しておきます（**コード19**）。

コード19 全体像

```
01  Private Sub btn_edit_Click()
02    '## 「登録」ボタンクリック時
03
04    Dim i As Long   ← 汎用変数（何度も登場するので冒頭で宣言しておく）
05
06    '必須項目チェック（親）   ← コード20にて
07
08    '必須項目チェック（子）   ← コード21にて
09
10    '値チェック   ← コード22にて
11
12    '確認メッセージ   ← コード23にて
13
14    '値の書き込み（親）   ← コード25にて
15
16    '値の書き込み（子）   ← コード26にて
17
18    '削除（子/対象がある場合のみ）   ← コード29にて
19
20    '一覧と編集フォームの更新   ← コード30にて
21
22    '終了メッセージ   ← コード32にて
23  End Sub
```

それでは、ここに各ブロックの処理を書いていきます。

8-4-2 チェック～確認メッセージ部分

8-4-1の**コード19**の「必須項目チェック（親）」部分に**コード20**を書きます。ここは、マスターの編集で書いたものと同じ書き方です。

コード20 親項目のチェック

```
01  '必須項目チェック（親）
02  If Me.txb_date.Value = "" Or _
03     Me.cmb_cltId.Value = "" Or _
04     Me.cmb_stfId.Value = "" Then   ← 見積日・顧客ID・社員IDのいずれかが空白だったら
```

```
05    MsgBox "必須項目が入力されていません", vbOKOnly + vbExclamation, "注意" ←
06    Exit Sub ← 終了                              メッセージボックスを出力
07  End If
```

8-4-1の**コード19**の「必須項目チェック（子）」部分に**コード21**を書きます。ここでは、「商品ID」「数量」「単価」がすべて揃っているかチェックします。あわせて、「数量」がゼロのものが1つ以上見つかった場合「hasNoQty」フラグをTrueにしておき、のちほど確認メッセージ出力部分で使います。

コード21 子項目のチェック

```
01  '必須項目チェック(子)
02  Dim hasNG As Boolean, hasNoQty As Boolean ← NGフラグと数値ゼロフラグの宣言
03  For i = 1 To m_MAX_RCD ← 商品ID・数量・単価がすべて揃っているかチェックする
04    If Me("cmb_prdId" & i).Value <> "" Or _
05      Me("txb_qty" & i).Value <> "" Or _
06      Me("txb_price" & i).Value <> "" Then ← どれか1つでも埋まっている場合
07      If Me("cmb_prdId" & i).Value = "" Or _
08        Me("txb_qty" & i).Value = "" Or _
09        Me("txb_price" & i).Value = "" Then ← さらにその中で空白があったら
10        hasNG = True ← NGフラグを立てる
11      End If
12      If Me("txb_qty" & i).Value = 0 Then ← 数値ゼロがあったら
13        hasNoQty = True ← 数値ゼロフラグを立てる(確認メッセージで使う)
14      End If
15    End If
16  Next i
17  If hasNG Then ← NGがあったら
18    MsgBox "登録するデータには[商品ID・数量・単価]がすべて必要です", _
19      vbOKOnly + vbExclamation, "注意" ← メッセージボックスを出力
20    Exit Sub ← 終了
21  End If
```

8-4-1の**コード19**の「値チェック」部分に**コード22**を書きます。ここもマスターの編集で書いたものと同じ書き方です。

コード22 値チェック

```
01  '値チェック
02  If Not isAcceptDate(Me.txb_date) Then Exit Sub ← 見積日
03  For i = 1 To m_MAX_RCD
04    If Me("cmb_prdId" & i).Value <> "" Then ← 商品IDがあるもののみ
05      If Not isAcceptNum(Me("txb_qty" & i)) Then Exit Sub ← 数量
```

```
06      If Not isAcceptNum(Me("txb_price" & i)) Then Exit Sub  ←単価
07    End If
08  Next i
```

8-4-1の**コード19**の「確認メッセージ」部分に**コード23**を書きます。数値がゼロのものがあった場合hasNoQtyフラグがTrueになっている（**コード21**にて）ので、そのときだけ表示されるメッセージを組み込みます。

コード23 確認メッセージの出力

```
01  '確認メッセージ
02  Dim msgText As String
03  If Me.btn_edit.Caption = "登録" Then
04    '新規の場合
05    msgText = "データを新規登録します。"
06    If hasNoQty Then msgText = msgText & vbNewLine & "[数量]が 0 の行は登録されません。"
07  Else
08    '更新の場合
09    msgText = "データを更新します。"
10    If hasNoQty Then msgText = msgText & vbNewLine & "[数量]が 0 の行は削除されます。"
11  End If
12  msgText = msgText & vbNewLine & "よろしいですか?"            キャンセルなら終了
13  If MsgBox(msgText, vbOKCancel + vbQuestion, "確認") = vbCancel Then Exit Sub  ←
```

ここまでが、書き込み前に事前にチェックする部分です。

8-4-3 データの書き込み部分

いよいよシートに書き込む部分を実装していきましょう。

書き込み時、「見積ID」または「明細ID」が「新規」となっていた場合、新規IDが必要です。シートを指定すると連番の新規IDを取得できる関数を作りましょう。

「M_Function」モジュールに新たに「getNewId」プロシージャを作成します（**コード24**）。

コード24 新規IDを取得する関数

```
01  Public Function getNewId(ByVal ws As Worksheet) As String
02    '## 新規IDの生成
03
04    'スタイルの定義
05    Dim prefix As String    ←文字部分
```

```vb
06    Dim digit As String        ←桁部分
07    If ws.CodeName = "S_Estimates1" Then    ←見積データ
08      '見積IDは「e0001」のスタイル    ←利用したいシートのIDスタイルを書いておく
09      prefix = "e"    ←文字部分
10      digit = "0000"    ←数字部分の桁
11    End If
12    If ws.CodeName = "S_Estimates2" Then    ←見積明細データ
13      '明細IDは「de0001」のスタイル
14      prefix = "de"    ←文字部分
15      digit = "0000"    ←数字部分の桁
16    End If
17
18    '数字部分を取り出す
19    Dim lastRow As Long
20    lastRow = getLastRow(ws)    ←最終行を取得
21    Dim lastId As String        ←最終ID用
22    If lastRow = 1 Then        ←見出しの行しかなかったら
23      lastId = "0"    ←ゼロ
24    Else
25      lastId = ws.Cells(lastRow, 1)        ←最終行のIDを取得
26      lastId = Replace(lastId, prefix, "")    ←頭文字を除去
27    End If
28
29    '新規ナンバー取得
30    Dim newNum As Long
31    newNum = CLng(lastId) + 1    ←数値をひとつ増やす
32
33    '新規IDを返す
34    getNewId = prefix & Format(newNum, digit)    ←頭文字と"0"増しした数字を合成
35  End Function
```

8-4-1の**コード19**の「値の書き込み（親）」部分に**コード25**を書きます。「見積ID」に「新規」と入っていた場合のみ**コード24**の関数を使って新規IDを取得して上書きし、その内容でシートに書き込みます。

コード25 親要素の書き込み

```vb
01  '値の書き込み(親)
02  Dim tgtRow As Long    ←変数宣言
03  tgtRow = Me.txb_tgtRow.Value    ←親行数の代入
04  If Me.txb_estId.Value = "新規" Then Me.txb_estId.Value = getNewId(S_Estimates1)←
05  With S_Estimates1    ←書き込み対象シート        新規だったら新IDで上書き
06    .Cells(tgtRow, 1).Value = Me.txb_estId.Value    ←見積ID
```

```
07    .Cells(tgtRow, 2).Value = getWriteDate(Me.txb_date) ←見積日
08    .Cells(tgtRow, 3).Value = Me.cmb_cltId.Value ←顧客ID
09    .Cells(tgtRow, 4).Value = Me.cmb_stfId.Value ←社員ID
10  End With
```

8-4-1の**コード19**の「値の書き込み（子）」部分に**コード26**を書きます。ちょっと複雑なので、まずはForとIfの枠組みから書いてみましょう。レコードの数だけ繰り返すForの中で、まずは「明細IDが空白ではない」場合が処理対象となります。さらにその条件の中で、「数量がゼロまたは空白」の場合が「削除対象」、それ以外が「登録対象」という枠組みになっています。

コード26　子要素の書き込み

```
01  '値の書き込み(子)
02  For i = 1 To m_MAX_RCD
03    If Me("txb_dtlId" & i).Value <> "" Then ←明細IDが空白でない場合
04
05      '処理対象
06      If Me("txb_qty" & i).Value = 0 Or Me("txb_qty" & i).Value = "" Then ←
07                                          数量がゼロまたは空白の場合
08        ←削除対象の処理
09
10      Else  ←それ以外
11
12        ←登録対象の処理
13
14      End If
15
16    End If
17  Next i
```

この枠組みに対して、「登録対象の処理」に関する部分を追記します（**コード27**）。Forの前で変数を宣言してから、既存データと新規データの場合でそれぞれIDと行数を取得して、書き込みます。

コード27　登録対象の処理

```
01  '値の書き込み(子)
02  Dim tgtDRow As Long ←子行数用
03  Dim tgtDId As String ←子ID用
04  For i = 1 To m_MAX_RCD
05    If Me("txb_dtlId" & i).Value <> "" Then '明細IDが空白でない場合
06
```

```
07      '処理対象
08      If Me("txb_qty" & i).Value = 0 Or Me("txb_qty" & i).Value = "" Then  ←  数量がゼロまたは空白の場合
09
10          ← 削除対象の処理
11
12      Else
13
14          '登録対象の処理
15          If Me("txb_dtlId" & i).Value = "新規" Then
16            tgtDId = getNewId(S_Estimates2)  ←  新規ID
17            tgtDRow = getLastRow(S_Estimates2) + 1   ←  新規行
18          Else
19            tgtDId = Me("txb_dtlId" & i).Value        ←  対象ID
20            tgtDRow = Me("txb_tgtDRow" & i).Value     ←  対象行
21          End If
22          With S_Estimates2  ←  書き込み対象シート
23            .Cells(tgtDRow, 1).Value = tgtDId  ←  明細ID
24            .Cells(tgtDRow, 2).Value = Me.txb_estId.Value  ←  見積ID
25            .Cells(tgtDRow, 3).Value = Me("cmb_prdId" & i).Value  ←  商品ID
26            .Cells(tgtDRow, 4).Value = CCur(Me("txb_price" & i).Value)  ←  単価
27            .Cells(tgtDRow, 5).Value = CLng(Me("txb_qty" & i).Value)   ←  数量
28          End With
29
30      End If
31
32    End If
33  Next i
```

8-4-4 削除部分

8-4-3のコード27まで書いたものに、「削除対象の処理」に関する部分を追記します（コード28）。
削除対象のレコードが見つかったときに、そこで削除してしまうと行数がズレてしまうため、この部
分では削除対象の「明細ID」を、「delId()」という配列に格納だけしておきます。

コード28 削除対象の処理

```
01  '値の書き込み(子)
02  Dim tgtDRow As Long '子行数用
03  Dim tgtDId As String '子ID用
04  Dim delId() As String  ←  削除対象ID格納配列
05  Dim n As Long  ←  削除数カウント用
```

```
06  n = -1 ←──初期値
07  For i = 1 To m_MAX_RCD
08    If Me("txb_dtlId" & i).Value <> "" Then '明細IDが空白でない場合
09
10      '処理対象
11      If Me("txb_qty" & i).Value = 0 Or Me("txb_qty" & i).Value = "" Then '数量がゼロまたは空白の場合
12
13        '削除対象の処理
14        If Me("txb_dtlId" & i).Value <> "新規" Then ←──新規以外(登録済ID)の場合
15          n = n + 1 ←──要素数をカウントアップ
16          ReDim Preserve delId(n) ←──配列の要素を再定義
17          delId(n) = Me("txb_dtlId" & i).Value ←──削除対象IDとして格納しておく
18        End If
19
20      Else
21
22        '登録対象の処理
                            ～～～～～  略  ～～～～～
23
24      End If
25
26    End If
27  Next i
```

書き込みが終わったあと、格納していた削除対象の「delId()」配列の中に入っているIDを探して削除しましょう。

8-4-1の**コード19**の「削除(子/対象がある場合のみ)」部分に**コード29**を書きます。6-3-2で作った「getIdRow」関数(P.191参照)を使って、配列に入っているIDをすべて削除しています。

> **コード29** 削除を実行する

```
01  '削除(子/対象がある場合のみ)
02  If n <> -1 Then ←──削除対象のIDがあったら
03    Dim tgtDelRow As Long
04    For i = 0 To n ←──対象の数だけ
05      tgtDelRow = getIdRow(delId(i), S_Estimates2) ←──対象IDがある行数を取得
06      If tgtDelRow <> 0 Then S_Estimates2.Rows(tgtDelRow).Delete ←──行を削除
07    Next i
08  End If
```

CHAPTER
8

8-4-5 登録後の処理

チェックから登録まですべて終了したら、変更を反映するため、「F_Odr_List（見積一覧）」フォームのリストボックスの更新と、「F_Odr_Editor（見積情報編集）」フォームの再読み込みを行います。

マスター編集を作ったときは、一覧のリストボックス更新のコードを「F_Mst_List（マスター一覧）」フォームモジュールに書いていました（**6-3-3** P.194参照）。これは、編集フォームが3つに分岐する上、登録／更新／削除後は編集フォームが閉じる仕様になっていたので、自身に書いたほうが、効率がよかったためです。

ここでは、「F_Odr_Editor（見積情報編集）」フォームで登録／更新を行ったあと、そのまま続けて見積書の発行や受注登録なども行う可能性があるため、登録と更新を行うたびにフォームが閉じてしまうと利便性がよくありません。したがって、編集フォームは閉じないまま、「F_Odr_List（見積一覧）」フォームのリストボックスの更新と、自身の再読み込みを行います。

この更新処理は別の場所でも使うので、「reloadForm」という名前で別のプロシージャを新しく作ります。先に**8-4-1**の**コード19**の「一覧と編集フォームの更新」部分で呼び出す記述を書いておきます（**コード30**）。

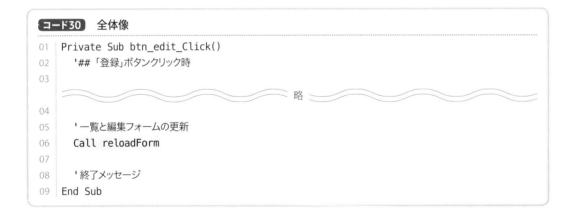

```
コード30  全体像
01  Private Sub btn_edit_Click()
02      '## 「登録」ボタンクリック時
03
                                  略
04
05      '一覧と編集フォームの更新
06      Call reloadForm
07
08      '終了メッセージ
09  End Sub
```

「reloadForm」プロシージャを、同じ「F_Odr_Editor（見積情報編集）」フォームモジュール内に新たに作ります（**コード31**）。プロシージャの順番はどこでも構いませんが、離れている場合、検索や**8-3-3**（P.274参照）で紹介した呼び出し先への移動が便利です。

コード31　フォームの更新

```
01  Private Sub reloadForm()
02    '## 一覧と編集フォームの更新
03
04    Dim i As Long '汎用変数
05
06    '見積一覧のリストボックス更新
07    With F_Odr_List
08      i = .lbx_table.topIndex  ← 更新前の位置を取得
09      .lbx_table.List = getOdrSrc( _
10        .txb_date1.Value, _
11        .txb_date2.Value, _
12        .txb_estId.Value, _
13        .cmb_cltId.Value)  ← ソースを再設定
14      If i <> 0 Then .lbx_table.topIndex = i  ← 位置を戻す（更新時のズレ防止）
15
16      If .lbx_table.ListIndex = -1 Then  ← リストボックスが選択されていなかったら（新規だったら）
17        .lbx_table.Selected(0) = True    ← 先頭を選択
18      End If
19    End With
20
21    'フォームのクリア
22    Me.txb_estId = ""    ← 見積ID
23    Me.txb_date = ""     ← 見積日
24    Me.cmb_cltId = ""    ← 顧客ID
25    Me.cmb_stfId = ""    ← 社員ID
26    For i = 1 To m_MAX_RCD
27      Me("txb_dtlId" & i).Value = ""  ← 明細ID
28      Me("cmb_prdId" & i).Value = ""  ← 商品ID
29      Me("txb_price" & i).Value = ""  ← 単価
30      Me("txb_qty" & i).Value = ""    ← 数量
31      Me("txb_tgtDRow" & i).Value = ""  ← 行数
32    Next i
33
34    '再読み込み
35    Call UserForm_Initialize
36  End Sub
```

CHAPTER 8

　最後に、**8-4-1**の**コード19**の「終了メッセージ」部分です。「登録/更新」ボタンのキャプションを使って「○○しました」と表示したいのですが、終了メッセージの前にフォームを更新するため、キャプションが変わってしまう場合があります。そのため、更新前にキャプションの内容を変数に入れておき、メッセージはそれを使います（**コード32**）。

コード32 終了メッセージ

```
01  Private Sub btn_edit_Click()
02    '## 「登録」ボタンクリック時
03
            ～～～～～～～～～～ 略 ～～～～～～～～～～
04
05    '終了メッセージ用の「登録/更新」を取得
06    Dim btnCaption As String
07    btnCaption = Me.btn_edit.Caption      ← ボタンのキャプションを変数に入れておく
08                                            （再読み込みで変わってしまうため）
09    '一覧と編集フォームの更新
10    Call reloadForm
11
12    '終了メッセージ
13    MsgBox btnCaption & "しました", vbOKOnly + vbInformation, "終了"   ← メッセージ出力
14  End Sub
```

　動作確認してみましょう。登録後、フォームが閉じずに内容が再読み込みされるため、「新規」だった部分には登録後のIDが入っています（**図29**）。テキストボックスが小さいため見切れていますが、中にカーソルを入れると確認できます。

図29 動作確認

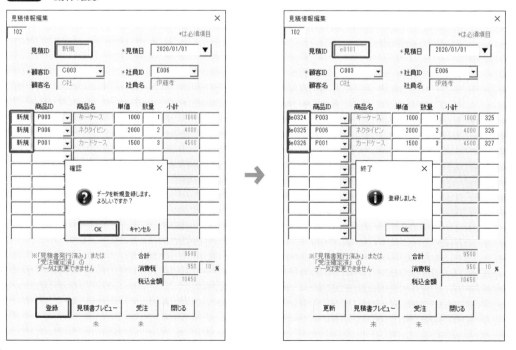

削除は、**図30**のような形になります。

図30　削除時の動き

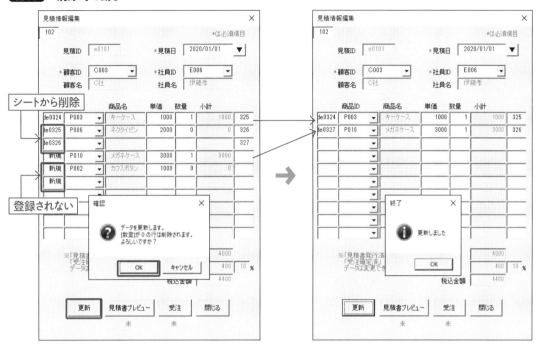

なお、「登録/更新」時に表示されるメッセージは**表3**のようになっています。

表3　メッセージ一覧

条件	表示メッセージ
新規登録の場合	データを新規登録します。よろしいですか？
更新の場合	データを更新します。よろしいですか？
新規登録で数値ゼロが存在する場合	データを新規登録します。[数量]が0の行は登録されません。よろしいですか？
更新で数値ゼロが存在する場合	データを更新します。[数量]が0の行は削除されます。よろしいですか？
親部分の必須項目が埋まっていない場合	必須項目が入力されていません
子部分1レコードの商品ID・数量・単価のどれか1つが埋まっていて、さらにその3つがすべて揃っていない場合	登録するデータには[商品ID・数量・単価]がすべて必要です
単価/数量の値が正の整数でない場合	'単価'/'数量' には 数値/正の数値/整数 を入力してください

　これで親子データを編集するフォームが実装できました。ユーザーに不要なコントロールは「Visible」プロパティを「False」にして隠してしまいましょう（図31）。

図31 ユーザに不要なコントロールを非表示にする

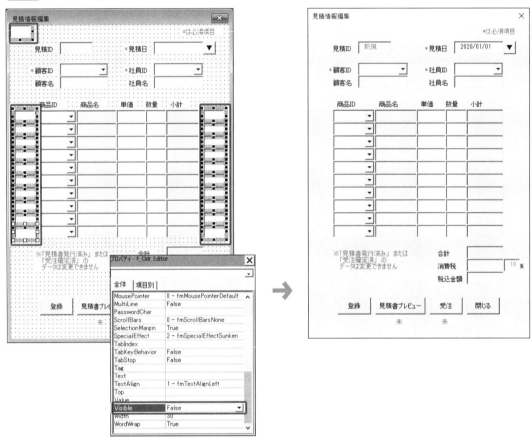

CHAPTER

9

プレビューフォームと
受注フォーム

9-1 関連データへの連携
～変更の有無をチェックする

CHAPTER8までで、見積を登録する機能ができました。続けてこのフォームから「見積書の発行」と「受注」ができるようにしてみましょう。

9-1-1 フォームの作成と開く設定

VBEの「挿入」→「ユーザーフォーム」にて、新しいフォームを2つ挿入し、表1のように設定します（図1）。

表1 新たに挿入したフォームの設定

オブジェクト名	キャプション
F_Rpt_Preview	伝票プレビュー
F_Odr_Fix	受注

図1 新たなフォームを2つ挿入

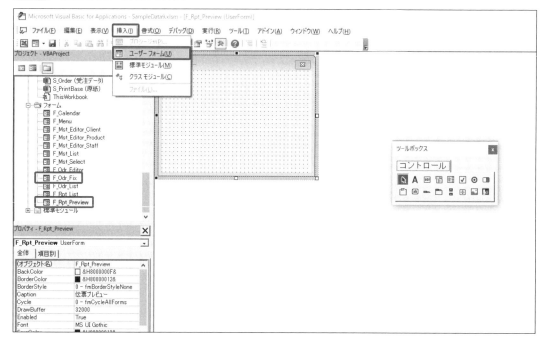

「F_Odr_Editor（見積情報編集）」フォームの「btn_preview（見積書プレビュー）」ボタン、「btn_order（受注）」ボタンから、それぞれイベントプロシージャを作成して対応したフォームが開く**コード1**を実装します（**図2**）。

コード1 ボタンから対応したフォームを開く

```
01  Private Sub btn_order_Click()
02      '## 「受注」ボタンクリック時
03      F_Odr_Fix.Show
04  End Sub
05
06  Private Sub btn_preview_Click()
07      '## 「見積書プレビュー」ボタンクリック時
08      F_Rpt_Preview.Show
09  End Sub
```

図2 イベントプロシージャの作成

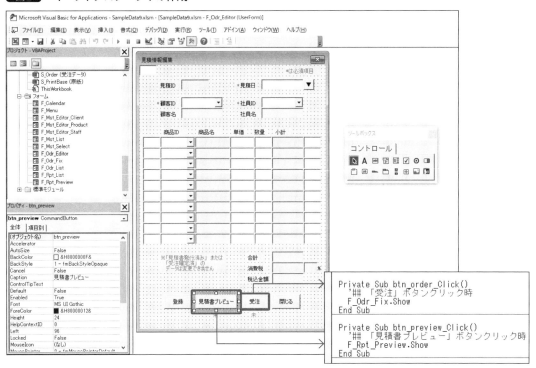

これで、各ボタンから対応したフォームが開くようになりました（**図3**）。

図3 動作確認

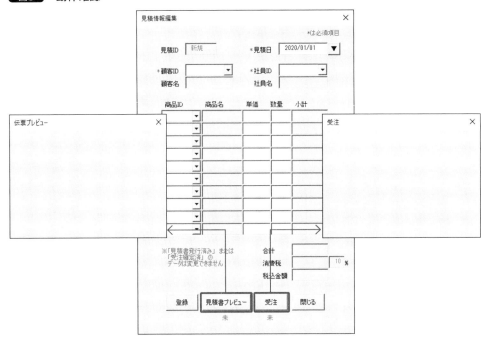

9-1-2 コントロールの使用可否の切り替え

この「見積書プレビュー」と「受注」では、処理が終了しているデータは再度処理ができてはいけないので、処理済みのものは無効にしておくのがよいでしょう。したがって、8-2-3で作成した「F_Odr_Editor（見積情報編集）」フォームモジュールの「setStatus」プロシージャ（P.268参照）でボタンの「Enabled（有効）」プロパティをFalseにする記述も追加します（**コード2**）。

コード2 ボタンの「Enabled（有効）」プロパティの設定

```
01  Private Sub setStatus()
02    '## 見積書・受注状況セット
03
04    With F_Odr_List.lbx_table
05      '見積書発行状況
06      If .List(.ListIndex, 3) <> "" Then
07        Me.lbl_preview.Caption = "済"
08        Me.btn_preview.Enabled = False     ← 「Enabled（有効）」プロパティの設定
09      End If
10
11      '受注状況
12      If .List(.ListIndex, 4) <> "" Then
```

```
13
14          Me.lbl_order.Caption = "済"
15          Me.btn_order.Enabled = False
16      End If
17  End With
18 End Sub
```

あわせて、「見積書」「受注」のいずれかが「済」になっている場合、データ編集を不可にします。

「lbl_message」は、常に表示されているよりも必要な場合にのみ表示されるほうが、効果があるので、オブジェクト画面で「Visible」を「False」にすることで、非表示をデフォルトとしておきます（図4）。

図4 注意メッセージをデフォルトで非表示にする

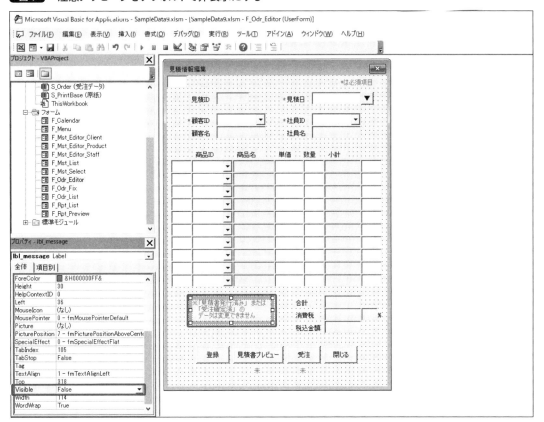

「setStatus」プロシージャに、「見積書」「受注」のいずれかが「済」だった場合、コントロールの無効とメッセージの表示を行うコードを追記します（コード3）。

コード3 編集不可とメッセージの表示

```
01  Private Sub setStatus()
02    '## 見積書・受注状況セット
03
04    With F_Odr_List.lbx_table
                              ── 略 ──
05    End With
06
07    If Me.lbl_preview.Caption = "済" Or Me.lbl_order.Caption = "済" Then ← どちらか「済」だったら
08      'データ編集不可
09      Me.txb_date.Enabled = False        ← 見積日
10      Me.btn_calendar.Enabled = False    ← カレンダーボタン
11      Me.cmb_cltId.Enabled = False       ← 顧客ID
12      Me.cmb_stfId.Enabled = False       ← 社員ID
13      Dim i As Long
14      For i = 1 To m_MAX_RCD
15        Me("cmb_prdId" & i).Enabled = False    ← 商品ID
16        Me("txb_price" & i).Enabled = False    ← 単価
17        Me("txb_qty" & i).Enabled = False      ← 数量
18      Next i
19      Me.lbl_message.Visible = True      ← メッセージ表示
20    End If
21  End Sub
```

動作確認してみると、状況によってデータ編集の可否やメッセージの有無が変わります（図5）。

図5 動作確認

9-1-3 データの変更チェック

もう1つ対策が必要な箇所があります。それは「フォーム上でデータを変更後、登録と更新を行わず見積書発行と受注へ進める」部分です。フォーム上のデータが変更されていても、データはシートに書き込まれていないので、不整合が発生する可能性があります。

この問題に対しては、既存データを読み込んだ最後に「登録／更新」ボタンを使用不可にしておき、変更があったら使用可にする、という処理を組み込みます。すると、「登録／更新」ボタンが使用可になっている場合は、まだフォーム上の変更が反映されていない状態だと判断することができます。

「F_Odr_Editor（見積情報編集）」フォームの「UserForm_Initialize」プロシージャに以下を追記します（コード4）。

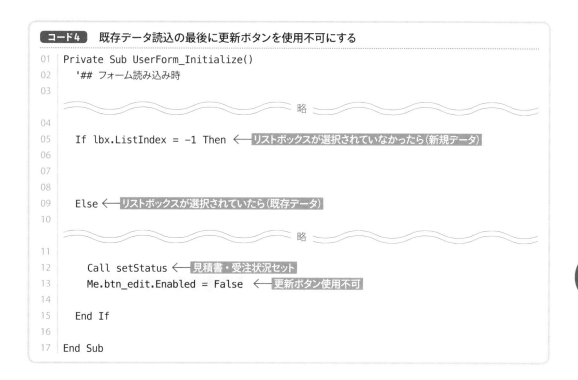

コード4 既存データ読込の最後に更新ボタンを使用不可にする

```
01  Private Sub UserForm_Initialize()
02    '## フォーム読み込み時
03
                          ～ 略 ～
04
05    If lbx.ListIndex = -1 Then ← リストボックスが選択されていなかったら(新規データ)
06
07
08
09    Else ← リストボックスが選択されていたら(既存データ)
10
                          ～ 略 ～
11
12      Call setStatus ← 見積書・受注状況セット
13      Me.btn_edit.Enabled = False ← 更新ボタン使用不可
14
15    End If
16
17  End Sub
```

データに変更があったら「登録／更新」ボタンを使用可にします。

子データは、「商品ID」「単価」「数量」それぞれに変更があった場合に必要ですが、ここまでの実装でこの3つが変更された場合はすべて「calcTotal（合計の算出）」プロシージャを通ることになっているので、このプロシージャの最後に「登録／更新」ボタンを使用可にする処理を1つ書けばOKです。

親データは、「見積日」「顧客ID」「社員ID」のChangeイベントにそれぞれ記述します。

CHAPTER
9

これらを**コード5**のように実装します。

コード5 「登録/更新」ボタンを使用可にする

```
01  Private Sub cmb_cltId_Change()
02      '## 「顧客ID」変更時
03      Me.txb_cltName.Value = getName(Me.cmb_cltId.Value, S_Mst_Client) 'IDから顧客名を取得
04      Me.btn_edit.Enabled = True  ←── 登録/更新ボタンを使用可にする
05  End Sub
06
07  Private Sub cmb_stfId_Change()
08      '## 「社員ID」変更時
09      Me.txb_stfName.Value = getName(Me.cmb_stfId.Value, S_Mst_Staff) 'IDから社員名を取得
10      Me.btn_edit.Enabled = True  ←── 登録/更新ボタンを使用可にする
11  End Sub
12
13  Private Sub txb_date_Change()  ←── 新しく作成する
14      '## 「見積日」変更時
15      Me.btn_edit.Enabled = True  ←── 登録/更新ボタンを使用可にする
16  End Sub
17
18  Private Sub calcTotal()
19      '## 合計の算出
20
                            略
21
22      'テキストボックスに代入
23      Me.txb_total.Value = total '合計
24      Me.txb_tax.Value = tax '消費税
25      Me.txb_tax_in_total.Value = taxInTotal '税込金額
26
27      '登録/更新ボタンを使用可にする
28      Me.btn_edit.Enabled = True
29  End Sub
```

9-1-1（P.297参照）で作成した、「btn_preview（見積書プレビュー）」ボタン、「btn_order（受注）」ボタンのイベントプロシージャにて、フォームを開く前に「登録/更新」ボタンが有効だったらメッセージを出して終了する記述を加えます（**コード6**）。

コード6　「登録／更新」ボタンが有効だったらメッセージを出して終了する

```
01  Private Sub btn_order_Click()
02      '## 「受注」ボタンクリック時
03
04      '変更チェック
05      If Me.btn_edit.Enabled = True Then    ← 登録／更新ボタンが有効だったら
06        Dim msgText As String
07        If Me.btn_edit.Caption = "登録" Then    ← 新規データの場合
08          msgText = "先にデータの登録を行ってください。"
09        Else    ← 既存データの場合
10          msgText = "データが変更されています。先に更新を行ってください。"
11        End If
12        MsgBox msgText, vbOKOnly + vbExclamation, "注意"
13        Exit Sub '終了
14      End If
15
16      F_Odr_Fix.Show
17  End Sub
18  ────────────────────────────────────────────────
19  Private Sub btn_preview_Click()
20      '## 「見積書プレビュー」ボタンクリック時
21
22      '変更チェック
23      If Me.btn_edit.Enabled = True Then    ← 登録／更新ボタンが有効だったら
24        Dim msgText As String
25        If Me.btn_edit.Caption = "登録" Then    ← 新規データの場合
26          msgText = "先にデータの登録を行ってください。"
27        Else    ← 既存データの場合
28          msgText = "データが変更されています。先に更新を行ってください。"
29        End If
30        MsgBox msgText, vbOKOnly + vbExclamation, "注意"
31        Exit Sub '終了
32      End If
33
34      F_Rpt_Preview.Show
35  End Sub
```

CHAPTER

9

　動作確認してみましょう。未登録／未更新のまま「見積書プレビュー」または「受注」ボタンをクリックすると、図6のメッセージが表示されて先に進めなくなります。

図6 動作確認

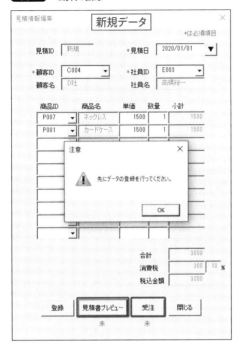

CHAPTER 9

9-2 伝票プレビューフォーム
～スクロールバーのあるフォーム

見積書を発行する前に、プレビューとして確認する画面を作り込んでいきます。

9-2-1 コントロールの配置

9-1で作成した「F_Rpt_Preview（伝票プレビュー）」フォームの大きさを広げ、**図7**と**表2**を参考にコントロールを配置していきます。❽は、はじめて使う**イメージ**というコントロールです。ページの都合によりプログラムで使わないラベルの詳細を割愛していますが、図を参考に配置してください。

また、**CHAPTER 10**以降別のフォームからも呼び出すことを踏まえて、今回は行数を格納するテキストボックス「txb_tgtRow」は使いません。

図7 「伝票プレビュー」フォームに配置するコントロール

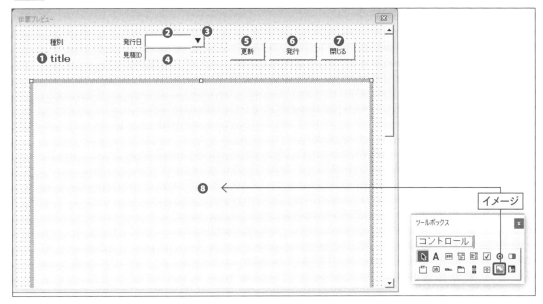

表2 コントロールの設定

図中の番号	種類	オブジェクト名	キャプション	備考
❶	ラベル	lbl_title	title	
❷	テキストボックス	txb_date	-	
❸	コマンドボタン	btn_calendar	▼	
❹	テキストボックス	txb_estId	-	Enabled → False（編集不可） BackColor→&H8000000F&（ボタンの表面）
❺	コマンドボタン	btn_reload	更新	
❻	コマンドボタン	btn_print	発行	
❼	コマンドボタン	btn_close	閉じる	
❽	イメージ	img_preview	-	

❹の見積IDを格納するテキストボックスは編集不可にして、背景色もグレーにしておきます。

このフォームには、A4タテの伝票プレビューを表示する予定なのですが、読める大きさで全体を表示するのは難しいので、フォームのスクロールバーを利用します。フォームを選択して「ScrollBars」プロパティを「2 - fmScrollBarsVertical」にすると、縦方向のスクロールバーが現れます。あわせて「ScrollHeight」プロパティを大きく設定することでスクロールする領域を変更できます。サンプルでは850にしています（図8）。

図8 フォームのスクロールバーを設定

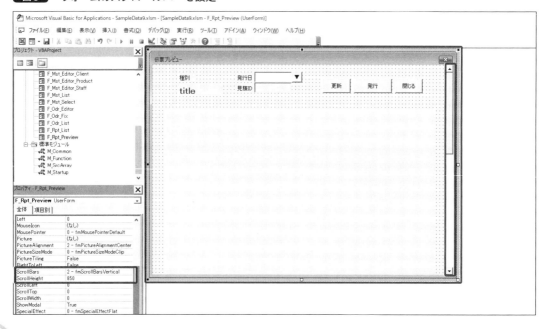

「イメージ」コントロールは、今回のケースでは**表3**のようにプロパティを変更しておくと使いやすくなります（**図9**）。

表3　イメージコントロールの設定

プロパティ	値	説明
BorderStyle	0 - fmBorderStyleNone	枠線なし
PicureAlignment	0 - fmPicureAlignmentTopLeft	画像が左上から配置される
PictureSizeMode	3 - fmPictureSizeModeZoom	縦横比固定で画像を引き伸ばす

「Width（幅）」と「Height（高さ）」は任意ですが、サンプルでは470と760にしています。

図9　プロパティウィンドウの設定

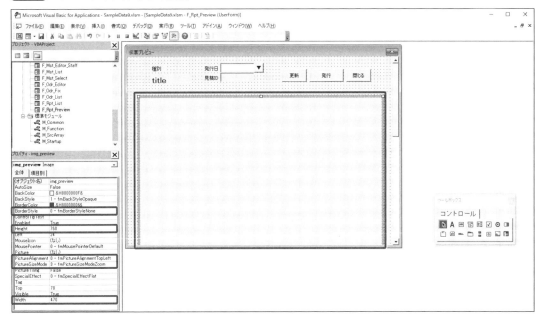

9-2-2　「原紙」シートを使った帳票作成の流れ

このフォームでは、帳票をPDFとして出力する機能と、出力前にフォーム上に確認用として表示する機能があります。コードを書く前に、どのようにこれらの機能を実装するのか、仕組みを説明しておきましょう。

この機能を実装するために必要なものは、プレビューとして「イメージ」コントロールに読み込ませる画像ファイル、出力するPDFファイル、画像とPDFをそれぞれ格納するフォルダー、そして、画像とPDFの「元」となる、伝票の形をさせたシートです（**図10**）。

CHAPTER
9

図10 必要なもの

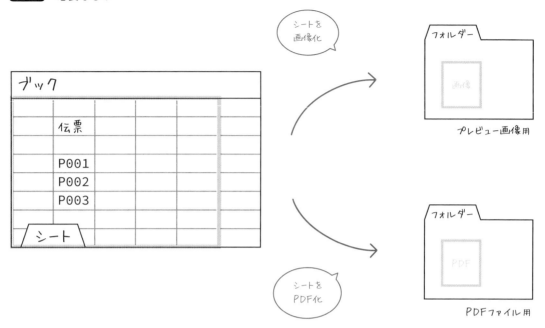

　フォルダーは、「C:¥Users¥～」のような固定のパスだとPC環境が変わったときに修正が必要になるため、本書では「ThisWorkbook.Path」というコードを使って、「現在操作しているxlsmファイルのパス」を取得し、同じフォルダー内の「preview」をプレビュー画像用、「各種伝票」をPDFファイル用フォルダーにしています。

　CHAPTER 9以降のサンプルでは、Sample○.xlsmと同じフォルダーに「preview」「各種伝票」フォルダーも作成してあります。

　サンプルには、「S_PrintBase（原紙）」というシートが含まれており、これを「元」のシートにします（図11）。

図11　「元」となるシート

　このシートに見積の情報を入れて使いたいのですが、原紙に直接データを書き込んでしまうと、次に使うときに「データをクリアする」工程が必要になります。

　もちろんそれでもよいのですが、今回この原紙は用途が見積書だけではないので、原紙を初期状態に戻すのが少々面倒です。したがって、原紙シートをコピーして「印刷用」シートを作り、そこにデータを入れて使い、使用後は「印刷用」シートを削除する、という方法を採用します。

　原紙には印刷範囲が設定されており、コピーした印刷用シートにも引き継がれます。その印刷範囲を画像化またはPDF化して使います。また、イメージコントロールに読み込める画像は bmpやgif、jpg など多数ありますが、本書ではjpg画像で解説します。

　流れとしては、「F_Rpt_Preview（伝票プレビュー）」フォームが開くときにシート側で原紙のコピー、データ転記、jpg画像作成を行い、フォーム側でイメージコントロールへ画像の読み込みを行います。この処理のあとにフォームが表示されるので、プレビュー画像をフォーム上で見ることができるのです。この時点で印刷用シートはできているので、PDF化もこのシートを利用します（**図12**）。

CHAPTER

9

図12 プレビューとPDF化の流れ

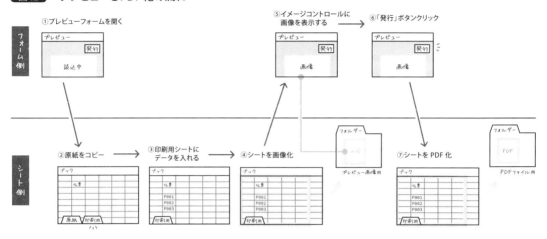

9-2-3 印刷用シートの作成

　それではまず、「F_Rpt_Preview（伝票プレビュー）」フォームが開くときに原紙をコピー、データの転記をして印刷用シートを作成するところまで実装してみましょう。

　まずは「F_Odr_Editor（見積情報編集）」フォームの「btn_preview（見積書プレビュー）」ボタンのイベントプロシージャです。

　「F_Rpt_Preview（伝票プレビュー）」フォームを開く前後に、確認メッセージや、開いたプレビューが閉じたあと、自身を再読み込みするコードを追加します（**コード7**）。

コード7 フォームを開く前後に追加

```
01  Private Sub btn_preview_Click()
02    '## 「見積書プレビュー」ボタンクリック時
03
04    Dim msgText As String  ← メッセージ用変数
05
06    '変更チェック
07    If Me.btn_edit.Enabled = True Then '登録/更新ボタンが有効だったら
08      Dim msgText As String  ← 汎用として移動
                        ～～～～～略～～～～～
09    End If
10                                            メッセージ作成
11    '確認メッセージ
12    msgText = "見積ID " & txb_estId.Value & " の見積書プレビューを表示します。" & vbNewLine & "よろしいですか?"
13    If MsgBox(msgText, vbOKCancel + vbQuestion, "確認") = vbCancel Then Exit Sub  ←
                                                    キャンセルなら終了
```

```
14
15    '「伝票プレビュー」フォームを開く
16    F_Rpt_Preview.Show
17
18    'フォームの再読み込み
19    Call reloadForm    ←—— 8-4-5で作成したものを呼び出す
20  End Sub
```

次に「F_Rpt_Preview（伝票プレビュー）」フォームに**コード8**を書きます。

フォームを開いたときに動く「UserForm_Initialize」を作成し、「F_Odr_Editor（見積情報編集）」フォームからの転記や、プレビュー画像を格納するフォルダーの存在確認を行っています。

格納フォルダーは、「ThisWorkbook.Path（現在操作しているxlsmファイルのパス）」内の「preview」フォルダーを指定し、ほかのプロシージャでも使う予定なので、宣言セクションにモジュール変数（**6-4-1** P.198参照）で宣言しています。

コード8 「F_Rpt_Preview（伝票プレビュー）」フォームモジュール

```
01  '# 「伝票プレビュー」フォーム
02  Option Explicit
03
04  Private m_imgPath As String ←—— プレビュー画像格納フォルダーのパス用
05  ─────────────────────────────────────
06  Private Sub UserForm_Initialize()
07    '## フォーム読み込み時
08
09    '必要項目設定
10    With F_Odr_Editor ←—— 「見積情報編集」フォーム
11      Me.lbl_title.Caption = "見積書" ←—— タイトル
12      Me.txb_estId.Value = .txb_estId.Value ←—— 見積ID
13      Me.txb_date.Value = .txb_date.Value ←—— 発行日
14      Me.btn_print.Caption = "見積書発行" ←—— ボタンのキャプション
15    End With
16
17    '必要フォルダーの存在チェック
18    Dim msgText As String ←—— メッセージ用変数
19    m_imgPath = ThisWorkbook.Path & "¥preview" ←—— プレビュー画像格納先
20    If Dir(m_imgPath, vbDirectory) = "" Then ←—— 存在しなかったら
21      msgText = "プレビュー画像を格納するフォルダーが存在しません。作成してよろしいですか?"
22      If MsgBox(msgText, vbOKCancel + vbQuestion, "確認") = vbCancel Then ←
23        Unload Me ←—— フォームを閉じる      キャンセルだったら
24        Exit Sub ←—— 終了
25      End If
26      MkDir m_imgPath ←—— フォルダー作成
```

CHAPTER
9

```
27     End If
28
29     Call setPrintSheet ← 印刷用シート作成（コード9）を呼び出し
30  End Sub
```

20行目のDir関数は、「Dir(パス, 属性)」と書くと、存在しない場合は空白が返ってくるので、フォルダーやファイルの存在確認ができます。

次に、**コード8**で最後に呼び出しているsetPrintSheetプロシージャを同じ「F_Rpt_Preview（伝票プレビュー）」フォームに新たに作成します（**コード9**）。

コード9 「setPrintSheet」プロシージャ

```
01  Private Sub setPrintSheet()
02     '## 「印刷用」シートの作成
03
04     '原紙コピー
05     S_PrintBase.Copy After:=Worksheets(Worksheets.Count) ← 原紙をシートの最後へコピー
06     Dim ws As Worksheet
07     Set ws = ActiveSheet ← アクティブシート（新しくコピーされたシート）を変数へ入れる
08
09     '基礎情報を変数へ
10     Dim rptType As String ← 伝票の種類
11     rptType = Me.lbl_title.Caption
12     Dim estId As String ← 見積ID
13     estId = Me.txb_estId.Value
14
15     '文面を変数へ
16     Dim rptText As String ← 文面
17     rptText = "下記の通りお見積もり申し上げます。"
18     Dim rptPrice As String ← 金額部分
19     rptPrice = "お見積金額"
20
21     '基礎情報・文面などを記載
22     ws.name = "印刷用" ← シート名
23     ws.Range("B3").Value = rptType ← 伝票の種類
24     ws.Range("B7").Value = rptText ← 文面
25     ws.Range("B9").Value = rptPrice ← 金額部分
26     ws.Range("G3").Value = "発行日: " & Me.txb_date.Value ← 日付
27     ws.Range("G4").Value = "見積ID: " & Me.txb_estId.Value ← 見積ID
28
29     '見積IDから顧客名を取得して記載
30     Dim cltId As String
```

```
31    cltId = S_Estimates1.Cells(getIdRow(estId, S_Estimates1), 3).Value  ←顧客ID取得
32    ws.Range("B6").Value = getName(cltId, S_Mst_Client)  ←顧客名を記載
33
34    'データ転記
35    Dim tgtData() As Variant
36    tgtData = getWsData(S_Estimates2)  ←見積明細シートから配列へ格納
37    Dim startRow As Long
38    startRow = 13  ←印刷用シートでスタートする行数
39    Dim i As Long, n As Long
40    For i = LBound(tgtData) To UBound(tgtData)
41      If tgtData(i, 2) = estId Then  ←見積IDが一致するもののみ
42        ws.Cells(startRow + n, 2).Value = tgtData(i, 1)  ←明細ID
43        ws.Cells(startRow + n, 3).Value = tgtData(i, 3)  ←商品ID
44        ws.Cells(startRow + n, 4).Value = getName(tgtData(i, 3), S_Mst_Product)←
45        ws.Cells(startRow + n, 5).Value = tgtData(i, 4)  ←単価          商品名
46        ws.Cells(startRow + n, 6).Value = tgtData(i, 5)  ←数量
47        ws.Cells(startRow + n, 7).Value = tgtData(i, 4) * tgtData(i, 5)←小計
48
49        n = n + 1  ←カウントアップ
50      End If
51    Next i
52
53    S_Menu.Select  ←「メニュー」シートを選択
54  End Sub
```

　プロシージャの最後で「メニュー」シートを選択しているのは、5行目で原紙をコピーした際、新しくできたシートが選択されてしまうので、「メニュー」へ戻すためです。

　ここで動作確認してみましょう。見積書が未発行のデータを選んで「見積書プレビュー」をクリックすると、確認メッセージが表示されます（図13）。

図13 動作確認

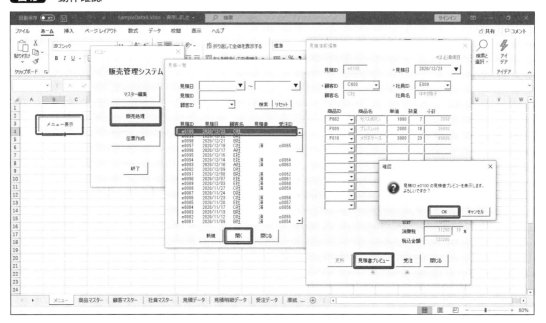

　伝票プレビューのフォームが表示されますが、まだ画像の作成まで行っていないので、プレビューは表示されません（**図14**）。これでいったんフォームをすべて閉じます。

図14 フォームが表示された

　シートを見てみると、「原紙」の次に「印刷用」シートが作られ、選択したIDの見積書が作成されているのがわかります（**図15**）。消費税や合計金額は、あらかじめ原紙に入力されていた計算式で算出しているので、税率などを変更する場合、この部分の式を修正してください。

図15 印刷用シートができている

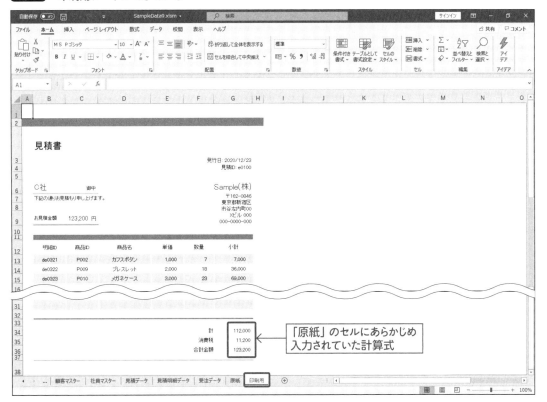

9-2-4 シートの削除

この状態でもう一度同じ操作をすると、すでに印刷用シートは存在しているので、コピーの際エラーになってしまいます。新しいシートを作る前に、印刷用シートの有無をチェックして、あったら削除する、という工程を「F_Rpt_Preview（伝票プレビュー）」フォームの「UserForm_Initialize」へ追加します（**コード10**）。

コード10 印刷用シートの削除を追加

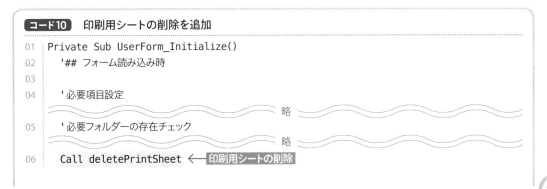

```
01  Private Sub UserForm_Initialize()
02      '## フォーム読み込み時
03
04      '必要項目設定
                                    略
05      '必要フォルダーの存在チェック
                                    略
06      Call deletePrintSheet    ← 印刷用シートの削除
```

```
07    Call setPrintSheet '印刷用シート作成
08  End Sub
09  ────────────────────────────────────────
10  Private Sub deletePrintSheet()  ←─ 新しく追加
11    '## 「印刷用」シートの削除
12
13    On Error Resume Next  ←─ エラー時は次の行へ
14    Application.DisplayAlerts = False  ←─ アラート一時停止
15    Worksheets("印刷用").Delete  ←─ 印刷用シート削除
16    Application.DisplayAlerts = True  ←─ アラート復活
17  End Sub
```

「deletePrintSheet」プロシージャを新たに作り、それを印刷用シート作成の前で呼び出しています。シートの削除は「Worksheets("印刷用").Delete」の1行だけですが、印刷用シートが存在しない場合はエラーになるので、プロシージャの最初で「エラーが発生したら無視して次の行へ進む」を入れることで回避します。

また、ただ削除のコードを書いただけでは、シート上でマウス操作の削除と変わらないので、図16のメッセージが出てしまいます。

図16 削除前の確認メッセージ

このような自動で表示される確認メッセージは、表示を制御することができます。ただ、表示を止めたままにするのはよくないので、削除の直前だけ停止し、直後に停止を解除するのがよいでしょう。

また、印刷用シートはプレビューのフォームが開いているときにしか必要がないので、フォームが閉じるときに印刷用シートを削除する記述も書いておきましょう。

「閉じる」ボタンのクリックイベントでフォームを閉じるコードを書きますが、ここでシート削除の「deletePrintSheet」は呼び出しません。右上の「×」ボタンで閉じられる可能性もあるからです。このような場合、「UserForm_Terminate」という「フォームが閉じるとき」に動くイベントプロシージャを使うと、どちらの場合にも対応できます（**コード11**）。

コード11 フォームが閉じるときに印刷用シートを削除する

```
01  Private Sub btn_close_Click()
02    '## 「閉じる」ボタンクリック時
03    Unload Me ← フォームを閉じる
04  End Sub
05  ────────────────────────────────
06  Private Sub UserForm_Terminate()
07    '## フォームが閉じるとき
08    Call deletePrintSheet ← 印刷用シート削除
09  End Sub
```

これで、印刷用シートの作成、削除までの実装ができました。

CHAPTER 9

9-3 プレビューと出力
～シートから別形式へ

作成した印刷用シートから、jpg画像やPDFファイルを出力する実装を行います。

9-3-1 jpgファイルの作成とimageコントロールへの読み込み

「F_Rpt_Preview（伝票プレビュー）」フォームの「UserForm_Initialize」プロシージャで、印刷用シートを作成したあとに、シートからjpg画像の作成、イメージコントロールへの設定を行う処理を加えます（**コード12**）。

コード12 画像の作成と読み込みを追加

```
01  Private Sub UserForm_Initialize()
02      '## フォーム読み込み時
03
04      '必要項目設定
                                    略
05      '必要フォルダーの存在チェック
                                    略
06      Call deletePrintSheet '印刷用シートの削除
07      Call setPrintSheet '印刷用シート作成
08      Call makeImg  ← 画像を作成
09      Me.img_preview.Picture = LoadPicture(m_imgPath & "¥preview.jpg")  ← イメージを設定
10  End Sub
11
12  Private Sub makeImg()  ← 新しく追加
13      '## 画像の作成
14
15      'シートの指定
16      Dim ws As Worksheet
17      Set ws = Sheets("印刷用")
18
19      '範囲のコピー
20      Dim tgtRange As Range
```

318

```
21    Set tgtRange = ws.Range(ws.PageSetup.printArea) ←   シートに設定してある「印刷範囲」を
                                                           ターゲットにする
22    tgtRange.CopyPicture ←  画像としてコピー
23
24    '画像の作成
25    With ws.ChartObjects.Add(0, 0, tgtRange.Width, tgtRange.Height).Chart ←
26       .Parent.Select ←  親オブジェクトを選択          同じ大きさのChartオブジェクトを作成
27       .Paste   ←  コピーした画像を貼り付け
28       .Export fileName:=m_imgPath & "¥preview.jpg", FilterName:="JPG" ←  jpg画像として
                                                                            書き出し
29       .Parent.Delete ←  オブジェクトを削除
30    End With
31  End Sub
```

「UserForm_Initialize」プロシージャから「makeImg」プロシージャを呼び出し、jpg画像を作成します。VBAでは、Chartオブジェクト（グラフなどが埋め込まれるオブジェクト）に画像形式として書き出すメソッドが備わっているので、それを利用します。

印刷範囲と同じ大きさのChartオブジェクトを作成し、そこに印刷範囲の内容を貼り付け、9-2-3のコード8（P.311参照）の19行目で指定したフォルダーに「preview.jpg」として書き出します（すでにある場合は上書きされます）。書き出したあと、Chartオブジェクトは不要になるので、最後に削除しています。

画像作成後「UserForm_Initialize」プロシージャに戻り、「img_preview」コントロールに、作成したjpg画像を読み込ませています（11行目）。

動作確認してみましょう。「F_Rpt_Preview（伝票プレビュー）」フォームを表示させると、イメージコントロールに画像が読み込まれました（図17）。

図17 画像が読み込めた

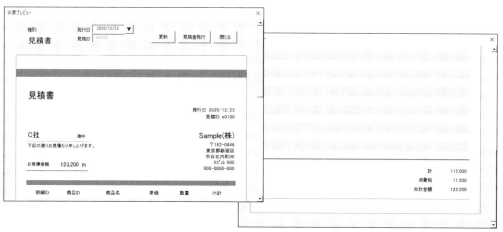

CHAPTER
9

「preview」フォルダーの中に「preview.jpg」が作成されています（**図18**）。この画像をフォーム上のイメージコントロールに読み込ませているのです。

図18 「makeImg」プロシージャで作成された画像ファイル

「F_Rpt_Preview（伝票プレビュー）」フォームが開いた時点では、発行日には見積日がそのまま転記されています。修正してプレビューを更新できるようにしてみましょう（**コード13**）。

プレビュー画像読み込みの一連の処理を「loadPreview」というプロシージャに移動し、フォームの読み込み時、更新ボタンクリック時のどちらからでも呼び出せるようにしています。また、カレンダーのボタンもここで使えるようにしておきます。

コード13 カレンダーと更新ボタンの実装

```
01  Private Sub btn_calendar_Click()  ←─ 追加
02    '## 「▼（カレンダー）」ボタンクリック時
03    Call setCalendarDate(Me.txb_date)
04  End Sub
05  ────────────────────────────────────
06  Private Sub btn_reload_Click()  ←─ 追加
07    '## 「更新」ボタンクリック時
08
09    If Not IsDate(Me.txb_date.Value) Then  ←─ 日付と認識できなかったら
10      MsgBox "正しい日付を入力してください", vbOKOnly + vbExclamation, "注意"
11      Exit Sub
12    End If
13    Call loadPreview  ←─ プレビュー画像読み込みを呼び出し
14  End Sub
15  ────────────────────────────────────
16  Private Sub UserForm_Initialize()
17    '## フォーム読み込み時
18
```

```
19      '必要項目設定
        〜〜〜〜〜〜〜〜〜〜〜〜〜〜〜〜〜略〜〜〜〜〜〜〜〜〜〜〜〜〜〜
20      '必要フォルダーの存在チェック
        〜〜〜〜〜〜〜〜〜〜〜〜〜〜〜〜〜略〜〜〜〜〜〜〜〜〜〜〜〜〜〜
21      Call deletePrintSheet  ⟵「loadPreview」プロシージャへ移動
22      Call setPrintSheet
23      Call makeImg
24      Me.img_preview.Picture = LoadPicture(m_imgPath & "¥preview.jpg")
25      Call loadPreview ⟵ プレビュー画像読み込みを呼び出し
26    End Sub
27    ─────────────────────────────────────────────
28    Private Sub loadPreview() ⟵ 追加
29      '## プレビュー画像読み込み
30
31      Call deletePrintSheet '「印刷用」シートの削除
32      Call setPrintSheet '「印刷用」シート作成
33      Call makeImg '画像を作成
34      Me.img_preview.Picture = LoadPicture(m_imgPath & "¥preview.jpg") 'イメージを設定
35    End Sub
```

これで、読み込んだあとに日付の更新ができるようになりました。

ところで、何度か試していると、シートがチラチラするのが気になるかもしれません。これは、バックグラウンドで画像処理などをしているのが少しだけ見えてしまうのです（**図19**）。

図19　日付の更新と画面チラつき

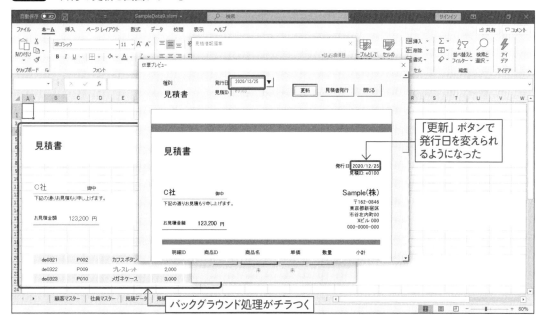

この場合、画面更新を伴う処理部分の間「Application.ScreenUpdating（画面表示の更新）」をオフにするとチラつかなくなります（**コード14**）。

コード14 画面表示の更新をオフにしてチラつきをおさえる

```
01  Private Sub loadPreview()
02    '## プレビュー画像読み込み
03
04    Application.ScreenUpdating = False   ← 画面表示の更新をオフ
05    Call deletePrintSheet '「印刷用」シートの削除
06    Call setPrintSheet '「印刷用」シート作成
07    Call makeImg '画像を作成
08    Application.ScreenUpdating = True   ← 画面表示の更新をオン
09    Me.img_preview.Picture = LoadPicture(m_imgPath & "¥preview.jpg") 'イメージを設定
10  End Sub
```

9-3-2 PDFファイルの出力

今度は、印刷用シートからPDFファイルへの出力を書いてみましょう。「btn_print（見積書発行）」ボタンのクリックイベントを作成して**コード15**を書きます。ここでは、PDFの書き出しと、「S_Estimates1（見積データ）」シート該当行へ「発行日」の書き込みも行っています。

コード15 印刷用シートからPDFファイルの出力

```
01  Private Sub btn_print_Click()
02    '## 「見積書発行」ボタンクリック時
03
04    '必要フォルダーの存在チェック
05    Dim rptPath As String   ← 伝票格納フォルダーのパス用
06    rptPath = ThisWorkbook.Path & "¥各種伝票"   ← 伝票格納先
07    If Dir(rptPath, vbDirectory) = "" Then   ← 存在しなかったら
08      Dim msgText As String
09      msgText = "伝票を格納するフォルダーが存在しません。作成してよろしいですか?"
10      If MsgBox(msgText, vbOKCancel + vbQuestion, "確認") = vbCancel Then Exit Sub   ←
11      MkDir rptPath   ← フォルダー作成          キャンセルなら終了
12    End If
13
14    '必須項目チェック
15    If Me.txb_date.Value = "" Then
16      MsgBox "必須項目が入力されていません", vbOKOnly + vbExclamation, "注意"   ←
17      Exit Sub   ← 終了                       メッセージボックスを出力
18    End If
```

```
19
20    '伝票の種類
21    Dim rptType As String
22    rptType = Me.lbl_title.Caption
23
24    '対象ID
25    Dim tgtId As String
26    tgtId = Me.txb_estId.Value
27
28    'ファイル名
29    Dim fileName As String    ←─「日付_ID_見積書.pdf」という名前にする
30    fileName = Format(Me.txb_date.Value, "yymmdd") & "_" & tgtId & "_" & rptType & ".pdf"
31
32    'パスとファイル名を合成
33    Dim tgtPath As String
34    tgtPath = rptPath & "¥" & fileName
35
36    'ページを1枚に収める
37    With Worksheets("印刷用").PageSetup
38      .Zoom = False '拡大縮小をオフ
39      .FitToPagesWide = 1 '横を1ページに
40      .FitToPagesTall = 1 '縦を1ページに
41      .CenterHorizontally = True '水平方向を中央に配置
42    End With
43
44    'PDF出力
45    Worksheets("印刷用").ExportAsFixedFormat Type:=xlTypePDF, fileName:=tgtPath
46
47    '発行日をシートに書き込み
48    Dim tgtRow As Long
49    tgtRow = getIdRow(tgtId, S_Estimates1)    ←─行数取得
50    S_Estimates1.Cells(tgtRow, 5) = CDate(Me.txb_date.Value)    ←─発行日
51
52    '終了メッセージ
53    MsgBox "PDFファイルを作成しました。", vbOKOnly + vbInformation, "終了"
54
55    'フォームを閉じる
56    Unload Me
57  End Sub
```

CHAPTER
9

「見積書発行」ボタンをクリックすると、処理が走って終了メッセージが表示されます。「S_Estimates1（見積データ）」シート該当行へ「発行日」の書き込みも行われています（**図20**）。

図20 動作確認

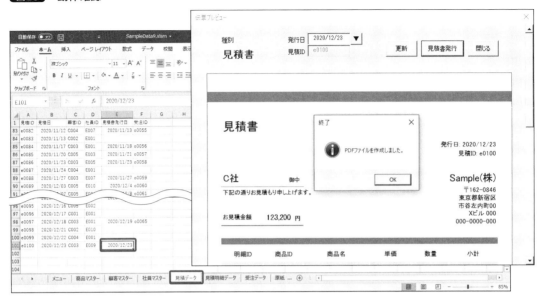

「終了」をクリックすると「F_Rpt_Preview（伝票プレビュー）」フォームが閉じます。フォームが閉じたあと、**9-2-3**の**コード7**（P.310参照）に「F_Odr_Editor（見積情報編集）」「F_Odr_List（見積一覧）」フォームを更新するコードを書いておいたので、見積書が発行済になりました（**図21**）。

図21 「編集」一覧のフォームが見積書発行済となった

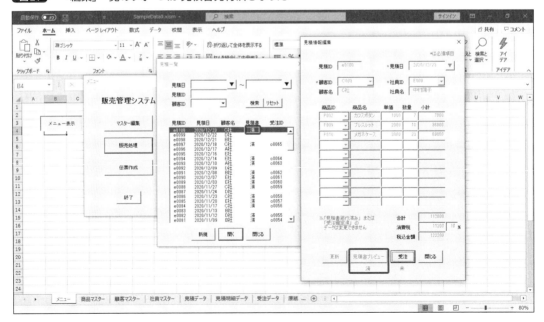

指定したフォルダーの中には、「日付_ID_見積書.pdf」という名前のPDFファイルができています（図22）。

図22　PDFファイルが作成された

9-3-3　「名前を付けて保存」ダイアログの利用

PDF出力という目的は達成されましたが、もう少し使い勝手をよくしたいですね。今のままだと出力先とファイル名が固定になっています。「名前を付けて保存」ダイアログを表示して自由度の高い保存ができるようにしてみましょう。

コード16のように修正します。**コード15**で設定した出力先パスは、ダイアログが表示される最初に選択されているフォルダー（カレントフォルダー）として設定し（10行目）、いったん作成したファイル名は「InitialFileName（デフォルトで表示される名前）」にして（13行目）、ダイアログを表示します。

また、画像を出力したときも同じでしたが、同名ファイルがすでに存在していた場合は確認なしの上書きになります。上書きするかチェックしたい場合、ファイルの存在確認とメッセージ表示を実装します（19〜23行）。

本書では見積書を1度発行したらボタンが無効になる仕様にしてあるので上書きの可能性は低いですが、テクニックとして覚えておくとほかの場面でも使えます。

CHAPTER 9

コード16　ダイアログ表示と上書きのチェック

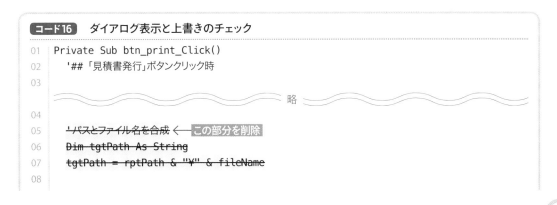

```
01  Private Sub btn_print_Click()
02      '## 「見積書発行」ボタンクリック時
03

                            略

04
05      'パスとファイル名を合成 ← この部分を削除
06      Dim tgtPath As String
07      tgtPath = rptPath & "¥" & fileName
08
```

```
09      'ダイアログを表示してパスを取得
10      CreateObject("WScript.Shell").CurrentDirectory = rptPath   ← カレントフォルダーを設定
11      Dim tgtPath As String
12      tgtPath = Application.GetSaveAsFilename( _
13        InitialFileName:=fileName, _
14        FileFilter:="PDFファイル,*.pdf")   ← 「名前を付けて保存」ダイアログを表示
15      If tgtPath = "False" Then   ← キャンセルされたら(キャンセルを押されるとFalseが返る)
16        Exit Sub ← 終了
17      End If
18
19      '上書き確認
20      If Dir(tgtPath, vbNormal) <> "" Then   ← 同名ファイルが存在していたら
21        msgText = "同名のフォルダーが存在します。上書きしますか?"
22        If MsgBox(msgText, vbOKCancel + vbQuestion, "確認") = vbCancel Then Exit Sub
23      End If
24
25      'ページを1枚に収める
                                              略
26    End Sub
```

　動作確認を行いましょう。上書きチェックの確認のために、さっき登録した見積書発行日をいったん「見積データ」シート上で消しておきます（図23）。この部分に日付が入っていると、見積書発行において「済」と判定されてボタンが無効になってしまうためです。

図23　動作確認のため日付をいったん消しておく

　これで、同じIDの見積書を発行してみましょう。「見積書発行」ボタンをクリックすると「名前を付けて保存」ダイアログが表示され、保存場所と名前を選ぶことができます。すでにファイルが存在する場合、上書きの確認を行ったのち、PDF出力が実行されます（図24）。

図24　動作確認

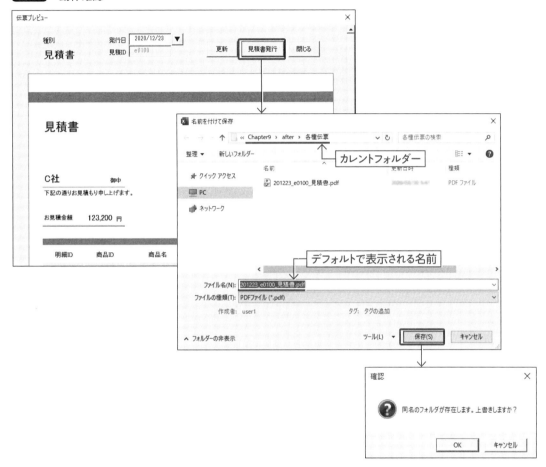

CHAPTER 9

9-4 受注フォーム
～複数シート・フォーム連携

見積の機能がだいぶ充実してきましたね。CHAPTER9の最後に、見積の
画面から受注ができる機能を実装します。

9-4-1 受注の流れとコントロールの配置

受注は、「F_Odr_Editor（見積情報編集）」の「btn_order（受注）」ボタンから受注用のフォームを
介して、新たな受注ID、受注日、担当者を登録できる仕組みにします（図25）。

図25 受注の流れ

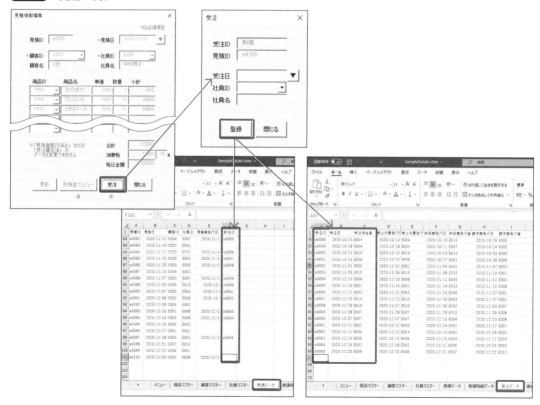

「S_Estimates1(見積データ)」シートの見積IDと同じ行に新たな受注IDを格納し、「S_Order(受注データ)」シートを、受注IDに対する詳細を登録するものとします。

9-1-1(P.296参照)で作成した「F_Odr_Fix(受注)」フォームの大きさを広げ、**図26**と**表4**を参考にコントロールを配置していきます。ここでもプログラムで使わないラベルの詳細は割愛していますが、図を参考に配置してください。

❻のコンボボックスはP.255、P.257の「社員ID」コンボボックスと同様に設定します。

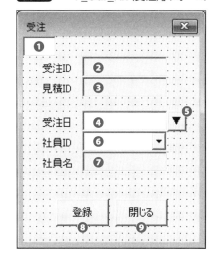

図26 「F_Odr_Fix(受注)」フォーム

表4 コントロールの設定

図中の番号	種類	オブジェクト名	キャプション	備考
❶	テキストボックス	txb_tgtRow	-	Visible → False (非表示)
❷	テキストボックス	txb_odrId	-	Enabled → False (編集不可)
❸	テキストボックス	txb_estId	-	Enabled → False (編集不可)
❹	テキストボックス	txb_date	-	Tag → 受注日
❺	コマンドボタン	btn_calendar	▼	
❻	コンボボックス	cmb_stfId	-	P.255、P.257参照
❼	テキストボックス	txb_stfName	-	Enabled → False (編集不可)
❽	コマンドボタン	btn_edit	登録	
❾	コマンドボタン	btn_close	閉じる	

9-4-2 実装

フォームが動くようにコードを書いていきましょう。先に「F_Odr_Editor(見積情報編集)」フォームの「btn_order(受注)」ボタンのイベントプロシージャを修正します。

「btn_preview(見積書プレビュー)」のときと同様に、「F_ Odr_Fix(受注)」フォームを開く前後に、確認メッセージや、開いたプレビューが閉じたあと、自身を再読み込みするコードを加えます(**コード17**)。

コード17 フォームを開く前後に追加

```
01  Private Sub btn_order_Click()
02    '## 「受注」ボタンクリック時
03
04    Dim msgText As String        ← メッセージ用変数
05
06    ' 変更チェック
07    If Me.btn_edit.Enabled = True Then '登録/更新ボタンが有効だったら
08      Dim msgText As String      ← 汎用として移動
                                   略
09    End If
10
11    ' 確認メッセージ
12    msgText = "受注画面を開きます。" & vbNewLine & "よろしいですか?"   ← メッセージ作成
13    If MsgBox(msgText, vbOKCancel + vbQuestion, "確認") = vbCancel Then Exit Sub  ←
                                                                   キャンセルなら終了
14
15    ' 「受注」フォームを開く
16    F_Odr_Fix.Show
17
18    ' フォームの再読み込み
19    Call reloadForm    ← 8-4-5で作成したものを呼び出す
20  End Sub
```

「F_Odr_Fix（受注）」フォームのモジュールを実装していきます。先に「btn_edit（登録）」ボタン以外のコードを書きます（**コード18**）。

コード18 「F_Odr_Fix（受注）」フォームモジュール

```
01  '# 「受注」フォーム
02  Option Explicit
03  ────────────────────────────────
04  Private Sub btn_calendar_Click()
05    '## 「▼（カレンダー）」ボタンクリック時
06    Call setCalendarDate(Me.txb_date)   ← カレンダーの利用
07  End Sub
08  ────────────────────────────────
09  Private Sub btn_close_Click()
10    '## フォームを閉じる
11    Unload Me
12  End Sub
13  ────────────────────────────────
14  Private Sub btn_edit_Click()
15    '## 「登録」ボタンクリック時
```

```
16        ←─ コード19にて
17   End Sub
18   ────────────────────────────────────────────────
19   Private Sub cmb_stfId_Change()
20     '## 「社員ID」変更時
21     Me.txb_stfName = getName(cmb_stfId.Value, S_Mst_Staff)  ←─ 社員名取得
22   End Sub
23   ────────────────────────────────────────────────
24   Private Sub UserForm_Initialize()
25     '## フォーム読み込み時
26
27     '必要項目設定
28     With F_Odr_Editor
29       Me.txb_tgtRow.Value = .txb_tgtRow.Value  ←─ 見積シートの対象行
30       Me.txb_odrId.Value = "新規"  ←─ 受注ID
31       Me.txb_estId.Value = .txb_estId.Value  ←─ 見積ID
32       Me.txb_date.Value = Date   ←─ 受注日(今日の日付を入れておく)
33     End With
34
35     '社員IDのコンボボックス設定
36     Call setCmbSrc(Me.cmb_stfId, S_Mst_Staff)
37   End Sub
```

続いて「btn_edit（登録）」ボタンの実装を行います。**9-4-1**で説明したように、このフォームからは「S_Order（受注データ）」と「S_Estimates1（見積データ）」の2つのシートに書き込みを行います（**コード19**）。

コード19　「btn_edit_Click」プロシージャ

```
01   Private Sub btn_edit_Click()
02     '## 「登録」ボタンクリック時
03
04     '必須項目チェック
05     If Me.txb_date.Value = "" Or Me.cmb_stfId.Value = "" Then
06       MsgBox "必須項目が入力されていません", vbOKOnly + vbExclamation, "注意"
07       Exit Sub
08     End If
09
10     '値チェック
11     If Not isAcceptDate(Me.txb_date) Then Exit Sub
12
13     '確認メッセージ
14     Dim msgText As String
```

CHAPTER

9

```
15    msgText = "受注を確定し、新規の受注IDを発行します。" & vbNewLine & "よろしいですか?"
16    If MsgBox(msgText, vbOKCancel + vbQuestion, "確認") = vbCancel Then Exit Sub
17
18    '「受注データ」シートへの書き込み
19    Dim tgtRow As Long
20    tgtRow = getLastRow(S_Order) + 1      ←─ 最終行取得
21    Me.txb_odrId.Value = getNewId(S_Order)    ←─ 新規受注IDの取得
22    With S_Order    ←─ 「受注データ」シート
23      .Cells(tgtRow, 1).Value = Me.txb_odrId.Value   ←─ 受注ID
24      .Cells(tgtRow, 2).Value = getWriteDate(Me.txb_date)   ←─ 受注日
25      .Cells(tgtRow, 3).Value = Me.cmb_stfId.Value   ←─ 社員ID
26    End With
27
28    '「見積データ」シートへの書き込み
29    tgtRow = Me.txb_tgtRow.Value    ←─ 対象の行
30    S_Estimates1.Cells(tgtRow, 6).Value = Me.txb_odrId.Value   ←─ 受注ID
31
32    '終了メッセージ
33    MsgBox "登録しました", vbOKOnly + vbInformation, "終了"
34
35    'フォームを閉じる
36    Unload Me
37  End Sub
```

21行目でgetNewId関数を呼び出していますが、この関数には受注IDのスタイルを書いていないので、このままでは新規IDが取得できません。「M_Function」モジュールの「getNewId」プロシージャにコード20を追記します。

コード20 受注IDスタイルの定義

```
01  Public Function getNewId(ByVal ws As Worksheet) As String
02    '## 新規IDの生成
03
04    'スタイルの定義
05    Dim prefix As String '文字部分
06    Dim digit As String '桁部分
07    If ws.CodeName = "S_Estimates1" Then '見積データ
                         ── 略 ──
08    End If
09    If ws.CodeName = "S_Estimates2" Then '見積明細データ
                         ── 略 ──
10    End If
11    If ws.CodeName = "S_Order" Then    ←─ 受注データ
```

```
12      '受注IDは「o0001」のスタイル
13      prefix = "o"     ← 文字部分
14      digit = "0000"   ← 数字部分の桁
15    End If
16
17    '数字部分を取り出す
                            略
18  End Function
```

　これでコードの実装が終わりましたので、動作確認をしましょう。「F_Odr_Editor（見積情報編集）」フォームにて、「受注」ボタンをクリックすると確認メッセージが表示されます（図27）。「OK」ボタンをクリックします。

図27 「受注」ボタンの動作確認

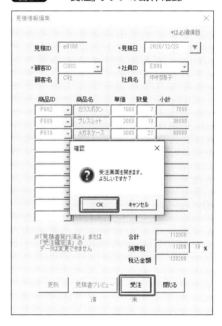

　「F_Odr_Fix（受注）」フォームが開きます。「受注日」と「社員ID」を入力して「登録」ボタンをクリックすると、確認メッセージが表示されます（図28）。

図28 受注の登録

　登録を行うと、終了メッセージが表示されます。このとき、バックグラウンドでは「S_Order（受注データ）」と「S_Estimates1（見積データ）」の2つのシートにデータが書き込まれています（図29）。

図29 登録

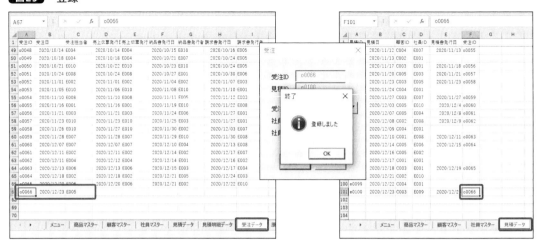

　登録が終了すると「F_ Odr_Fix（受注）」フォームが閉じます。フォームを閉じたあと、「F_Odr_ Editor（見積情報編集）」「F_Odr_List（見積一覧）」フォームを更新するコードを**コード17**（P.330参照） に書いておいたので、「受注」が処理済の状態になりました（**図30**）。

図30 受注が処理済になった

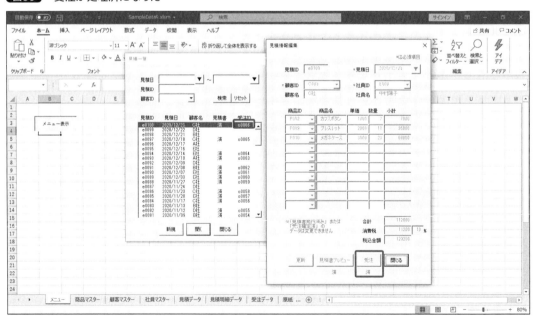

　これで受注機能の実装が完成しました。

CHAPTER

10

伝票出力

CHAPTER 10

10-1 伝票未発行一覧フォーム
～未完了のみ表示

このCHAPTERでは「伝票作成」機能を作ります。ここで作成する伝票は、「売上伝票」「納品書」「請求書」の3種類を想定しています。

10-1-1 コントロールの配置

3-2で作った「F_Rpt_List（伝票未発行一覧）」フォーム（P.69参照）の大きさを広げ、**図1**と**表1**を参考にコントロールを配置します。プログラムで使わないラベルの詳細を割愛していますが、図を参考に配置してください。

図1 「F_Rpt_List（伝票未発行一覧）」フォーム

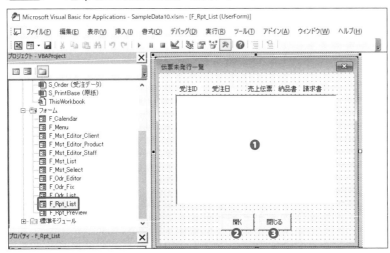

表1 コントロールの設定

図中の番号	種類	オブジェクト名	キャプション	備考
❶	リストボックス	lbx_table	-	ColumnCount → 5
❷	コマンドボタン	btn_open	開く	
❸	コマンドボタン	btn_close	閉じる	

リストボックスの「ColumnWidth（列幅）」は任意の大きさに調整してください。サンプルでは「40pt; 70pt; 40pt; 40pt; 40pt」と設定してあります。

10-1-2 リストの取得と表示

CHAPTER 6を参考に、このリストボックスのソース配列を作成する関数を作りましょう。この一覧は、「S_Order（受注）」シートを使って、3つの伝票のいずれかが発行されていないもの（発行日が空なもの）のみ、絞り込んで表示します（図2）。

図2 リストに表示する条件

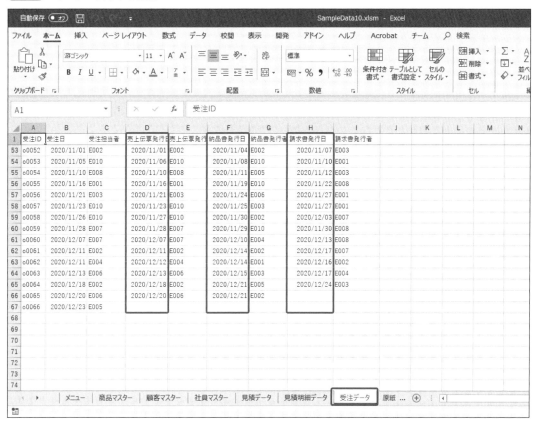

「M_SrcArray」モジュールに「getRptSrc」関数となるプロシージャを作成します（**コード1**）。

コード1 「getRptSrc」プロシージャ

```
01  Function getRptSrc() As Variant
02    '## 伝票未発行一覧のリストボックスのソースを返す
03
04    Dim i As Long    ←  繰り返し用変数の宣言
05
06    'シートから配列へ格納
07    Dim wsData As Variant
08    wsData = getWsData(S_Order)
09
10    'データがなかったら終了
11    If IsEmpty(wsData) Then
12      getRptSrc = Array()    ←  空の配列を返す
13      Exit Function
14    End If
15
16    '未発行のもののみ絞り込む
17    Dim indexArray() As Long    ←  対象の番号を格納するための配列を宣言
18    Dim n As Long    ←  要素数カウント用
19    n = 0
20
21    '対象のデータだけ配列番号を格納
22    For i = LBound(wsData) To UBound(wsData)    ←  元配列を最小値から最大値まで繰り返す
23      '4列目,6列目, 8列目(各種発行日)のいずれかが空だったら
24      If wsData(i, 4) = "" Or _
25         wsData(i, 6) = "" Or _
26         wsData(i, 8) = "" Then
27        n = n + 1    ←  要素数を増やす
28        ReDim Preserve indexArray(1 To n)    ←  配列を再定義
29        indexArray(n) = i    ←  配列番号を格納しておく
30      End If
31    Next i
32
33    '該当データがなければ終了
34    If n = 0 Then    ←  対象数がゼロなら
35      getRptSrc = Array()    ←  空の配列を返す
36      Exit Function    ←  終了
37    End If
38
39    'データの要素数を取得
40    Dim maxRow As Long
41    maxRow = n    ←  カウントした要素数
42
43    'ソースとなる配列の作成
44    Dim srcArray() As Variant    ←  配列の宣言
```

```
45    ReDim srcArray(1 To maxRow, 1 To 5) ← 要素数を変数で再定義
46    n = 1 ← リストボックスのカウント初期値
47
48    Dim index As Long ← 配列番号を格納する変数を宣言
49    For i = maxRow To 1 Step –1 ← 要素の数だけ降順に繰り返す
50      '格納した配列番号を取り出す
51      index = indexArray(i)
52
53      '転記
54      srcArray(n, 1) = wsData(index, 1) ← 受注ID
55      srcArray(n, 2) = wsData(index, 2) ← 受注日
56      If wsData(index, 4) <> "" Then srcArray(n, 3) = "済" ← 売上伝票
57      If wsData(index, 6) <> "" Then srcArray(n, 4) = "済" ← 納品書
58      If wsData(index, 8) <> "" Then srcArray(n, 5) = "済" ← 請求書
59
60      n = n + 1 ← カウントアップ
61    Next i
62
63    '配列を返す
64    getRptSrc = srcArray
65  End Function
```

「F_Rpt_List（伝票未発行一覧）」フォームにコードを書いていきます。「UserForm_Initialize」イベントを作成し、読み込み時に配列を取得してリストボックスのソースに設定します（**コード2**）。

コード2 「F_Rpt_List（伝票未発行一覧）」フォーム

```
01  '# 「伝票未発行一覧」フォーム
02  Option Explicit
03  ─────────────────────────────────────
04  Private Sub UserForm_Initialize()
05    '## フォーム読み込み時
06    Me.lbx_table.List = getRptSrc ← リストボックスにソースを設定
07  End Sub
```

CHAPTER
10

動作確認してみると、「S_Order（受注）」シート上の3つの発行日のいずれかが埋まっていないもののみ、降順で表示されます（**図3**）。

図3 動作確認

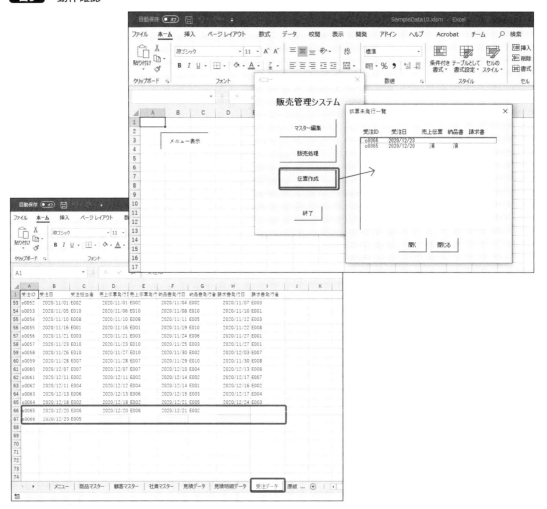

10-1-3 開く/閉じるボタン

「F_Rpt_List（伝票未発行一覧）」フォーム上の、「開く」「閉じる」ボタンのクリックイベントプロシージャを追加します（**コード3**）。

コード3 「開く」「閉じる」ボタンのイベントを追加

```
01  '#「伝票未発行一覧」フォーム
02  Option Explicit
03
04  Private Sub btn_close_Click() ←―追加
```

```
05    '## フォームを閉じる
06    Unload Me
07  End Sub
08  ─────────────────────────────────────────
09  Private Sub btn_open_Click()  ←─ 追加
10    '## 「開く」ボタンクリック時
11
12    '選択項目がなければ終了
13    If Me.lbx_table.ListIndex = -1 Then
14      MsgBox "対象のデータを選択してください", vbOKOnly + vbExclamation, "注意"  ←─
15      Exit Sub  ←─ 終了                              メッセージボックスを出力
16    End If
17
18    'フォームを開く
19    F_Rpt_Editor.Show  ←─ 10-2で作成
20  End Sub
21  ─────────────────────────────────────────
22  Private Sub UserForm_Initialize()
23    '## フォーム読み込み時
24    Me.lbx_table.List = getRptSrc 'リストボックスにソースを設定
25  End Sub
```

これで、「F_Rpt_List（伝票未発行一覧）」フォームへの記述は完了です。

10-2

伝票発行フォーム
～InitializeとActivate

3つの伝票の情報を管理している「S_Order（受注）」シートの情報を読み込み、CHAPTER 9で作った「F_Rpt_Preview（伝票プレビュー）」フォームへ連携させるフォームを作成します。

10-2-1 フォームの作成

「挿入」→「ユーザーフォーム」から新しいフォームを追加し、図4と表2を参考にコントロールを配置していきます。プログラムで使わないラベルの詳細を割愛していますが、図を参考に配置してください。

図4 「F_Rpt_Editor（伝票発行）」フォーム

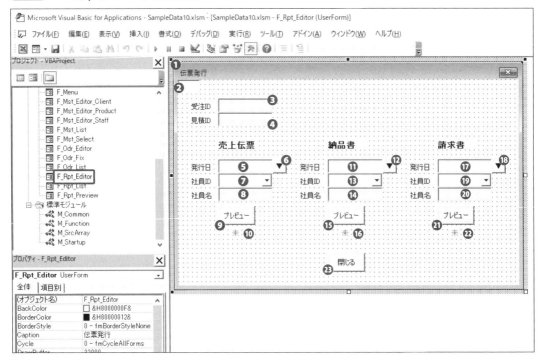

表2 コントロールの設定

図中の番号	種類	オブジェクト名	キャプション	備考
❶	フォーム	F_Rpt_Editor	伝票発行	
❷	テキストボックス	txb_tgtRow	-	Visible → False（非表示）
❸	テキストボックス	txb_odrId	-	Enabled → False（編集不可）
❹	テキストボックス	txb_estId	-	Enabled → False（編集不可）
❺	テキストボックス	txb_salDate	-	IMEMode → fmIMEModeDisable Tag → 発行日
❻	コマンドボタン	btn_salCalendar	▼	
❼	コンボボックス	cmb_salStfId	-	ColumnCount → 2
❽	テキストボックス	txb_salStfName	-	Enabled → False（編集不可）
❾	コマンドボタン	btn_salPreview	プレビュー	
❿	ラベル	lbl_salPreview	未	ForeColor → 赤
⓫	テキストボックス	txb_dlvDate	-	IMEMode → fmIMEModeDisable Tag → 発行日
⓬	コマンドボタン	btn_dlvCalendar	▼	
⓭	コンボボックス	cmb_dlvStfId	-	ColumnCount → 2
⓮	テキストボックス	txb_dlvStfName	-	Enabled → False（編集不可）
⓯	コマンドボタン	btn_dlvPreview	プレビュー	
⓰	ラベル	lbl_dlvPreview	未	ForeColor → 赤
⓱	テキストボックス	txb_bilDate	-	IMEMode → fmIMEModeDisable Tag → 発行日
⓲	コマンドボタン	btn_bilCalendar	▼	
⓳	コンボボックス	cmb_bilStfId	-	ColumnCount → 2
⓴	テキストボックス	txb_bilStfName	-	Enabled → False（編集不可）
㉑	コマンドボタン	btn_bilPreview	プレビュー	
㉒	ラベル	lbl_bilPreview	未	ForeColor → 赤
㉓	コマンドボタン	btn_close	閉じる	

　直接入力をしたくないテキストボックスは編集不可と一緒に背景色もグレーにしておきます。コンボボックスの「ColumnWidth（列幅）」は任意の大きさに調整してください。サンプルでは「30pt;50pt;」と設定してあります。

CHAPTER
10

10-2-2 読み込みと設定

　このフォームが開いたときに読み込まれる部分を実装していきましょう。まずは「F_Rpt_Editor（伝票発行）」フォームのモジュールに、「UserForm_Initialize」プロシージャと、データ読み込み部分を部品化させた「loadData」プロシージャを書きます（**コード4**）。「loadData」プロシージャは、あとで別のモジュールから使いたいのでPublicにしておきます。

コード4　「F_Rpt_Editor（伝票発行）」フォーム

```
01  '#「伝票発行」フォーム
02  Option Explicit
03  ─────────────────────────────────────────
04  Private Sub UserForm_Initialize()
05    '## フォーム読み込み時
06
07    Dim lbx As MSForms.ListBox      ← リストボックス用の変数を宣言
08    Set lbx = F_Rpt_List.lbx_table  ← 対象のリストボックスをセット
09
10    '対象行の取得
11    Me.txb_tgtRow.Value = getIdRow(lbx.Text, S_Order)  ← IDから行数を検索
12
13    'データ読み込み
14    Call loadData    ← 呼び出し
15
16    'ドロップダウンリストの設定
17    Call setCmbSrc(Me.cmb_salStfId, S_Mst_Staff)  ← 売上伝票担当者
18    Call setCmbSrc(Me.cmb_dlvStfId, S_Mst_Staff)  ← 納品書担当者
19    Call setCmbSrc(Me.cmb_bilStfId, S_Mst_Staff)  ← 請求書担当者
20
21    '見積IDの取得
22    Dim tgtRng As Range                                       F列の中から完全一致で検索
23    Set tgtRng = S_Estimates1.Columns("F").Find(Me.txb_odrId.Value, LookAt:=xlWhole)  ←
24    If Not tgtRng Is Nothing Then  ← 見つかったら
25      Me.txb_estId.Value = S_Estimates1.Cells(tgtRng.row, 1).Value  ← 見積ID
26    End If
27  End Sub
28  ─────────────────────────────────────────
29  Public Sub loadData()  ← ほかのモジュールからも使いたいのでPublicにしておく
30    '## データ読み込み
31
32    Dim tgtRow As Long  ← 変数宣言
33    tgtRow = Me.txb_tgtRow.Value  ← 代入
34    With S_Order
35      '受注ID
```

```
36      Me.txb_odrId.Value = .Cells(tgtRow, 1).Value
37
38      '売上伝票
39      Me.txb_salDate.Value = .Cells(tgtRow, 4).Value ←─ 発行日
40      If Me.txb_salDate.Value <> "" Then  ←─ 発行日が空ではなかったら
41        Me.btn_salPreview.Enabled = False ←─ ボタンを無効にする
42        Me.lbl_salPreview.Caption = "済"  ←─ ラベル変更
43      End If
44      Me.cmb_salStfId.Value = .Cells(tgtRow, 5).Value ←─ 担当者
45
46      '納品書
47      Me.txb_dlvDate.Value = .Cells(tgtRow, 6).Value ←─ 発行日
48      If Me.txb_dlvDate.Value <> "" Then  ←─ 発行日が空ではなかったら
49        Me.btn_dlvPreview.Enabled = False ←─ ボタンを無効にする
50        Me.lbl_dlvPreview.Caption = "済"  ←─ ラベル変更
51      End If
52      Me.cmb_dlvStfId.Value = .Cells(tgtRow, 7).Value ←─ 担当者
53
54      '請求書
55      Me.txb_bilDate.Value = .Cells(tgtRow, 8).Value ←─ 発行日
56      If Me.txb_bilDate.Value <> "" Then  ←─ 発行日が空ではなかったら
57        Me.btn_bilPreview.Enabled = False ←─ ボタンを無効にする
58        Me.lbl_bilPreview.Caption = "済"  ←─ ラベル変更
59      End If
60      Me.cmb_bilStfId.Value = .Cells(tgtRow, 9).Value ←─ 担当者
61    End With
62  End Sub
```

続けて、同じ「F_Rpt_Editor（伝票発行）」フォームモジュールに「閉じる」ボタンや各カレンダー、社員IDが変更されたときのイベントを追記します（コード5）。似ている名前が多いですが、それぞれ対応したコントロールを間違えないように気を付けて実装しましょう。

コード5　カレンダーやID変更時のイベント

```
01  Private Sub btn_close_Click()
02    '## フォームを閉じる
03    Unload Me
04  End Sub
05  ────────────────────────────────
06  Private Sub btn_salCalendar_Click()
07    '## 「▼（カレンダー）」ボタンクリック時（売上伝票）
08    Call setCalendarDate(Me.txb_salDate)
09  End Sub
```

```
10  ─────────────────────────────────────────
11  Private Sub btn_dlvCalendar_Click()
12      '## 「▼(カレンダー)」ボタンクリック時(納品書)
13      Call setCalendarDate(Me.txb_dlvDate)
14  End Sub
15  ─────────────────────────────────────────
16  Private Sub btn_bilCalendar_Click()
17      '## 「▼(カレンダー)」ボタンクリック時(請求書)
18      Call setCalendarDate(Me.txb_bilDate)
19  End Sub
20  ─────────────────────────────────────────
21  Private Sub cmb_salStfId_Change()
22      '## 「社員ID」変更時(売上伝票)
23      Me.txb_salStfName.Value = getName(Me.cmb_salStfId.Value, S_Mst_Staff) ← IDから社員名を取得
24  End Sub
25  ─────────────────────────────────────────
26  Private Sub cmb_dlvStfId_Change()
27      '## 「社員ID」変更時(納品書)
28      Me.txb_dlvStfName.Value = getName(Me.cmb_dlvStfId.Value, S_Mst_Staff) ← IDから社員名を取得
29  End Sub
30  ─────────────────────────────────────────
31  Private Sub cmb_bilStfId_Change()
32      '## 「社員ID」変更時(請求書)
33      Me.txb_bilStfName.Value = getName(Me.cmb_bilStfId.Value, S_Mst_Staff) ← IDから社員名を取得
34  End Sub
```

　ここまでの動作確認をしてみましょう。「F_Rpt_List(伝票未発行一覧)」フォームで項目を選択してから「F_Rpt_Editor(伝票発行)」フォームを開くと、選択された受注IDに対応する情報が読み込まれ、発行済みの伝票はボタンが無効になります(図5)。カレンダー、社員ID変更時も動くようになっています。

図5 動作確認

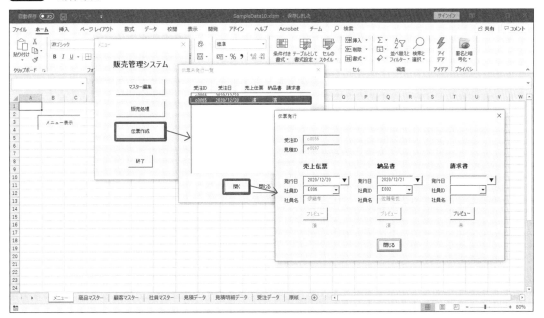

10-2-3 Initialize と Activate の違いを利用する

次に、この3つの「プレビュー」ボタンから、**CHAPTER 9**で作った「F_Rpt_Preview（伝票プレビュー）」フォームを開くのですが、**CHAPTER 9**で書いた「F_Rpt_Preview（伝票プレビュー）」が開くときの「UserForm_Initialize」イベントを見てみましょう。

現状、「UserForm_Initialize」イベントには「見積書」のプレビューを作成するために、必要な情報をコントロールに入れる記述が書かれています。この部分を条件分けして「売上伝票」「納品書」「請求書」の場合も作らなくてはなりません（**図6**）。

この部分が、「見積書」の場合、情報元が「F_Odr_Editor（見積情報編集）」フォームで、「売上伝票」「納品書」「請求書」の場合は、情報元が「F_Rpt_Editor（伝票発行）」フォームなので、条件分岐が複雑になってしまいます。

図6 どのフォーム、コントロールから情報を転記するかが難しい

現状のように「開く」イベントの中でデータを転記するのではなく、データを転記してから「開く」イベントを走らせることができたら（**図7**）、「どこから開かれているか」を条件分岐しなくてよいので、記述がもっと楽になりますよね。そんな形にはできないのでしょうか？

図7 フォーム間のデータ転記を楽にしたい

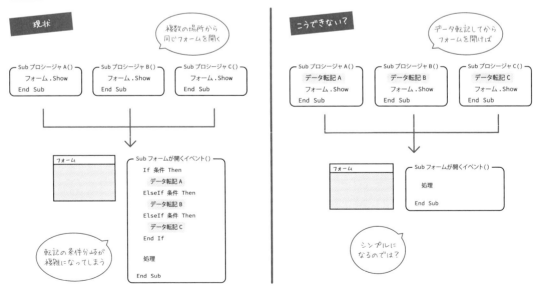

実際にやってみましょう。「F_Rpt_Preview（伝票プレビュー）」フォームの「UserForm_Initialize」プロシージャのデータの転記部分を、「F_Odr_Editor（見積情報編集）」フォームの「btn_preview_Click」プロシージャのフォームを開く直前に移動します（**図8**、**図9**）。

図8　修正前

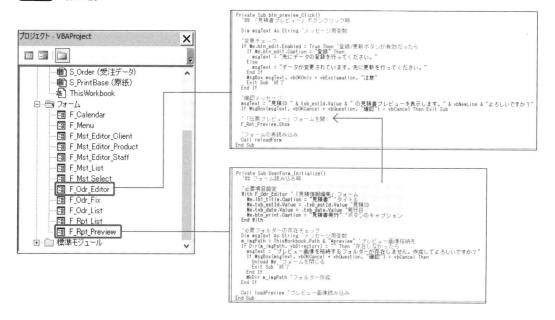

図9　修正後

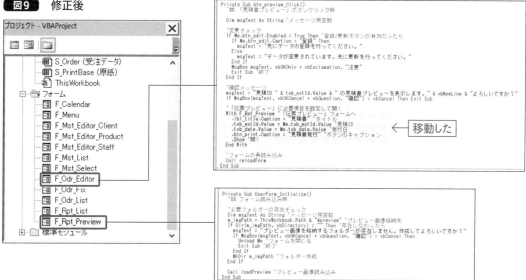

修正後の「btn_preview_Click」の詳細は**コード6**です。フォームが変わったのでMeの位置に注意してください。また、「.Show」もWithブロックの中に入れてしまいます。

コード6 修正後の「btn_preview_Click」プロシージャ

```
01  Private Sub btn_preview_Click()
02    '## 「見積書プレビュー」ボタンクリック時
03
04    Dim msgText As String 'メッセージ用変数
05
06    '変更チェック
              略
07    '確認メッセージ
              略
08    '「伝票プレビュー」に必要項目を設定して開く
09    With F_Rpt_Preview  ← 「伝票プレビュー」フォーム
10      .lbl_title.Caption = "見積書"  ← タイトル
11      .txb_estId.Value = Me.txb_estId.Value ← 見積ID
12      .txb_date.Value = Me.txb_date.Value  ← 発行日
13      .btn_print.Caption = "見積書発行"     ← ボタンのキャプション
14      .Show ← 開く
15    End With
16
17    'フォームの再読み込み
18    Call reloadForm
19  End Sub
```

よさそうに思えますが、実はこのままだと正しく表示されません。原因は、Initializeは「対象フォームに対する最初の命令」で起動するイベントだからです。「見積ID」などの必要な情報が読み込まれる前にInitializeイベントが実行されてしまうので、プレビューを作成することができません（**図10**）。

ブレイクポイント（**4-3-2** P.105参照）を設置して F8 キーで1行ずつ動きを確かめてみるとよくわかります。

図10　Initialize イベントが実行されるタイミング

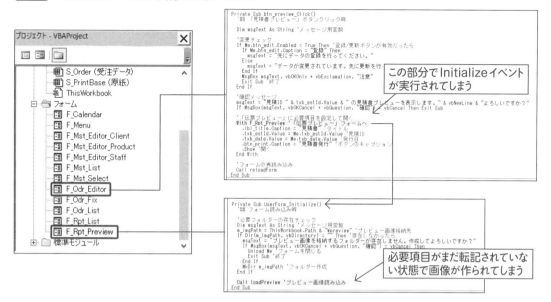

　Initialize イベントだとデータ転記後に実行させるのが難しそうなので、**Activate イベント**に変更してみましょう（**コード7**）。Initialize は対象のフォームに最初に命令されたときのフォームが表示される前のバックグラウンドな段階で実行されますが、Activate は実際にフォームが表示されてアクティブ状態になったときに実行されるイベントです。

コード7　「F_Rpt_Preview」の Initialize イベントを変更する

```
01  Private Sub UserForm_Activate()  ← Initialize から変更
02      '## フォームがアクティブになった時
03                            略
04  End Sub
```

　Activate が実行される部分は、具体的なコードで示すと、この部分です（**図11**）。

図11 Activateイベントが実行されるタイミング

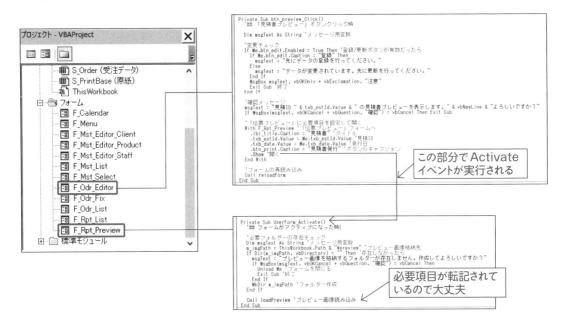

この方法を使えば、それぞれのフォームでデータの転記を行ってからイベント処理を利用できるので、条件分岐が楽になります。

ただし、違いはきちんと理解して使いましょう。3-3（P.80参照）で「Hide」は「隠す」、「Unload」は「消去」のニュアンスだと書きましたが、「Hide」で隠したのち「Show」で再表示するなど、一度開いたフォームが「非アクティブ状態」から「アクティブ状態」になったとき、Activateイベントは動きますが、Initializeは動きません（**図12**）。

図12 InitializeとActivateの違い

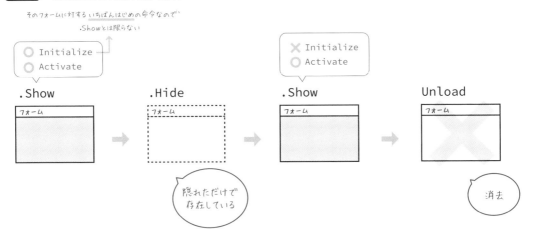

伝票プレビューフォームとの連携 ～複数伝票への対応

フォームの作成やActivateイベントへの変更で、複数の場所から「伝票プレビュー」フォーム利用する準備ができました。最後にもう少し手を加えて完成させましょう。

10-3-1 伝票発行フォームからプレビューフォームを開く

「F_Rpt_Preview(伝票プレビュー)」フォームを、「売上伝票」「納品書」「請求書」にも対応させます。新たに「受注ID」が必要なので、「txb_odrId」というテキストボックスを「Enabled」が「False」(編集不可)で追加します。背景色もグレーにしておきましょう(図13)。

図13 「F_Rpt_Preview(伝票プレビュー)」フォームの修正

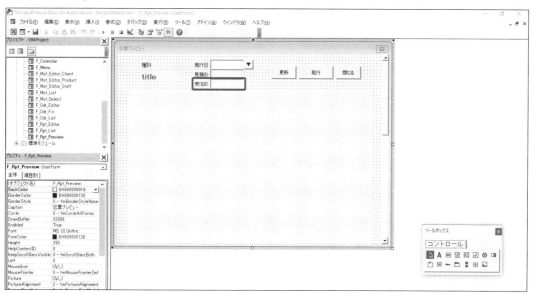

次に「F_Rpt_Editor(伝票発行)」フォームの各伝票の「プレビュー」ボタンのクリックイベントを作成します(図14)。

図14 3つのボタンのクリックイベント

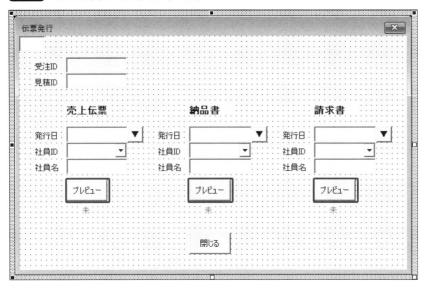

10-2-3と同じようにデータを転記してから「F_Rpt_Preview（伝票プレビュー）」フォームを開きましょう。まずは売上伝票のボタンです（**コード8**）。

コード8 売上伝票のプレビューボタン

```
01  Private Sub btn_salPreview_Click()
02      '##「プレビュー」ボタン(売上伝票)
03
04      '必須項目チェック
05      If Me.txb_estId.Value = "" Then
06          MsgBox "対応する見積IDが不明なため出力できません。", vbOKOnly + vbExclamation, "注意"   ←  メッセージボックスを出力
07          Exit Sub   ←  終了
08      End If
09      If Me.txb_salDate.Value = "" Or Me.cmb_salStfId.Value = "" Then
10          MsgBox "必須項目が入力されていません", vbOKOnly + vbExclamation, "注意"   ←  メッセージボックスを出力
11          Exit Sub   ←  終了
12      End If
13      If Not isAcceptDate(Me.txb_salDate) Then Exit Sub   ←  値チェック
14
15      '「伝票プレビュー」フォームを開く
16      With F_Rpt_Preview
17          .lbl_title.Caption = "売上伝票"   ←  タイトル
18          .txb_estId.Value = Me.txb_estId.Value   ←  見積ID
19          .txb_odrId.Value = Me.txb_odrId.Value   ←  受注ID
```

```
20        .txb_date.Value = Me.txb_salDate.Value  ← 発行日
21        .btn_print.Caption = "売上伝票発行"  ← ボタンのキャプション
22        .Show  ← 開く
23    End With
24  End Sub
```

続いて、納品書のボタンです（**コード9**）。

コード9　納品書のプレビューボタン

```
01  Private Sub btn_dlvPreview_Click()
02    '## 「プレビュー」ボタン(納品書)
03
04    ' 必須項目チェック
05    If Me.txb_estId.Value = "" Then
06      MsgBox "対応する見積IDが不明なため出力できません。", vbOKOnly + vbExclamation, "注意"
07      Exit Sub
08    End If
09    If Me.txb_dlvDate.Value = "" Or Me.cmb_dlvStfId.Value = "" Then
10      MsgBox "必須項目が入力されていません", vbOKOnly + vbExclamation, "注意"
11      Exit Sub
12    End If
13    If Not isAcceptDate(Me.txb_dlvDate) Then Exit Sub
14
15    '「伝票プレビュー」フォームを開く
16    With F_Rpt_Preview
17      .lbl_title.Caption = "納品書"   ← タイトル
18      .txb_estId.Value = Me.txb_estId.Value  ← 見積ID
19      .txb_odrId.Value = Me.txb_odrId.Value  ← 受注ID
20      .txb_date.Value = Me.txb_dlvDate.Value  ← 発行日
21      .btn_print.Caption = "納品書発行"  ← ボタンのキャプション
22      .Show  ← 開く
23    End With
24  End Sub
```

最後に、請求書のボタンです（**コード10**）。

コード10　請求書のプレビューボタン

```
01  Private Sub btn_bilPreview_Click()
02    '## 「プレビュー」ボタン(請求書)
```

```
03
04     ' 必須項目チェック
05     If Me.txb_estId.Value = "" Then
06       MsgBox "対応する見積IDが不明なため出力できません。", vbOKOnly + vbExclamation, "注意"
07       Exit Sub
08     End If
09     If Me.txb_bilDate.Value = "" Or Me.cmb_bilStfId.Value = "" Then
10       MsgBox "必須項目が入力されていません", vbOKOnly + vbExclamation, "注意"
11       Exit Sub
12     End If
13     If Not isAcceptDate(Me.txb_bilDate) Then Exit Sub
14
15     '「伝票プレビュー」フォームを開く
16     With F_Rpt_Preview
17       .lbl_title.Caption = "請求書"          ←─ タイトル
18       .txb_estId.Value = Me.txb_estId.Value   ←─ 見積ID
19       .txb_odrId.Value = Me.txb_odrId.Value   ←─ 受注ID
20       .txb_date.Value = Me.txb_bilDate.Value  ←─ 発行日
21       .btn_print.Caption = "請求書発行"        ←─ ボタンのキャプション
22       .Show ←─ 開く
23     End With
24   End Sub
```

10-3-2 印刷用シート作成時の修正

「F_Rpt_Preview（伝票プレビュー）」フォームにて印刷用シートを作成する「setPrintSheet」プロシージャを修正します（**コード11**）。

コード11 「setPrintSheet」プロシージャを修正

```
01   Private Sub setPrintSheet()
02     '##「印刷用」シートの作成
03
04     ' 原紙コピー
                                     略
05     ' 基礎情報を変数へ
                                     略
06     ' 文面を変数へ
07     Dim rptText As String    ←─ 文面
08     Dim rptPrice As String   ←─ 金額部分
09     Select Case rptType
10       Case "見積書"
11         rptText = "下記の通りお見積もり申し上げます。"
```

```
12        rptPrice = "お見積金額"
13      Case "売上伝票"
14        rptText = ""
15        rptPrice = "受注金額"
16        ws.Shapes("txt_to").Delete  ←──「御中」を削除
17      Case "納品書"
18        rptText = "下記の通り納品いたします。"
19        rptPrice = "合計金額"
20      Case "請求書"
21        rptText = "下記の通りご請求申し上げます。"
22        rptPrice = "ご請求金額"
23    End Select
24
25    '基礎情報・文面などを記載
26    ws.name = "印刷用" 'シート名
27    ws.Range("B3").Value = rptType '伝票の種類
28    ws.Range("B7").Value = rptText '文面
29    ws.Range("B9").Value = rptPrice '金額部分
30    ws.Range("G3").Value = "発行日: " & Me.txb_date.Value '日付
31    If rptType = "見積書" Then  ←──見積なら見積ID、それ以外は受注ID
32      ws.Range("G4").Value = "見積ID: " & Me.txb_estId.Value '見積ID
33    Else
34      ws.Range("G4").Value = "受注ID: " & Me.txb_odrId.Value '受注ID
35    End If
36
37    '見積IDから顧客名を取得して記載
   ～～～～～～～～～～～～～～～～～ 略 ～～～～～～～～～～～～～～～～～
38    'データ転記
   ～～～～～～～～～～～～～～～～～ 略 ～～～～～～～～～～～～～～～～～
39    S_Menu.Select '「メニュー」シートを選択
40  End Sub
```

伝票の種類によって文面を変え、また記載するIDを見積／受注どちらにするかについて条件分岐しています。

売上伝票の場合、宛先は顧客ではなく社内なので原紙に用意してある「御中」が不要になります（図15）。この部分は「txt_to」という名前のシェイプで作ってあるので、16行目でこのシェイプを削除する記述も加えてあります。

CHAPTER
10

図15 「御中」はセルでなくシェイプで作ってある

10-3-3 PDF出力時の修正

「F_Rpt_Preview(伝票プレビュー)」フォームの「btn_print(○○発行)」ボタンのクリックイベントプロシージャを修正します(コード12)。

コード12 「btn_print_Click」プロシージャの修正

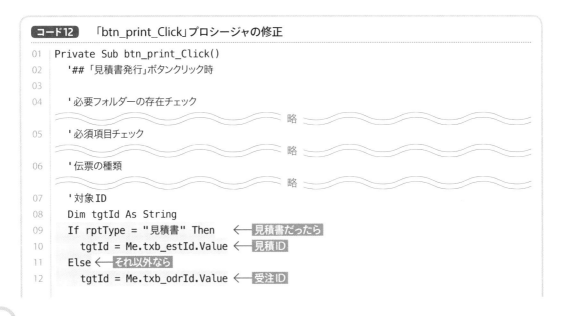

```
01  Private Sub btn_print_Click()
02      '## 「見積書発行」ボタンクリック時
03
04      ' 必要フォルダーの存在チェック
                                        略
05      '必須項目チェック
                                        略
06      '伝票の種類
                                        略
07      '対象ID
08      Dim tgtId As String
09      If rptType = "見積書" Then    ← 見積書だったら
10          tgtId = Me.txb_estId.Value ← 見積ID
11      Else ← それ以外なら
12          tgtId = Me.txb_odrId.Value ← 受注ID
```

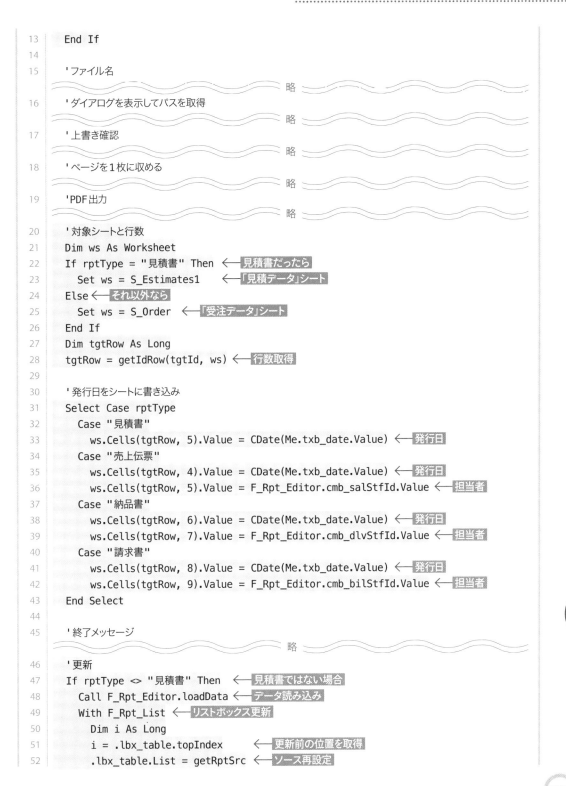

```
13   End If
14
15   'ファイル名
                          略
16   'ダイアログを表示してパスを取得
                          略
17   '上書き確認
                          略
18   'ページを1枚に収める
                          略
19   'PDF出力
                          略
20   '対象シートと行数
21   Dim ws As Worksheet
22   If rptType = "見積書" Then    ← 見積書だったら
23     Set ws = S_Estimates1    ← 「見積データ」シート
24   Else ← それ以外なら
25     Set ws = S_Order    ← 「受注データ」シート
26   End If
27   Dim tgtRow As Long
28   tgtRow = getIdRow(tgtId, ws)    ← 行数取得
29
30   '発行日をシートに書き込み
31   Select Case rptType
32     Case "見積書"
33       ws.Cells(tgtRow, 5).Value = CDate(Me.txb_date.Value)  ← 発行日
34     Case "売上伝票"
35       ws.Cells(tgtRow, 4).Value = CDate(Me.txb_date.Value)  ← 発行日
36       ws.Cells(tgtRow, 5).Value = F_Rpt_Editor.cmb_salStfId.Value  ← 担当者
37     Case "納品書"
38       ws.Cells(tgtRow, 6).Value = CDate(Me.txb_date.Value)  ← 発行日
39       ws.Cells(tgtRow, 7).Value = F_Rpt_Editor.cmb_dlvStfId.Value  ← 担当者
40     Case "請求書"
41       ws.Cells(tgtRow, 8).Value = CDate(Me.txb_date.Value)  ← 発行日
42       ws.Cells(tgtRow, 9).Value = F_Rpt_Editor.cmb_bilStfId.Value  ← 担当者
43   End Select
44
45   '終了メッセージ
                          略
46   '更新
47   If rptType <> "見積書" Then    ← 見積書ではない場合
48     Call F_Rpt_Editor.loadData    ← データ読み込み
49     With F_Rpt_List    ← リストボックス更新
50       Dim i As Long
51       i = .lbx_table.topIndex    ← 更新前の位置を取得
52       .lbx_table.List = getRptSrc    ← ソース再設定
```

```
53        If i <> 0 Then .lbx_table.topIndex = i ←位置を戻す（更新時のズレ防止）
54      End With
55    End If
56
57    'フォームを閉じる
                                          略
58  End Sub
```

伝票の種類によって対象のIDを変えたり、PDFファイル出力後に書き込むシートや、フォームやリストを更新したりしています。

更新部分にて、**10-2-2**（P.344参照）で書いた「loadData」プロシージャ（ここで呼び出すためにPublicにしておきました）を呼び出していますが、別のモジュールのPublicプロシージャを呼び出す際、標準モジュールはモジュール名を省略して書くことができますが、フォームモジュールは省略できないため、「モジュール名.プロシージャ名」と書いて指定します。

動作確認をしましょう。受注ID「o0066」の売上伝票を発行してみると（**図16**）、対応した文面のPDFファイルが作成され、フォームが閉じると一覧に「済」が表示され、ボタンも無効になります（**図17**）。

図16 売上伝票を発行

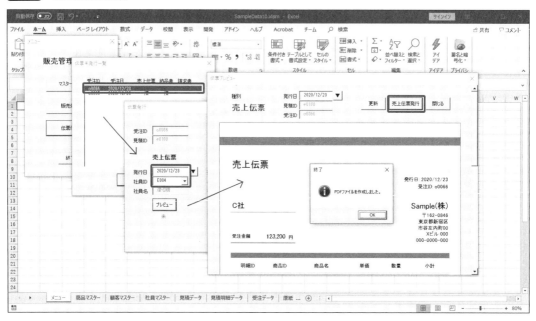

図17 「済」が表示されボタンも無効になる

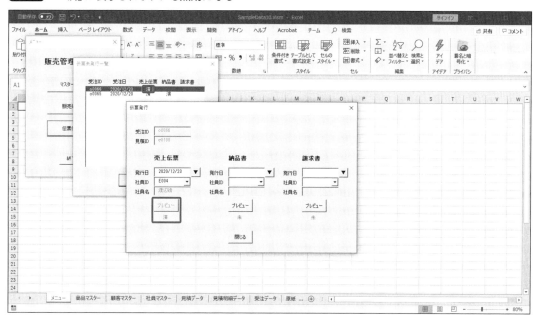

　受注No「o0065」は、売上伝票と納品書がすでに発行済というデータになっているので、残り1つの請求書を発行すると（**図18**）、すべて発行済になってリストから非表示になります（**図19**）。

図18 請求書を発行して3つの伝票を発行済みにする

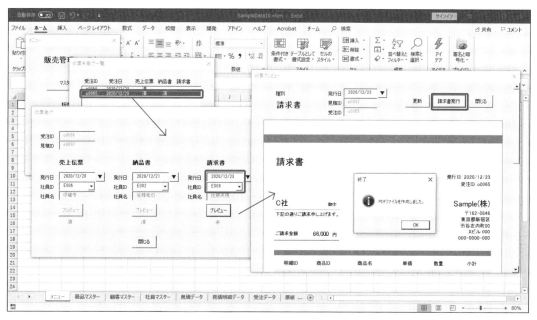

CHAPTER
10

図19 3つの伝票が発行済になるとリストから非表示になる

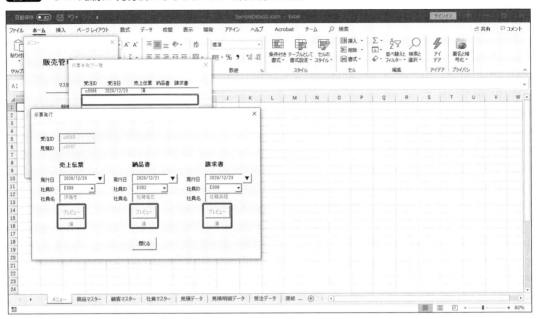

アプリケーションの
品質向上

11-1 シートを「メニュー」として使う
～作業シートの非表示

ここまで主に機能を作り込んできましたが、管理者には必要でもユーザーとしては不要なシートがあります。不要なシートを隠してアプリケーションとしての完成度を高めましょう。

11-1-1 シートに機能ボタンを作成

現状では「メニュー」シートに1つボタンがあり、これを押して「メニュー」フォームが開く仕組みになっています（図1）。

使い勝手を考えると、メニューは最初から表示されてほしいところです。また、マスターや見積、受注などのデータが入っているシートは、フォームを介して読み書きするので直接変更されては困るため、ユーザーからは隠しておいたほうが安全です。

図1 現在のメニュー

対応策として、以下の2案を解説します。

1. 「メニュー」シートに機能ボタンを直接割り当て、それ以外のシートを非表示にする
2. Excel画面を非表示にしてフォームのみ表示されるようにする

11-1では、1番目の方法を解説します。まずは「メニュー」シートにボタンを追加しましょう。**3-1-3**（P.66参照）を参考に、「開発」タブの「挿入」から「フォームコントロール」の「ボタン」を**図2**のように配置します。マクロの登録はあとで行うので、ここではキャンセルしておいてください。ボタンの位置や大きさを変えるには、カーソルを「オブジェクトの選択」状態にすると便利です。

図2　ボタンの配置

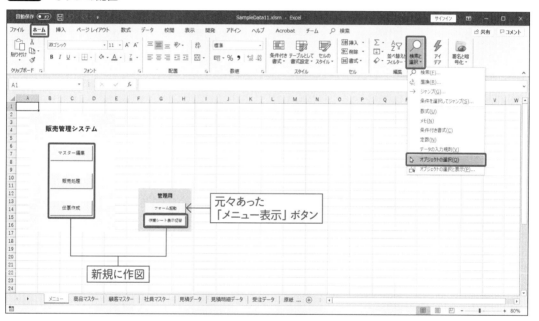

ボタンの背景に使用しているテキストと長方形は、「挿入」→「図」→「図形」から作成して背面に設置したものです（**図3**）。

図3 背景と見出しの設置

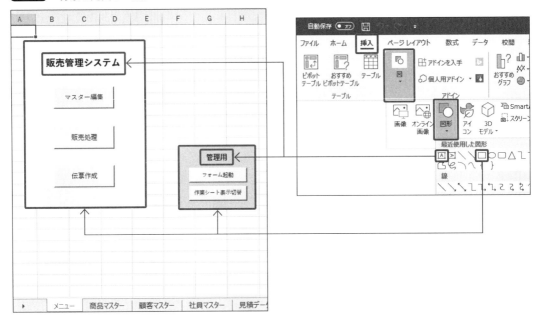

11-1-2 ボタンへプロシージャを割り当てる

このボタンに割り当てるプロシージャを作成しましょう。「M_Startup」モジュールに各機能の
フォームを開くプロシージャを追加します(**コード1**)。このコードは「F_Menu」フォームにあった内
容とほぼ同じです。また、**4-1-1**(P.86参照)で作った一時的な「tmp」プロシージャはもう削除して
構いません。

コード1 「M_Startup」モジュールに追記

```
01 '# 起動モジュール
02 Option Explicit
03 ────────────────────────────────
04 Public Sub openMenu()
05   '## 「メニュー」フォームを開く
06   F_Menu.Show
07 End Sub
08 ────────────────────────────────
09 Public Sub tmp()     ← 削除
10   '## 一時的プロシージャ
        略
11 End Sub
12 ────────────────────────────────
```

```
13   Public Sub openMaster()
14     '## 「マスター選択」フォームを開く
15     F_Mst_Select.Show
16   End Sub
17   ─────────────────────────────────────
18   Public Sub openOrder()
19     '## 「見積一覧」フォームを開く
20     F_Odr_List.Show
21   End Sub
22   ─────────────────────────────────────
23   Public Sub openReport()
24     '## 「伝票未発行一覧」フォームを開く
25     F_Rpt_List.Show
26   End Sub
```

　「メニュー」シートのボタンにプロシージャを割り当てます。対象のボタンを右クリック→「マクロの登録」から、起動したいプロシージャを選んで「OK」をクリックします（**図4**）。

図4 ボタンにプロシージャを割り当てる

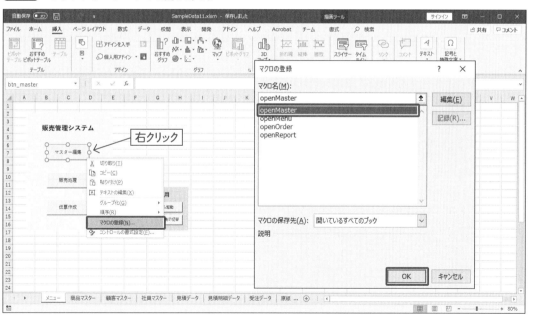

　この要領で各ボタンに**図5**のプロシージャを割り当てます。残り1つの「作業シート表示切替」ボタンは**11-1-3**でプロシージャを作成します。

図5 割り当てるプロシージャ

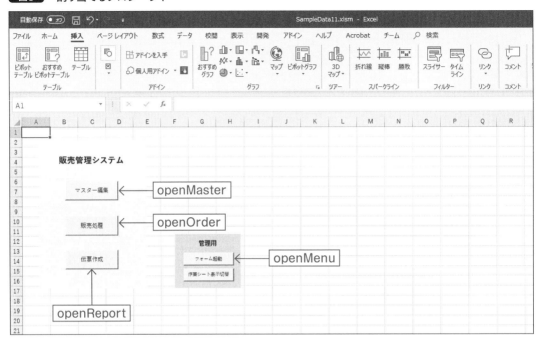

これで、「メニュー」シートのボタンから各機能が使えるようになりました（図6）。

図6 動作確認

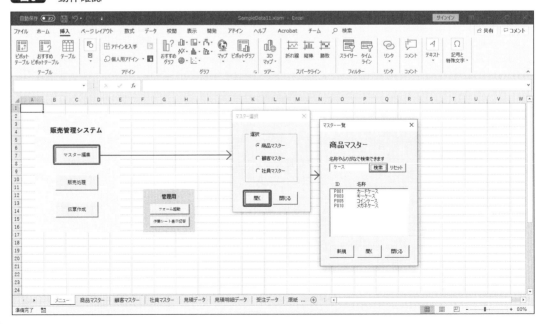

11-1-3 「メニュー」以外のシートの非表示

ユーザーに「メニュー」以外のシートが見えないように隠しましょう。隠すだけではメンテナンスで困るので、表示/非表示の切り替えができるようにします。「M_Startup」モジュールにプロシージャを追加します（**コード2**）。

コード2 シートの表示/非表示をするプロシージャ

```
01  Public Sub switchSheetVisible()
02    '## 作業シート表示切替
03
04    '可視の値を取得
05    Dim vsVal As Long
06    If S_Mst_Product.Visible = xlSheetVisible Then     ←「商品マスター」シート（代表）が見えていたら
07      vsVal = xlSheetHidden     ←非表示の値
08    Else
09      vsVal = xlSheetVisible     ←表示の値
10    End If
11
12    '「メニュー」シート以外の可視を設定
13    Application.ScreenUpdating = False     ←画面表示の更新をオフ
14    Dim ws As Worksheet
15    For Each ws In ThisWorkbook.Worksheets     ←全シートをループ
16      If ws.CodeName <> "S_Menu" Then     ←「メニュー」以外なら
17        ws.Visible = vsVal     ←可視の値を設定
18      End If
19    Next
20    Application.ScreenUpdating = True     ←画面表示の更新をオン
21
22    S_Menu.Select     ←「メニュー」フォームを選択
23  End Sub
```

代表として「商品マスター」シートが表示されているか見て、表示されていたら非表示に、非表示だったら表示に、という値を「メニュー」以外のシートに設定します。

このプロシージャを「メニュー」シートの「作業シート表示切替」ボタンへ割り当てます（**図7**）。

CHAPTER
11

図7 ボタンへ割り当て

ボタンを押すたびに、「メニュー」以外のシートの表示/非表示が切り替わるようになりました(**図8**)。

図8 動作確認

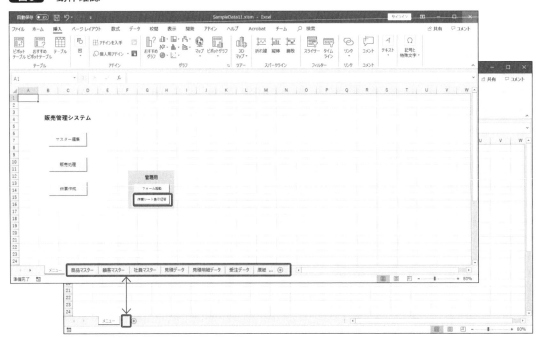

　ただし、伝票のプレビュー画像作成・PDF出力ではシートを元に処理を行っているので、処理を行う際シートが隠れているとエラーが出てしまいます。この部分を修正しましょう。

　「F_Rpt_Preview（伝票プレビュー）」フォームモジュールの「loadPreview」プロシージャに、処理前に「原紙」シートを表示させ処理後に元に戻すコードを追記します（**コード3**）。

```
01  Private Sub loadPreview()
02      '## プレビュー画像読み込み
03
04      '「原紙」シートの可視の値を取得
05      Dim vsVal As Long
06      vsVal = S_PrintBase.Visible
07
08      '画像作成、読み込み
09      Application.ScreenUpdating = False '画面表示の更新をオフ
10      S_PrintBase.Visible = xlSheetVisible    ← 原紙シートの可視を「表示」へ
11      Call deletePrintSheet '「印刷用」シートの削除
12      Call setPrintSheet '「印刷用」シート作成
13      Call makeImg '画像を作成
14      S_PrintBase.Visible = vsVal    ← 「原紙」シートの可視を元へ戻す
15      Application.ScreenUpdating = True '画面表示の更新をオン
16      Me.img_preview.Picture = LoadPicture(m_imgPath & "¥preview.jpg") 'イメージを設定
17  End Sub
```

コード3　「原紙」シートの可視を操作する

　このように書くことで、「原紙」シートが元々表示されていた場合、処理後も表示に、非表示の場合は、いったん表示にしたあと処理後に非表示に戻るようになります。

　シートを非表示にした状態で動作確認してみると、「原紙」シートをいったん表示してからコピーするので、プレビュー表示時に「印刷用」シートは表示状態になります。コピー後、「原紙」シートは非表示になります。「印刷用」シートは、「F_Rpt_Preview（伝票プレビュー）」フォームが閉じるときに削除する仕様になっているので、あとには残りません（**図9**）。

CHAPTER 11

図9 動作確認

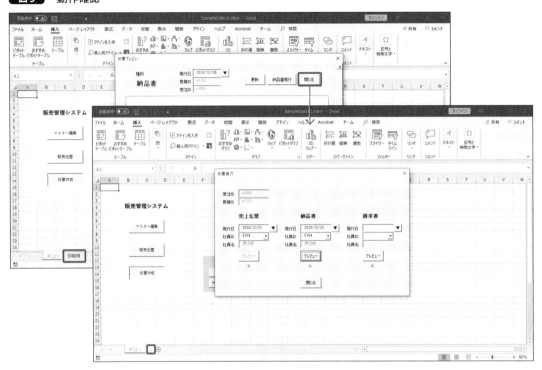

　これで、シートを「メニュー」として使用するアプリケーションの完成です。ここまでのサンプルは、「SampleData11-1.xlsm」という名前で収録されています。

CHAPTER 11

Excel画面の非表示
～より「アプリケーション」らしく

最後に、Excel画面を非表示にして、フォームのみが表示されるようにしてみましょう。

11-2-1 注意事項

この機能を実装すると、図10のような見た目になります。

図10 完成図

Excelとはわからないような見た目で格好よいのですが、この機能を使うには注意しなければならない点があります。これは「Application.Visible」というExcel自身のプロパティの可視を「False」にするので、**複数のブックを開いていると、そのすべてが非表示になってしまいます。**

ブックを複数開いた状態で「Application.Visible = False」にすると、すべてが非表示となりますし、

CHAPTER
11

「Application.Visible = False」の状態で新しくブックを開こうとすると、非表示状態で開くので、ユーザーには「ブックが開かない」ように感じられてしまいます。

したがって、この機能を使う場合は「ほかのExcelブックと同時使用ができない」という条件を徹底しなければなりません。このルールが難しい場合、11-1の「シートをメニューとして使う」ほうが使い勝手がよいかもしれませんので、ユーザーの人数や理解度によって検討してください。

11-2-2 フォームモードへの切り替え

それでは実装してみましょう。まずはボタンの標題を変更します（**図11**）。本書では、Excelアプリが非表示になってフォームのみが見える状態を、便宜上フォームモードと呼ぶこととします。

図11 標題の変更

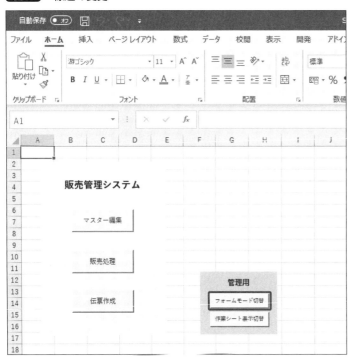

このボタンに割り付けられている、「M_Startup」モジュールの「openMenu」プロシージャにExcelを非表示にする記述を追加します（**コード4**）。

> **コード4** 「メニュー」を開く際にExcelを非表示にする

```
01  Public Sub openMenu()
02    '## 「メニュー」フォームを開く
03    Application.Visible = False   ←── Excelアプリを非表示にする
04    F_Menu.Show
05  End Sub
```

　ここで動作確認はまだしないでください。アプリケーションの可視をFalseにし、Trueに戻さずにブックを閉じてしまうと、それ以降どのブックも非表示で、何も開かない（ように見える）状態になってしまう場合があります。もしもその状況になってしまった場合は、PCの再起動を行ってください。

　メンテナンスをするために、フォームモードから通常モードへ切り替える機能も必要です。そのために、「F_Menu（メニュー）」フォームに「管理用」というキャプションを付けたボタンを追加しましょう。オブジェクト名は「btn_showSheet」とします（**図12**）。

図12 管理用ボタンの追加

　「F_Menu（メニュー）」フォームモジュールの「btn_close_Click（終了）」ボタンに、終了前の確認メッセージを追加します。あわせて、先ほど作った「btn_showSheet（管理用）」ボタンでExcelアプリの可視を「表示」にします。

最後に「UserForm_Terminate（フォームが閉じるときのイベント）」プロシージャにて、「フォームモードだったら保存して終了する」処理を書いておきます（**コード5**）。

コード5 「F_Menu」フォームモジュール

```
01  Private Sub btn_close_Click()
02    '## フォームを閉じる
03
04    Dim msgText As String
05    msgText = "アプリケーションを終了します。よろしいですか?"
06    If MsgBox(msgText, vbOKCancel + vbQuestion, "確認") = vbCancel Then  ← キャンセルなら
07      Exit Sub  ← 終了
08    End If
09
10    Unload Me  ← フォームを閉じる
11  End Sub
12  ─────────────────────────────────────────
13  Private Sub btn_showSheet_Click()  ← 新規追加
14    '## 「管理用」ボタンクリック時
15    Application.Visible = True  ← Excelアプリを表示する
16    Unload Me  ← フォームを閉じる
17  End Sub
18  ─────────────────────────────────────────
19  Private Sub UserForm_Terminate()  ← 新規追加
20    '## フォームが閉じる時
21
22    If Application.Visible = False Then  ← Excelアプリが非表示（フォームモード）だったら
23      ThisWorkbook.Save  ← ブックを保存
24      Application.Quit  ← Excelアプリを終了する
25    End If
26  End Sub
```

このブックを終了する前にExcelの非表示状態を解除する記述を書いておかねばなりません。VBEのプロジェクトエクスプローラーにて、シートの一番下にある「ThisWorkBook」を右クリックして、表示されるメニューから「コードの表示」を選択し、「ブックモジュール」を作成します。

このブックモジュールで、上部左側のドロップダウンリストから「Workbook」、上部右側のドロップダウンリストから「BeforeClose」を選択することで、「このブックが閉じる直前」に実行されるイベントプロシージャを作成します（**図13**）。既定のイベントが挿入されますが、不要なので削除してください。

図13　「BeforeClose」イベントプロシージャ

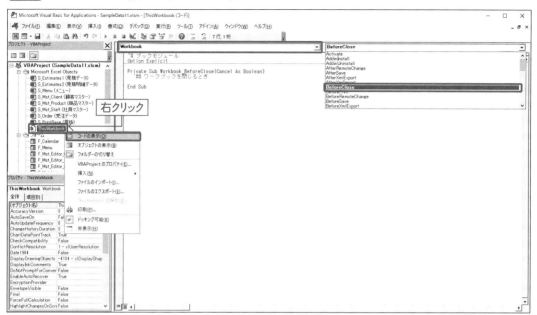

　作成した「ブックを閉じるとき」のプロシージャに**コード6**を書きます。「F_Menu（メニュー）」フォームの「UserForm_Terminate（フォームが閉じるとき）」の中に書いてもよいのですが、予期せぬエラーでプログラムが中断したときのことも考えると、ブックモジュールに書いておいたほうが確実です。

コード6　ブックモジュールの閉じるイベントでExcelの非表示を解除

```
01  Private Sub Workbook_BeforeClose(Cancel As Boolean)
02      '## ワークブックを閉じるとき
03      Application.Visible = True  ← Excelアプリを表示
04  End Sub
```

　この時点では「F_Menu（メニュー）」フォームにおいて「終了」ボタンのイベントしか作ってありませんが、右上の「×」ボタンでフォームを閉じられた場合も考慮しなくてはなりません。このボタンは、「F_Menu（メニュー）」モジュールの「UserForm_QueryClose」というイベントで検出することができます（**図14**）。

CHAPTER
11

図14 もうひとつの「閉じる」ボタン

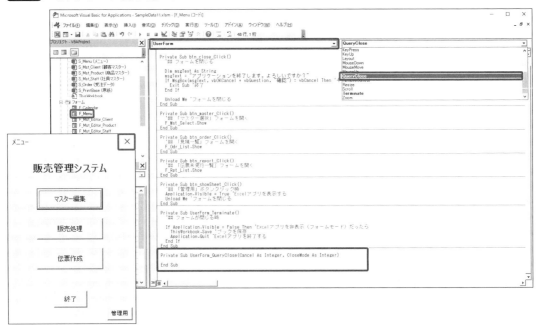

このイベントの中で、「CloseMode」引数が「vbFormControlMenu」だった場合、「×ボタンが押された」と特定できるので、そこで確認メッセージを出します（**コード7**）。

ここでのキャンセル動作は、「フォームが閉じようとしている」イベントを取り消すという記述になるため、「QueryClose」イベントを「Cancel = True」することで、フォームが閉じなくなります。

コード7 「×」ボタンを押されたときの対処

```
01  Private Sub UserForm_QueryClose(Cancel As Integer, CloseMode As Integer)
02    '## フォームが閉じる直前
03
04    If CloseMode = vbFormControlMenu Then ←── ×ボタンで閉じようとした場合
05      Dim msgText As String
06      msgText = "アプリケーションを終了します。よろしいですか?"
07      If MsgBox(msgText, vbOKCancel + vbQuestion, "確認") = vbCancel Then ←──
08        Cancel = True ←── イベントの取り消し（フォームは閉じない）        キャンセルなら
09      End If
10    End If
11  End Sub
```

これで動作確認してみましょう。シート上の「フォームモード切替」ボタンを押すとExcel画面が非表示でフォームのみになり、「管理用」ボタンで元に戻ります。

フォームモードで「終了」または「×」ボタンを押すと確認メッセージが出て終了します（**図15**）。

図15 動作確認

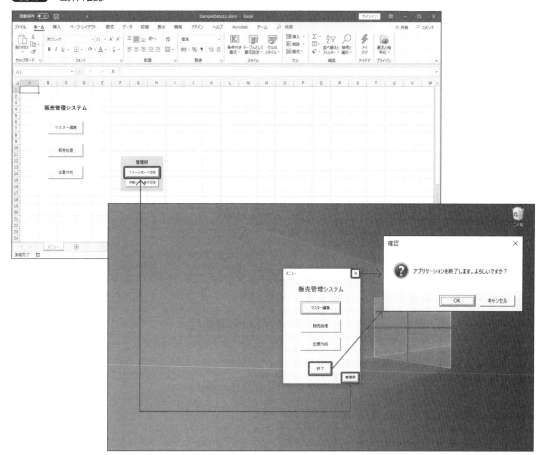

11-2-3 ブックを開いたときにフォームモードへ

最後に、ファイルを開いたときに自動でフォームモードが起動するようにしてみましょう。

11-2-2（P.376参照）で作ったブックモジュールに、「ブックが開いたとき」に実行される「Workbook_Open」イベントを追加します（**図16**）。

CHAPTER
11

図16 「Workbook_Open」イベントの追加

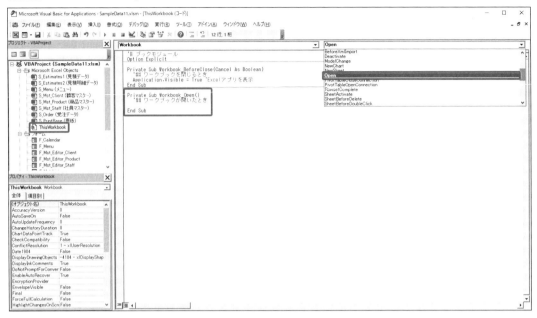

ここで「M_Startup」モジュールの「openMenu」と同じことをすればよいので、プロシージャを呼び出せばかんたんです（**コード8**）。

標準モジュールのプロシージャの呼び出しは、モジュール名を省略することができるので「Call openMenu」でも動くのですが、この部分の呼び出しは、ほかの標準モジュールに比べて汎用性が低く、メンテナンス時にどのモジュールのプロシージャか判別しにくいので、あえてモジュール名を付けています。

コード8 ブックモジュールで「M_Startup」の「openMenu」を呼び出す

```
01  Private Sub Workbook_Open()
02      '## ワークブックが開いたとき
03
04      Call M_Startup.openMenu ←『メニュー』フォームを開く」プロシージャの呼び出し
05  End Sub
```

さて、11-2-1（P.373参照）にてこの「Application.Visible = False」にする方法は、ほかのExcelブックと同時使用ができないというお話をしました。

「Workbook_Open」イベントのタイミングで、「開いている総ブック数を調べて、複数あったらキャンセルする」という処理をさせることが可能なので、対策として入れておきましょう（**コード9**）。

「Windows(ThisWorkbook.Name).Visible」をいったん「False」にしておくと、開こうとしているブッ

クの画面を見せずにメッセージボックスを表示することができます。

コード9　複数ブックが開いていたらキャンセルする処理の追加

```
01  Private Sub Workbook_Open()
02    '## ワークブックが開いたとき
03
04    'これ以外のブックが開いていたら中止する
05    If Workbooks.Count > 1 Then     ← 開いているブックが1個より多かったら
06      Windows(ThisWorkbook.Name).Visible = False ← このブックの非表示
07      MsgBox ThisWorkbook.Name & "は、ほかのExcelブックが開いている場合は利用できません", _
08        vbOKOnly + vbExclamation, "注意"
09      Windows(ThisWorkbook.Name).Visible = True     ← このブックの表示
10      ThisWorkbook.Close saveChanges:=False        ← 保存しないで閉じる
11    End If
12
13    '「『メニュー』フォームを開く」プロシージャの呼び出し
14    Call M_Startup.openMenu
15  End Sub
```

　ただしこの処理は、ほかのブックが開いている状態でこのサンプルを開く場合には捕捉できますが、先にこのサンプルを開いて「Application.Visible = False」にした上で、ほかのブックを開く場合には対処できませんので、ご承知おきください。

　動作確認してみましょう。ファイルをいったん閉じて開いてみると、自動でフォームモードの状態になります。

　ほかのブックを開いている状態でこのサンプルを開こうとすると、メッセージが表示されて開くことができません（図17）。

図17　ほかのブックが先に開いている場合

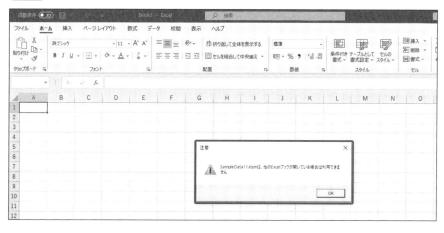

CHAPTER
11

以上のサンプルは、「SampleData11-2.xlsm」という名前で収録されています。

これで、「マスター編集」「販売処理」「伝票作成」の3つの機能を持ったExcelアプリの完成です。業務で使えそうな形に改変したり、部分的にコードを参考にしたりして、ぜひ活用してみてください。

APPENDIX

さらに完成度を高める
テクニック

コントロールには画像を設定できるものが存在します。画像を効果的に使うことで、よりオリジナリティを持たせることができます。

A-1-1 パターンを敷き詰める

Appendixの内容を検証しやすくするため、専用のファイルを用意しています。**CHAPTER 11**の最後のサンプルをベースに、シートをすべて表示し、「ThisWorkbook」モジュールの「Workbook_Open（ワークブックが開いたとき）」プロシージャをコメントアウトした状態のファイルを利用してください。このファイル（「SampleDataA.xlsm」）はAppendix→beforeフォルダーに入っています。

「SampleDataA.xlsm」を開き、VBEにて「F_Menu（メニュー）」フォームを選択します。プロパティウィンドウは「項目別」というタブを選ぶと種別に分類された並びになります。「Picture」プロパティの「…」ボタンをクリックすると「ピクチャの読み込み」ウィンドウが開くので、before→imagesフォルダー内のtexture.gifを選択してください（**図1**）。

なお、高解像度ディスプレイをご使用の方は画像が小さく表示されてしまうので、before→images_x2内の画像をお使いください（2倍の大きさで作成した画像が入っています）。

一見何も変化していないように思えますが、パターンの一部の小さな画像が背景中央にあるので、この時点では見えません。「PictureTiling」を「True」にすると全体に敷き詰められ、実行すると**図2**のように見えます。ラベルの「BackStyle」を「0 - fmBackStyleTransparent」にすると、ラベルの背景にも画像が見えるようになります。

図1 フォームに画像を読み込む

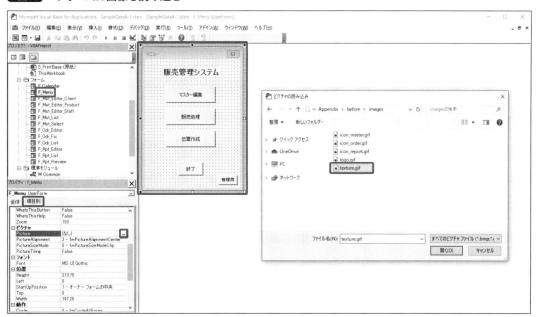

図2 パターンを敷き詰めた例

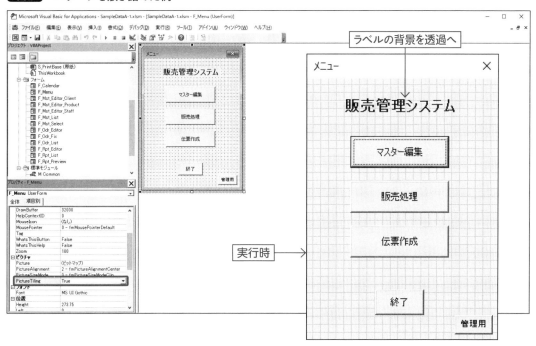

また、サンプルの画像は背景透過gifで作られているので、フォームの「BackColor」の変更も併用できます（**図3**）。図は1例で、サンプルには収録されていません。

図3 BackColorを変更した例

A-1-2 クレジット画像を表示

今度は「PictureTiling」を「False」にして、クレジット画像を表示させてみましょう。A-1-1と同じ要領で「logo.gif」を読み込みます（**図4**）。

図4 クレジット画像を読み込む

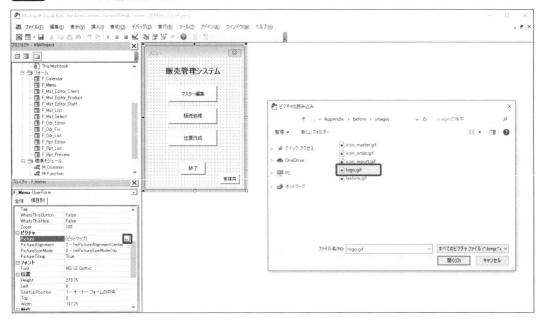

「PictureAlignment」を「3 – fmPictureAlignmentBottomLeft」にすると、画像が左下に配置されます（図5）。

図5 クレジット画像を左下に配置

ここまでのサンプルがAppendix→afterフォルダーの「SampleDataA-1.xlsm」です。

APPENDIX

A-2 コマンドボタンにアイコンを表示させる

コマンドボタン上の表示を文字列ではなく画像にすることで、視認性を向上させることができます。

A-2-1 画像の読み込み

　コマンドボタンの背景にも画像を読み込むことができます。A-1と同じ要領で、「マスター編集」ボタンに「icon_master.gif」、「販売処理」ボタンに「icon_order.gif」、「伝票作成」ボタンに「icon_report.gif」画像を読み込みます（図6）。

図6　コマンドボタンに画像を読み込む

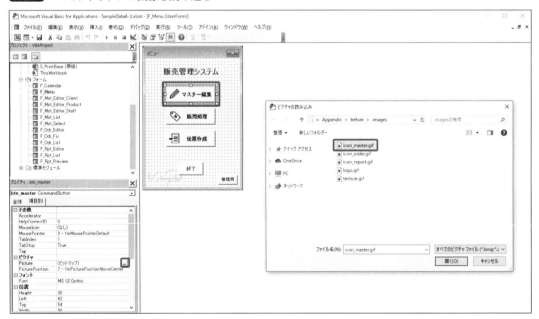

A-2-2　大きさや配置の調整

　ボタンよりも画像のほうが大きい場合、縮小されて表示が荒くなってしまうので、ボタンの大きさを調整します。サンプルでは「Width」を「126」、「Height」を「40」にしています。

　また、画像を中央に表示させるため、「PicturePosition」を「12 – fmPicturePositionCenter」にします。すると画像の上に「Caption」の文字列が出てしまうので、「Caption」はクリアしましょう。

　実行すると図7のようになります。

図7　大きさや配置を調整

　ここまでのサンプルがAppendix→afterフォルダーの「SampleDataA-2.xlsm」です。

APPENDIX

A-3 フォームの印象を変える

デフォルトの状態から、立体感を抑えたシンプルなデザインに変更してみましょう。

A-3-1 ボックス系のエフェクトを変更

各フォームのテキストボックス、コンボボックス、リストボックスの「SpecialEffect」を「3-fmSpecialEffectEtched」に変更すると、立体感の少ないデザインになります（図8）。

図8 エフェクトの変更

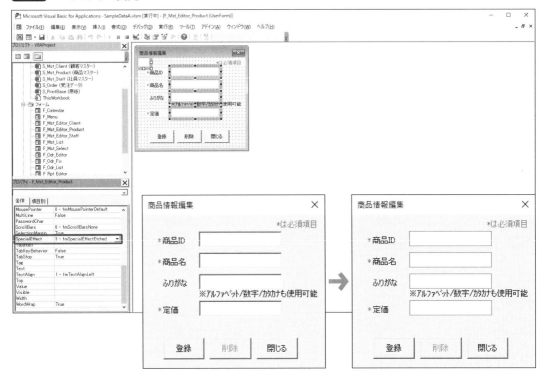

A-3-2　フォントの変更

　フォーム上のコントロールをすべて選択（フォーム上で Ctrl + A キーを押す）し、「Font」の「…」をクリックします。フォントの設定で、「Meiryo UI」へ変更します（**図9**）。

　フォントは、そのPCにインストールされているものしか反映できませんので、複数のPCで使用する場合、Meiryo（メイリオ）のようにWindowsに標準搭載されているフォントを選んでおくと安心です。

図9　フォントの変更

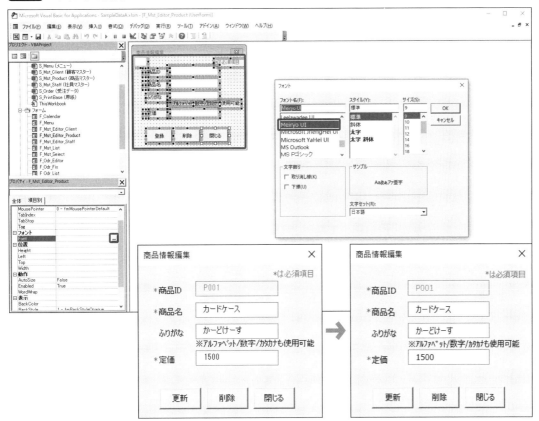

　デフォルトのMS UI Gothicより、柔らかい印象になります。

　メイリオはフォントの幅が若干広くなるので、フォントの大きさ、コントロールの大きさなどを適宜調整してください。カレンダーの「▼」などはメイリオにすると文字が大きくなってしまうのでMS UI Gothicのままにしてあります。

　すべてのフォームにこの変更を施したのがAppendix→afterフォルダーの「SampleDataA-3.xlsm」です。

APPENDIX

A-4 既存データを利用して新規データを登録する

運用の際、過去のデータをコピーして使いたいという要望もあると思いますので、その対応方法を紹介します。

A-4-1 マスター編集

既存データを読み込んだ状態でチェックボックスをクリックすると、ID以外のデータを残したまま、「新規」状態（図10）になるようにコードを変更します。

「F_Mst_Editor_Product（商品情報編集）」フォームを使って解説しますが、「F_Mst_Editor_Client（顧客情報編集）」と「F_Mst_Editor_Staff（社員情報編集）」も同様です。

図10 完成図

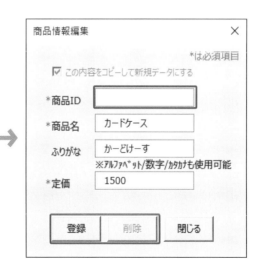

フォームに、オブジェクト名を「chk_copy」、キャプションを「この内容をコピーして新規データにする」としたチェックボックスを追加します（図11）。

図11 チェックボックスの追加

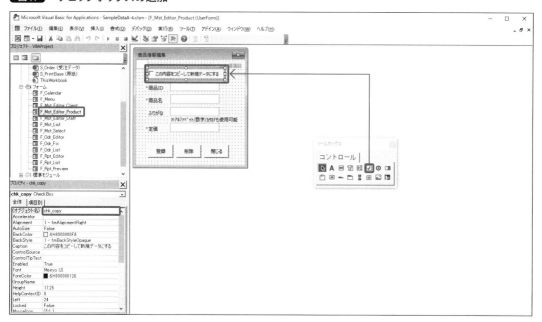

　該当フォームの「UserForm_Initialize(フォーム読み込み時)」にて、追加したチェックボックス
を「新規」の場合、使用不可に、「開く」の場合は、使用可にします(**コード1**)。

コード1 チェックボックスの使用可否を条件分け

```
01  Private Sub UserForm_Initialize()
02    '## フォーム読み込み時
03
                              ── 略 ──
04
05    If lbx.ListIndex = -1 Then 'リストボックスが選択されていなかったら
06
07      '状態変更
08      Me.txb_prdId.Enabled = True '使用可
09      Me.txb_prdId.BackColor = RGB(255, 255, 255) '背景色白(vbWhiteでも可)
10      Me.btn_edit.Caption = "登録" 'ボタンのキャプション
11      Me.btn_delete.Enabled = False '削除ボタン使用不可
12      Me.chk_copy.Enabled = False  ←── コピー機能オフ
13
14      '対象行の読み込み
                              ── 略 ──
15    Else 'リストボックスが選択されていたら
16
```

APPENDIX

```
17      '状態変更
18      Me.txb_prdId.Enabled = False '使用不可
19      Me.txb_prdId.BackColor = RGB(240, 240, 240) '背景色グレー
20      Me.btn_edit.Caption = "更新" 'ボタンのキャプション
21      Me.chk_copy.Enabled = True  ←  コピー機能オン
22
23      '対象行の読み込み
                              略
24      '値の読み込み
                              略
25    End If
26 End Sub
```

　「chk_copy_Click（チェックボックスクリック時）」のイベントプロシージャを作成し、**コード2**を書きます。顧客、社員情報編への展開の際は色の付いている部分をそれぞれのコントロールやシートに対応させてください。

コード2　フォームを新規状態にする

```
01 | Private Sub chk_copy_Click()
02 |   '## チェックボックスクリック時
03 |
04 |   Me.txb_prdId.Value = ""  ←  IDクリア
05 |   Me.txb_prdId.Enabled = True  ←  使用可
06 |   Me.txb_prdId.BackColor = vbWhite  ←  背景色白
07 |   Me.btn_edit.Caption = "登録"  ←  ボタンのキャプション
08 |   Me.btn_delete.Enabled = False  ←  削除ボタン使用不可
09 |   Me.chk_copy.Enabled = False  ←  コピー機能オフ
10 |   Me.txb_tgtRow = getLastRow(S_Mst_Product) + 1  ←  新規行
11 |
12 |   '「マスター一覧」フォームの選択項目を解除
13 |   Dim lbx As MSForms.ListBox  ←  リストボックス用の変数を宣言
14 |   Set lbx = F_Mst_List.lbx_table  ←  対象のリストボックスをセット
15 |   lbx.Selected(lbx.ListIndex) = False  ←  選択項目を解除する
16 | End Sub
```

　以上の変更を「F_Mst_Editor_Client（顧客情報編集）」と「F_Mst_Editor_Staff（社員情報編集）」にも実装します。

　最後に「F_Mst_List（マスター一覧）」フォームです。「btn_new（新規）」ボタンにのみシートを並び替える処理を付けてありましたが、ここまでの変更により「btn_open（開く）」ボタンからも新規登録できるようになったので、ここにもシート並び替え処理を追加します（**コード3**）。

コード3 シート並び替え処理を追加

```
01  Private Sub btn_open_Click()
02      '##「開く」ボタンクリック時
03
             ～～～～～～～～～ 略 ～～～～～～～～～
04      'タイトルの文字列に対応するフォームを開く
             ～～～～～～～～～ 略 ～～～～～～～～～
05      'シート並べ替え
06      Call sortRange(m_ws, xlAscending)    ← 追加
07
08      'リストボックス更新
09      Call reloadListBox
10  End Sub
```

A-4-2 販売処理

A-4-1同様、既存データを読み込んだ状態でチェックボックスをクリックすると、ID以外のデータを残したまま、「新規」状態(**図12**)になるようにコードを変更します。

図12 完成図

フォームに、オブジェクト名を「chk_copy」、キャプションを「この内容をコピーして新規データにする」としたチェックボックスを追加します（**図13**）。

図13 チェックボックスの追加

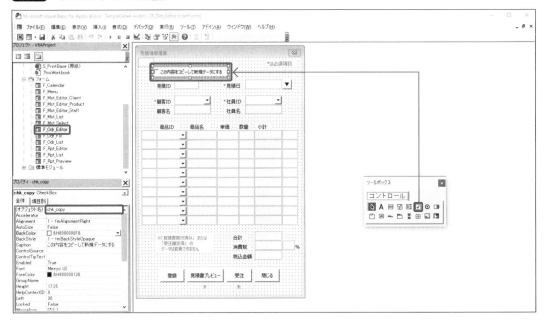

該当フォームの「UserForm_Initialize（フォーム読み込み時）」にて、追加したチェックボックスを「新規」の場合、使用不可に、「開く」の場合は、使用可にします（**コード4**）。

コード4 チェックボックスの使用可否を条件分け

```vba
01  Private Sub UserForm_Initialize()
02    '## フォーム読み込み時
03
                          ～略～
04
05    If lbx.ListIndex = -1 Then 'リストボックスが選択されていなかったら
06
07      Me.txb_estId = "新規" '見積ID
08      Me.btn_edit.Caption = "登録" 'ボタンのキャプション
09      Me.txb_date.Value = Date '本日の日付を入れておく
10      Me.txb_tgtRow = getLastRow(S_Estimates1) + 1 '対象行の読み込み
11      Me.chk_copy.Enabled = False ←コピー機能オフ
12
13    Else 'リストボックスが選択されていたら
```

```
14
15        '状態変更
16        Me.btn_edit.Caption = "更新" 'ボタンのキャプション
17        Me.chk_copy.Enabled = True ←── コピー機能オン
18
19        '親データ読み込み
                                          略
20        '子データ読み込み
                                          略
21      End If
22
23    End Sub
```

　同じモジュール内の「reloadForm」プロシージャでフォーム内容をクリアする際、チェックボックスのチェックを外す記述を追加します（**コード5**）。

コード5　フォームをクリアの際、チェックを外す

```
01    Private Sub reloadForm()
02       '## 一覧と編集フォームの更新
03
04       '見積一覧のリストボックス更新
                                          略
05       'フォームのクリア
06       Me.chk_copy.Value = False ←── コピー機能のチェックを外す
07       Me.txb_estId = "" '見積ID
08       Me.txb_date = "" '見積日
                                          略
09    End Sub
```

　「chk_copy_Click（チェックボックスクリック時）」のイベントプロシージャを作成し、**コード6**を書きます。**コード5**でチェックを外した際、仕様によりこのイベントも実行されてしまうので、4〜5行目にて対策しています。

コード6　フォームを新規状態にする

```
01    Private Sub chk_copy_Click()
02       '## チェックボックスクリック時
03
04       'チェックが外れていたらこのプロシージャを適用しない
05       If Me.chk_copy.Value = False Then Exit Sub
```

APPENDIX

```
06
07     '親データ
08     Me.txb_estId = "新規"          ←─[見積ID]
09     Me.txb_date.Enabled = True     ←─[見積日]
10     Me.txb_date.Value = Date       ←─[本日の日付を入れておく]
11     Me.btn_calendar.Enabled = True ←─[カレンダーボタン]
12     Me.cmb_cltId.Enabled = True    ←─[顧客ID]
13     Me.cmb_stfId.Enabled = True    ←─[社員ID]
14     Me.txb_tgtRow = getLastRow(S_Estimates1) + 1 ←─[対象行の読み込み]
15     Me.chk_copy.Enabled = False    ←─[コピー機能オフ]
16
17     '子データ
18     Dim i As Long
19     For i = 1 To m_MAX_RCD
20       If Me("txb_dtlId" & i).Value <> "" Then Me("txb_dtlId" & i).Value = "新規" ←─
21       Me("cmb_prdId" & i).Enabled = True  ←─[商品ID]        [明細ID]
22       Me("txb_price" & i).Enabled = True  ←─[単価]
23       Me("txb_qty" & i).Enabled = True    ←─[数量]
24       Me("txb_tgtDRow" & i).Value = ""    ←─[明細行クリア]
25     Next i
26
27     'ほか
28     Me.btn_edit.Caption = "登録"    ←─[ボタンのキャプション]
29     Me.btn_edit.Enabled = True      ←─[使用可]
30     Me.lbl_message.Visible = False  ←─[メッセージ非表示]
31     Me.lbl_preview.Caption = "未"   ←─[見積書ラベル]
32     Me.btn_preview.Enabled = True   ←─[見積書ボタン]
33     Me.lbl_order.Caption = "未"     ←─[発注ラベル]
34     Me.btn_order.Enabled = True     ←─[発注ボタン]
35
36     '「見積一覧」フォームの選択項目を解除
37     Dim lbx As MSForms.ListBox      ←─[リストボックス用の変数を宣言]
38     Set lbx = F_Odr_List.lbx_table  ←─[対象のリストボックスをセット]
39     lbx.Selected(lbx.ListIndex) = False ←─[選択項目を解除する]
40   End Sub
```

ここまでのサンプルがAppendix→afterフォルダーの「SampleDataA-4.xlsm」です。

APPENDIX

クラスモジュールで イベント処理を省コード化

A-5

8-3-3の最後でふれましたが、「F_Odr_Editor（見積情報編集）」フォームでは、「商品ID」「単価」「数量」のChangeイベントがコントロールの数だけ書いてあり、管理が大変です。もっと省コード化してみましょう。

A-5-1　クラスモジュールとは

　ちょっと難しい概念なので、ここでは筆者なりのおおまかなイメージを紹介しますが、「配車サービス」を想像してみてください。

　クラスモジュールでは、配車する車の「設計」を行います。荷台をいくつ付けるのか、その荷台に載せるものは何か、車はどんな動きをするのか、そういったことを決めることができます（**図14**）。

図14　クラスモジュールで「設計」を行う

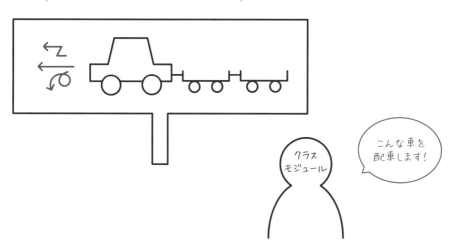

　クラスモジュールは、配車する車の設計図なので、それ自体は使えません。使うときは別のモジュールからお願いして、この設計図に沿った車を配車してもらいます。これを、**インスタンス（実体）**と

APPENDIX

399

呼びます。そこに荷物を載せたり動かしたりします（**図15**）。

図15 インスタンス化して使用する

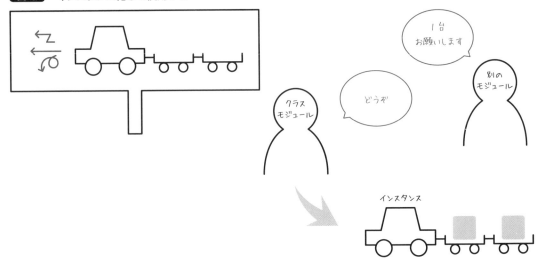

　クラスモジュールの便利なところは、このインスタンス（実体）を複数作ることができるのです（**図16**）。同じような荷物を載せる、同じような動きをさせたいものがたくさんあるとき、それをひとつひとつ書く手間を減らすことができます。

図16 インスタンスは複数作ることができる

　クラスモジュールを元にインスタンス化した実体は、オリジナルの性能を持った「オブジェクト」となります。**3-1-1**（P.65参照）、**4-2-1**（P.94参照）で「オブジェクト」に対する「メソッド」と「プロパティ」について書きましたが、設計した車の「動き」が「メソッド」、「荷台」が「プロパティ」として使うことができます。

A-5-2　クラスモジュールの作成

　実際に実装してみましょう。「挿入」→「クラスモジュール」を新たに挿入し、オブジェクト名を「C_EventControl」に変更します（**図17**）。

図17　クラスモジュールの挿入

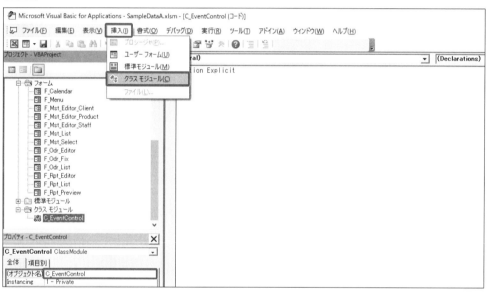

　作成した「C_EventControl」クラスモジュールに**コード7**を書きます。これは、「商品ID」「単価」「数量」のコントロールのChangeイベントを捕捉して実行させるための記述です。この記述により、「F_Odr_Editor（見積情報編集）」フォームに書いた「cmb_prdId1～10_Change」「txb_price1～10_Change」「txb_qty1～10_Change」の合計30個のプロシージャが不要になるので、削除してください。

コード7　「C_EventControl」クラスモジュール

```
01  '# イベントコントロールクラス
02  Option Explicit
03
04  ' イベントを捕捉するための変数
```

```
05  Private WithEvents cmb_prdId As MSForms.ComboBox '商品ID
06  Private WithEvents txb_price As MSForms.TextBox '単価
07  Private WithEvents txb_qty As MSForms.TextBox '数量
08  ─────────────────────────────────────
09  Public Sub setPrdIdEvent(tgtCtrl As MSForms.ComboBox)
10    '## クラスの「商品ID」変数にセット
11    Set cmb_prdId = tgtCtrl
12  End Sub
13  ─────────────────────────────────────
14  Public Sub setPriceEvent(tgtCtrl As MSForms.TextBox)
15    '## クラスの「単価」変数にセット
16    Set txb_price = tgtCtrl
17  End Sub
18  ─────────────────────────────────────
19  Public Sub setQtyEvent(tgtCtrl As MSForms.TextBox)
20    '## クラスの「数量」変数にセット
21    Set txb_qty = tgtCtrl
22  End Sub
```

「C_EventControl」クラスモジュールに**コード8**を追記します。これは、「F_Odr_Editor（見積情報編集）」フォームの「cmb_prdId_ChangeCommon」「txb_price_ChangeCommon」「txb_qty_ChangeCommon」をクラスに適応させた形です。「F_Odr_Editor（見積情報編集）」側の3つのプロシージャはこれで不要になりますので、削除してください。

コード8 「C_EventControl」クラスモジュールに追記

```
01  Private Sub cmb_prdId_Change()
02    '## 「商品ID」変更時(共通)
03
04    Dim i As Long
05    i = Replace(cmb_prdId.Name, "cmb_prdId", "") '数値部分のみ取得
06    Dim f As UserForm
07    Set f = F_Odr_Editor '「見積情報編集」フォームを変数にセット
08
09    'IDから商品名を取得
10    f("txb_prdName" & i).Value = getName(cmb_prdId.Value, S_Mst_Product)
11
12    If cmb_prdId.Value = "" Then '商品IDが空白だったら
13      '数量と単価を空白にする
14      txb_qty.Value = ""
15      txb_price.Value = ""
16    Else '商品IDが空白じゃなかったら
17      '詳細IDが空だったら「新規」と入れておく
```

```
18        If f("txb_dtlId" & i).Value = "" Then f("txb_dtlId" & i).Value = "新規"
19
20        '定価の取得
21        On Error Resume Next 'エラー時は次の行へ
22        Dim tgtRange As Range
23        Set tgtRange = S_Mst_Product.Range("A1").CurrentRegion 'アクティブセル領域の読み込み
24        Dim tgtPrice As String '定価を格納する変数
25        'VLookup関数を使って4列目の値(定価)を返す
26        tgtPrice = WorksheetFunction.VLookup(cmb_prdId.Value, tgtRange, 4, False)
27        txb_price.Value = tgtPrice '代入
28
29        '数量の設定
30        txb_qty.Value = 1
31     End If
32  End Sub
33  ─────────────────────────────────────────────
34  Private Sub txb_price_Change()
35     '## 「単価」変更時(共通)
36
37     Dim i As Long
38     i = Replace(txb_price.Name, "txb_price", "") '数値部分のみ取得
39     Call isAcceptNum(txb_price) '数値チェック
40     Call F_Odr_Editor.calcSubTotal(i) '小計の算出
41  End Sub
42  ─────────────────────────────────────────────
43  Private Sub txb_qty_Change()
44     '## 「数量」変更時(共通)
45
46     Dim i As Long
47     i = Replace(txb_qty.Name, "txb_qty", "") '数値部分のみ取得
48     Call isAcceptNum(txb_qty) '数値チェック
49     Call F_Odr_Editor.calcSubTotal(i) '小計の算出
50  End Sub
```

A-5-3　クラスモジュールを利用する記述

「F_Odr_Editor（見積情報編集）」フォームに、クラスモジュールを利用する記述を追記します（コード9）。

コード9　別モジュールからクラスモジュールを利用する

```
01  '# 「見積情報編集」フォーム
```

APPENDIX

```
02  Option Explicit
03
04  Private Const m_MAX_RCD As Long = 10 '詳細レコードの数
05  Private eventColl As Collection  ←─ 共通イベント処理用コレクション
06  ─────────────────────────────────────────────
07  Private Sub UserForm_Initialize()
08     '## フォーム読み込み時
09
10     Dim i As Long '汎用変数
11
12     '共通イベントを行いたいコントロールの処理
13     Set eventColl = New Collection ←─ コレクション生成
14     Dim eventControl As C_EventControl  ←─ インスタンス変数を宣言
15     For i = 1 To m_MAX_RCD
16        Set eventControl = New C_EventControl  ←─ インスタンスの生成
17        eventControl.setPrdIdEvent Me("cmb_prdId" & i)  ←─ 商品IDをセット
18        eventControl.setPriceEvent Me("txb_price" & i)  ←─ 単価をセット
19        eventControl.setQtyEvent Me("txb_qty" & i)  ←─ 数量をセット
20        eventColl.Add eventControl ←─ コレクションへ追加
21        Set eventControl = Nothing ←─ インスタンスの参照破棄
22     Next i
23
24     'ドロップダウンリストの設定
                          略
25  End Sub
```

　最後に、「F_Odr_Editor（見積情報編集）」フォームの「calcSubTotal」プロシージャのスコープ（適用範囲）を変更します。クラスモジュールから呼び出すことになったので、PrivateからPublicにします（**コード10**）。

コード10 スコープ（適用範囲）の変更

```
01  Public Sub calcSubTotal(ByVal i As Long)
02     '## 小計の算出
03
04  End Sub
```

　クラスモジュールを使うことで同じような記述が減り、コントロールが増減しても変更がかんたんになります。

　ここまでのサンプルがAppendix→afterフォルダーの「SampleDataA-5.xlsm」です。

SQLを使ってデータを取得する

ここまで表形式のデータ取得には配列を使った方法を紹介してきましたが、SQLを使って取得する方法も覚えておくと、いずれデータベースの知識が必要になった際に役立ちます。

A-6-1　SQLとレコードセット

　ここまで本書で紹介した手順では、シートをまるごと配列に取り込み、絞り込みの有無で別の配列を挟んでから、最終的に使う配列を作成する、という流れでした。配列は処理が速いので、大量のデータでもさほど問題なく動きますが、すべてのデータをループで総当たりしたり、絞り込みの条件分岐が複雑だったりと、どうしてもスマートさに欠ける気はします。

　そこで、配列ではなくレコードセットという形式のデータ取得も試してみましょう。

　レコードセットとはデータベース用語です。データベースは、表形式のデータ（テーブル）を集めたもので、テーブルから任意のデータを取り出したものがレコードセットです。このとき、テーブルへの問い合わせをSQLという言語を使って行います。

　データベースは本来Accessの分野ですが、Excelではブックをデータベース、ワークシートをテーブルとして扱うことで、シートの情報をレコードセットとして取り出すことができるのです（**図18**）。

　レコードセットが便利なのは、SQLで柔軟に条件を設定できるため、1回で必要なデータを必要な形・並び方で取り出せるところです。別の配列を挟むなどの煩雑な作業をしなくてもよいので、コードが少なくなりメンテナンスもしやすくなります。

APPENDIX

図18 配列で扱っていた部分をレコードセットにしてみると

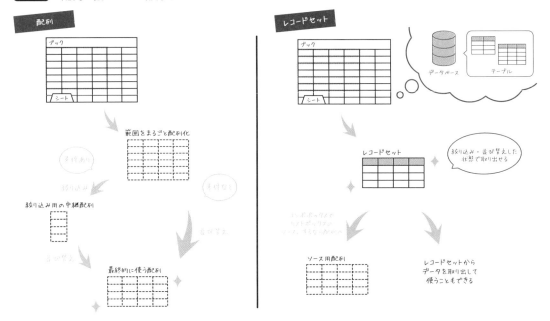

A-6-2 全体像の把握

まずは1つのプロシージャで完結する例を見て流れを確認しましょう（**コード11**）。

ブックをデータベースとして扱うためにコネクションを作成して接続、SQL文の作成、レコードセット取得、データ取り出し、レコードセットとコネクションの終了処理、という流れです。

コード11 SQLでデータを取り出すサンプル

```
01  Sub sample()
02    '接続
03    Dim cn As Object
04    Set cn = CreateObject("ADODB.connection") 'ADOコネクションオブジェクトを作成
05    cn.Open "Provider=Microsoft.ACE.OLEDB.12.0; " & _
06            "Data Source=" & ThisWorkbook.FullName & "; " & _
07            "Extended Properties='Excel 12.0; HDR=YES; IMEX=1';" 'コネクションを開く
08
09    'SQL文作成
10    Dim sql As String
11    sql = _
12      "SELECT 商品ID, 商品名 " & _
13      "FROM [商品マスター$] " & _
```

```
14        "WHERE 商品名 LIKE '%けーす%' OR ふりがな LIKE '%けーす%';"
15
16     'レコードセットオープン
17     Dim rs As Object
18     Set rs = CreateObject("ADODB.RecordSet") 'ADOレコードセットオブジェクトを作成
19     rs.Open sql, cn '実行
20
21     'レコードセットからデータを取り出す
22     Do Until rs.EOF 'レコードセットが終了するまで処理を繰り返す
23       Dim field As Variant 'フィールド取得のための変数
24       For Each field In rs.Fields 'フィールドの数だけ繰り返す
25         Debug.Print rs(field.Name), '改行なしで出力
26       Next
27
28       Debug.Print '改行出力
29       rs.MoveNext '次のレコードに移動する
30     Loop
31
32     'レコードセットのクローズ
33     rs.Close
34     Set rs = Nothing
35
36    '接続解除
37     cn.Close
38     Set cn = Nothing
39   End Sub
```

　SQLは**図19**のように書きます。これはSELECT構文と呼ばれる、テーブルからデータを取り出す書き方です。VBAでSQLを識別させるために「"」で挟んでSring型で書くため、この中で文字列を使う場合は「'」を使っています。

　コード11では、「商品マスター」シートをテーブルとして、商品名・ふりがなに「けーす」というキーワードが含まれるレコードの「商品ID」「商品名」を取り出す命令になっています。

　コード11を任意の標準モジュールに書いて実行してみると、イミディエイトウィンドウ（P.168参照）に結果が出力されます（**図20**）。

　なお、シートの1行目をフィールド名として扱うためには、コネクション接続時に「HDR=YES」という記述（7行目）が必要です。

APPENDIX

図19 SQLのSELECT構文

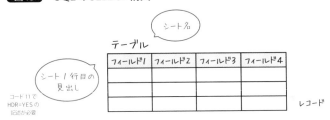

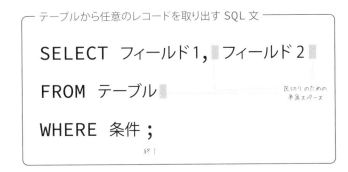

図20 条件に合うレコードの、指定のフィールドだけ取り出せた

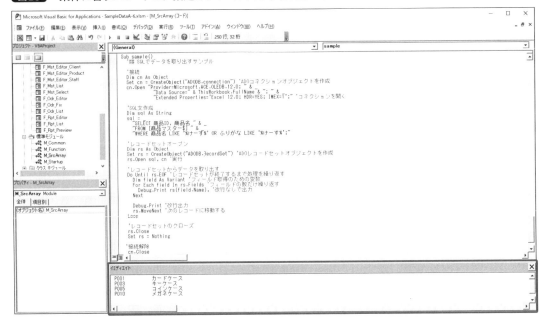

確認が済んだら、このプロシージャは削除して構いません。

A-6-3　分割した汎用プロシージャを作成

A-6-2を参考に、実処理で使うプロシージャを「M_SrcArray」モジュールに追記します（**コード12**）。データを抽出したい処理は何度もあるので、汎用的に使えるように部品化しています。

取得したレコードセットをそのまま使う場合と、リストボックスのソースにするため配列に変換したい場合があるので、必要な場所で使えるように別の関数にしておきます。

コード12　「M_SrcArray」モジュールに追記

```
01  '# リストボックス用の配列を作成
02  Option Explicit
03
04  Private m_cn As Object 'コネクション用変数  ←宣言セクションへ
05  ─────────────────────────────────────────
06  Public Sub connectDB()←追加
07    '## 接続
08
09    Set m_cn = CreateObject("ADODB.connection") 'ADOコネクションオブジェクトを作成
10    m_cn.Open "Provider=Microsoft.ACE.OLEDB.12.0; " & _
11            "Data Source=" & ThisWorkbook.FullName & "; " & _
12            "Extended Properties='Excel 12.0; HDR=YES; IMEX=1';" 'コネクションを開く
13  End Sub
14  ─────────────────────────────────────────
15  Public Sub disconnectDB() ←追加
16    '## 接続解除
17
18    m_cn.Close
19    Set m_cn = Nothing
20  End Sub
21  ─────────────────────────────────────────
22  Public Function getRecordSet(ByVal sql As String) As Variant ←追加
23    '## SQLからレコードセットを返す
24
25    On Error GoTo Err_Handler 'エラーが起きたら"Err_Handler"へ
26
27    'レコードセットオープン
28    Const adOpenKeyset = 1 'カーソルタイプの定数
29    Dim rs As Object 'ADOレコードセットオブジェクト
30    Set rs = CreateObject("ADODB.RecordSet") 'ADOレコードセットオブジェクトを作成
31    rs.Open sql, m_cn, adOpenKeyset 'カーソルタイプを指定して実行(レコード数が取得できる形)
32
33    '中身のチェック
34    If rs Is Nothing Then 'レコードセットがなかったら
35      Set getRecordSet = Nothing
```

```
36      Exit Function
37    End If
38    If rs.BOF = True And rs.EOF = True Then '空だったら
39      Set getRecordSet = Nothing
40      Exit Function
41    End If
42
43    'レコードセットを返す
44    Set getRecordSet = rs
45
46    Exit Function
47
48  Err_Handler: 'エラー処理
49    Set getRecordSet = Nothing
50    MsgBox "Error #: " & Err.Number & vbCrLf & vbCrLf & Err.Description & _
51      vbCrLf & vbCrLf & "SQL : " & sql 'エラーメッセージ
52  End Function
53  ─────────────────────────────────────────────
54  Public Function changeRsToArray(ByVal rs) As Variant  ←─追加
55    '## レコードセットを二次配列へ変換
56
57    '配列の準備
58    Dim fldCnt As Long
59    fldCnt = rs.Fields.Count - 1 'フィールド数の取得
60    Dim rcdCnt As Long
61    rcdCnt = rs.RecordCount - 1 'レコード数の取得
62    Dim tmpArray() As Variant
63    ReDim tmpArray(rcdCnt, fldCnt) '配列の要素数を変数で再定義
64
65    'レコードセットから配列へ
66    Dim i_fld As Long, i_rcd As Long, field As Variant
67    Do Until rs.EOF 'レコードセットが終了するまで処理を繰り返す
68      i_fld = 0
69      For Each field In rs.Fields 'フィールドの数だけ繰り返す
70        tmpArray(i_rcd, i_fld) = rs(field.Name)
71        i_fld = i_fld + 1
72      Next
73      i_rcd = i_rcd + 1 '行をカウントアップする
74      rs.MoveNext '次のレコードに移動する
75    Loop
76
77    '作成した配列を返す
78    changeRsToArray = tmpArray
79  End Function
```

A-6-4　各リストボックスのソース部分の修正

「M_SrcArray」モジュールの「getMstSrc」を**コード13**、「getOdrSrc」を**コード14**、「getRptSrc」を
コード15へ書き換えます。

SQLのテーブル名、フィールド名などを、それぞれシート名やセルの値、変数を使って組み立てます。スペースも重要な要素となるので、抜けのないようご注意ください。

また、SQLの抽出条件はデフォルトで大文字/小文字、全角/半角、ひらがな/カタカナを区別しないので、文字補正が必要なくなります。「M_Function」モジュールの「hasKeyword」プロシージャも不要になるので、削除しておきましょう。

コード13　「getMstSrc」プロシージャ

```
01  Public Function getMstSrc( _
02    ByVal ws As Worksheet, Optional ByVal keyword As String = "") As Variant
03    '## マスター一覧のリストボックスのソースを返す
04
05    '接続
06    Call connectDB
07
08    'SQL条件式の作成
09    Dim txt As String
10    If keyword <> "" Then '検索ワードがある場合
11      txt = "WHERE " & ws.Range("B1").Value & " LIKE '%" & keyword & "%' " & _
12            "OR " & ws.Range("C1").Value & " LIKE '%" & keyword & "%'" ←条件部分を先に作る
13    End If
14
15    'SQLの作成
16    Dim sql As String
17    sql = _
18      "SELECT " & ws.Range("A1").Value & ", " & ws.Range("B1").Value & " " & _ ←フィールド名
19      "FROM [" & ws.Name & "$] " & _ ←テーブル名
20      txt & ";" ←先に作った条件の結合(条件なしなら空文字)
21
22    'レコードセットの取得
23    Dim rs As Object 'ADOレコードセットオブジェクト作成
24    Set rs = getRecordSet(sql) 'レコードセット取得
25    If rs Is Nothing Then 'レコードセットがなかったら
26      getMstSrc = Array() '空の配列を返す
27      Exit Function '終了
28    End If
29
30    'レコードセットの配列化
31    Dim srcArray() As Variant
```

```
32    srcArray = changeRsToArray(rs) '配列へ格納
33    rs.Close 'レコードセットのクローズ
34    Set rs = Nothing
35
36    '接続解除
37    Call disconnectDB
38
39    '配列を返す
40    getMstSrc = srcArray
41
42  End Function
```

コード14 「getOdrSrc」プロシージャ

```
01  Public Function getOdrSrc( _
02    Optional ByVal date1 As String = "", _
03    Optional ByVal date2 As String = "", _
04    Optional ByVal estId As String = "", _
05    Optional ByVal cltId As String = "") As Variant
06    '## 見積一覧のリストボックスのソースを返す
07
08    '接続
09    Call connectDB
10
11    'SQL条件式の作成
12    Dim txt As String
13    If date1 <> "" Or date2 <> "" Then '日付
14      txt = "WHERE T1.見積日 BETWEEN #" & date1 & "# AND #" & date2 & "# "   ← 日付の識別子「#」で括る
15    End If
16    If estId <> "" Then '見積ID
17      If txt = "" Then txt = "WHERE " Else: txt = txt & "AND "   ←「:」でIf～Elseを1行に
18      txt = txt & "T1.見積ID LIKE '%" & estId & "%' "   ← はじめての条件なら「WHERE」、そうでなければ「AND」
19    End If
20    If cltId <> "" Then '顧客ID
21      If txt = "" Then txt = "WHERE " Else: txt = txt & "AND "
22      txt = txt & "T1.顧客ID='" & cltId & "' "
23    End If
24
25    'SQLの作成
26    Dim sql As String
27    sql = _
28      "SELECT " & _
29        "T1.見積ID, " & _   ← 複数テーブルからフィールドを取得したい場合はテーブル名を含めて指定
30        "T1.見積日, " & _
31        "T2.顧客名, " & _
```

```
32    "IIf(IsNull(T1.見積書発行日), '', '済') AS 見積書, " & _  ←
33    "T1.受注ID " & _        対象が空白なら空文字、そうでなければ「済」のフィールドを作る
34   "FROM [見積データ$] AS T1 LEFT JOIN [顧客マスター$] AS T2 " & _  ←
35   "ON T1.顧客ID = T2.顧客ID " & _  ← テーブル結合のためのフィールドの指定
36   txt & _ ← 先に作った条件の結合（条件なしなら空文字）    2つのテーブルに名前を定義
37   "ORDER BY T1.見積ID DESC;" ← ID を降順で並び替え         して結合
38
39   'レコードセットの取得
40   Dim rs As Object 'ADOレコードセットオブジェクト作成
41   Set rs = getRecordSet(sql) 'レコードセット取得
42   If rs Is Nothing Then 'レコードセットがなかったら
43     getOdrSrc = Array() '空の配列を返す
44     Exit Function '終了
45   End If
46
47   'レコードセットの配列化
48   Dim srcArray() As Variant
49   srcArray = changeRsToArray(rs) '配列へ格納
50   rs.Close 'レコードセットのクローズ
51   Set rs = Nothing
52
53   '接続解除
54   Call disconnectDB
55
56   '配列を返す
57   getOdrSrc = srcArray
58 End Function
```

コード15　「getRptSrc」プロシージャ

```
01 Public Function getRptSrc() As Variant
02   '## 伝票未発行一覧のリストボックスのソースを返す
03
04   '接続
05   Call connectDB
06
07   'SQLの作成
08   Dim sql As String
09   sql = _
10     "SELECT " & _
11       "受注ID, " & _
12       "受注日, " & _
13       "IIf(IsNull(売上伝票発行日), '', '済') AS 売上伝票, " & _  ←
14       "IIf(IsNull(納品書発行日), '', '済') AS 納品書, " & _
```
対象が空白なら空文字、そうでなければ「済」のフィールドを作る

APPENDIX

413

```
15      "IIf(IsNull(請求書発行日), '', '済') AS 請求書 " & _
16    "FROM [受注データ$] " & _
17    "WHERE 売上伝票発行日 IS NULL " & _
18    "OR 納品書発行日 IS NULL " & _
19    "OR 請求書発行日 IS NULL " & _
20    "ORDER BY 受注ID DESC;" ←━ IDを降順で並び替え
21
22    'レコードセットの取得
23    Dim rs As Object 'ADOレコードセットオブジェクト作成
24    Set rs = getRecordSet(sql) 'レコードセット取得
25    If rs Is Nothing Then 'レコードセットがなかったら
26      getRptSrc = Array() '空の配列を返す
27      Exit Function '終了
28    End If
29
30    'レコードセットの配列化
31    Dim srcArray() As Variant
32    srcArray = changeRsToArray(rs) '配列へ格納
33    rs.Close 'レコードセットのクローズ
34    Set rs = Nothing
35
36    '接続解除
37    Call disconnectDB
38
39    '配列を返す
40    getRptSrc = srcArray
41  End Function
```

A-6-5 見積明細データ取得部分の修正

親IDと一致する子データを取得する部分である、「F_Odr_Editor」モジュールの「UserForm_Initialize」を**コード16**、「F_Rpt_Preview」モジュールの「setPrintSheet」を**コード17**へと書き換えます。これらは配列にする必要がないので、取得したレコードセットからデータ展開を行っています。

コード16 「F_Odr_Editor」の「UserForm_Initialize」プロシージャ

```
01  Private Sub UserForm_Initialize()
02    '## フォーム読み込み時
03
04    '共通イベントを行いたいコントロールの処理
                            略
05    'ドロップダウンリストの設定
```

```
略
06    '税率
略
07    'データ読込
略
08    If lbx.ListIndex = -1 Then 'リストボックスが選択されていなかったら
略
09    Else 'リストボックスが選択されていたら
10      '状態変更
略
11      '親データ読み込み
略
12      '子データ読み込み
13      Call connectDB '接続
14
15      Dim sql As String 'SQL文
16      sql = _
17        "SELECT " & _
18          "明細ID, " & _
19          "商品ID, " & _
20          "販売単価, " & _
21          "数量 " & _
22        "FROM [見積明細データ$] " & _
23        "WHERE 見積ID = '" & Me.txb_estId.Value & "' " & _
24        "ORDER BY 明細ID ASC;"
25
26      Dim rs As Object 'ADOレコードセットオブジェクト作成
27      Set rs = getRecordSet(sql) 'レコードセット取得
28
29      If Not rs Is Nothing Then 'レコードセットがあれば
30        Dim n As Long 'カウント用変数の宣言
31        n = 1
32        Do Until rs.EOF 'レコードセットが終了するまで処理を繰り返す
33          Me("txb_dtlId" & n).Value = rs.Fields(0) '明細ID  ← SQLで指定した順番
34          Me("cmb_prdId" & n).Value = rs.Fields(1) '商品ID
35          Me("txb_price" & n).Value = rs.Fields(2) '単価
36          Me("txb_qty" & n).Value = rs.Fields(3) '数量
37          Me("txb_tgtDRow" & n).Value = getIdRow(rs.Fields(0), S_Estimates2) '行
38          n = n + 1 'カウントアップ
39
40          rs.MoveNext '次のレコードに移動する
41        Loop
42
43        rs.Close 'レコードセットのクローズ
44        Set rs = Nothing
45      End If
```

APPENDIX

```
46
47      Call disconnectDB '接続解除
48
49      Call setStatus '見積書・受注状況セット
50      Me.btn_edit.Enabled = False '更新ボタン使用不可
51
52    End If
53
54 End Sub
```

コード17 「F_Rpt_Preview」の「setPrintSheet」プロシージャ

```
01 Private Sub setPrintSheet()
02   '##「印刷用」シートの作成
03
04   '原紙コピー
                                      略
05   '基礎情報を変数へ
                                      略
06   '文面を変数へ
                                      略
07   '基礎情報・文面などを記載
                                      略
08   '見積IDから顧客名を取得して記載
                                      略
09   'データ転記
10   Call connectDB '接続
11
12   Dim sql As String
13   sql = _
14     "SELECT " & _
15       "T1.明細ID, " & _
16       "T1.商品ID, " & _
17       "T2.商品名, " & _
18       "T1.販売単価, " & _
19       "T1.数量, " & _
20       "(T1.販売単価 * T1.数量) AS 小計 " & _
21     "FROM [見積明細データ$] AS T1 LEFT JOIN [商品マスター$] AS T2 " & _
22     "ON T1.商品ID = T2.商品ID " & _
23     "WHERE 見積ID = '" & Me.txb_estId.Value & "' " & _
24     "ORDER BY 明細ID ASC;"
25
26   Dim rs As Object 'ADOレコードセットオブジェクト作成
27   Set rs = getRecordSet(sql) 'レコードセット取得
```

```
28
29    If Not rs Is Nothing Then 'レコードセットがあれば
30      Dim startRow As Long
31      startRow = 13 '印刷用シートでスタートする行数
32      Dim n As Long 'カウント用変数の宣言
33      Do Until rs.EOF 'レコードセットが終了するまで処理を繰り返す
34        ws.Cells(startRow + n, 2).Value = rs.Fields(0) '明細ID
35        ws.Cells(startRow + n, 3).Value = rs.Fields(1) '商品ID
36        ws.Cells(startRow + n, 4).Value = rs.Fields(2) '商品名
37        ws.Cells(startRow + n, 5).Value = rs.Fields(3) '単価
38        ws.Cells(startRow + n, 6).Value = rs.Fields(4) '数量
39        ws.Cells(startRow + n, 7).Value = rs.Fields(5) '小計
40        n = n + 1 'カウントアップ
41        rs.MoveNext '次のレコードに移動する
42      Loop
43
44      rs.Close 'レコードセットのクローズ
45      Set rs = Nothing
46    End If
47
48    '接続解除
49    Call disconnectDB
50
51    S_Menu.Select '「メニュー」シートを選択
52  End Sub
```

　取り出したレコードのフィールドは、「rs.Fields(0)」のように数値で指定するとSQLのSELECT構文で指定した順番（ゼロからはじまる）のものを取得できますが、「rs.Fields("明細ID")」のようにフィールド名を文字列型で指定して取得することも可能です。

　なお、もう1つ、配列でデータを取り出している記述が「M_Common」モジュールの「setCmbSrc」プロシージャにあります。このプロシージャはコンボボックスにマスター情報を表示する目的で、複数のフォームから呼び出されています。

　このプロシージャもSQLでのデータ取得に対応させたほうがスマートかというと、そうでもありません。SQLを使ったデータ取得は配列に比べて遅いため、いろんなフォームで繰り返し呼び出される（「F_Odr_Editor（見積情報編集）」フォームでは表示のたびに10回以上呼び出しています）このプロシージャは、配列のままにしておいたほうが高速です。

　A-6では、レコードセットやSQLというデータベースに関するテクニックも紹介しました。

　本書で紹介しているシステムは、あくまでもExcelで作るものなので、あまりに大量なデータの処理や管理は得意ではありません。運用を続けて処理速度などに不安が出てきたら、データベースへ移行することもおすすめします。

APPENDIX

APPENDIX

A-7 カレンダーコントロール

本書で使っているカレンダーコントロールがどのような仕組みで動いているのか解説します。

A-7-1 コントロール

コードで使っている主要なコントロールは図21のようになっており、日付を入れるラベルのオブジェクト名が「lbl_day○」の連番になっているのがポイントです。

図21 主要なコントロール

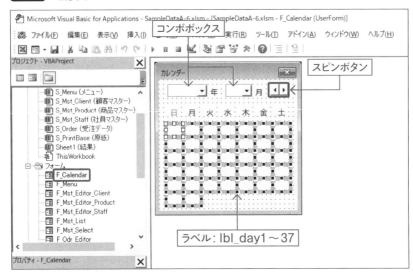

A-7-2 日付の割り当て

「UserForm_Initialize」や各コントロールの「Click」「Change」イベントでは特段難しいことはしていないので、サンプルコードのコメントを参照ください。

コンボボックスで年または月が変更されると、「setCalendar」プロシージャが呼び出されます（コー

ド18）。ここで、その月に該当する位置のラベルに、日付を表示しています。

コード18　「setCalendar」プロシージャ

```
01  Private Sub setCalendar()
02    '## カレンダーの作成と表示
03
04    Dim i As Long '汎用変数
05
06    If Me.cmb_year.Value = "" Or Me.cmb_month.Value = "" Then Exit Sub '年か月どちらか
    入ってなければ中止
07
08    Dim yy As Long '年取得
09    yy = Me.cmb_year.Value
10    Dim mm As Long '月取得
11    mm = Me.cmb_month.Value
12
13    For i = 1 To 37 'ラベルの初期化
14      Me("lbl_day" & i).Caption = "" 'キャプション
15      Me("lbl_day" & i).BorderStyle = fmBorderStyleNone '枠なし
16      Me("lbl_day" & i).BackColor = Me.BackColor 'フォームと同じ背景色へ
17    Next i
18
19    Dim n As Long '月はじめの位置用変数
20    n = Weekday(yy & "/" & mm & "/" & 1) - 1 'その月の1日の曜日番号に、-1したもの
21
22    Dim endDay As Long '月末日用変数
23    endDay = day(DateAdd("d", -1, DateAdd("m", 1, yy & "/" & mm & "/" & "1"))) '算出
24
25    For i = 1 To endDay '1日から月末日まで
26      Me("lbl_day" & n + i).Caption = i '日を入れる
27      If CDate(yy & "/" & mm & "/" & i) = Date Then '今日なら
28        Me("lbl_day" & n + i).BorderStyle = fmBorderStyleSingle '枠を付ける
29      End If
30      If CDate(yy & "/" & mm & "/" & i) = g_cldCurrentDate Then 'TextBoxの日と同じなら
31        Me("lbl_day" & n + i).BackColor = RGB(200, 200, 200) '背景色を付ける
32      End If
33    Next i
34  End Sub
```

このコードで重要な部分は、20行目の**WeekDay関数**です。この関数は「Weekday(日付)」と書くことで、その日の曜日を数値で取得できます。対応する数値は**表1**です。

APPENDIX

この特性を利用して、「その月の1日」の曜日を数値で取得して、そこに日付の数値を足した位置がラベルのオブジェクト名「lbl_day○」となります。ただし、日付は1からはじまるので、曜日番号に-1しておきます。これが変数nです。これで、年月が変更されるたびにその月の初期位置を割り出して日付を配置することができます（図22）。

表1 Weekday関数

曜日	定数	値
日	vbSunday	1
月	vbMonday	2
火	vbTuesday	3
水	vbWednesday	4
木	vbThursday	5
金	vbFriday	6
土	vbSaturday	7

図22 カレンダーコントロールの仕組み

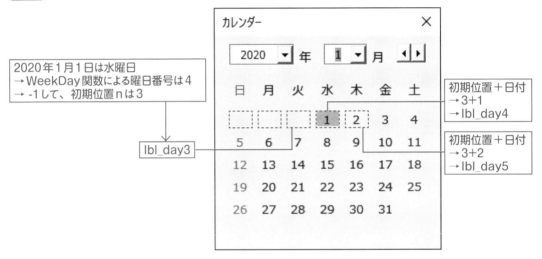

ラベルがクリックされたら、コンボボックスの年、月、クリックされたラベルのキャプションを合成して日付を生成します。

サンプルではラベルのクリックイベントを37個書いてありますが、これも**A-5**（P.399参照）を参考にするとクラスモジュールで一括して書くことができます。

ただし、汎用性の高いカレンダーコントロールは、フォーム自体をエクスポート、別のExcelファイルでインポートして使いたいという需要もあると思います。そういった場合、クラスモジュールを利用していると逆に手間が増えてしまうという面もありますので、そのときの環境に最適な実装方法を検討して選択するとよいでしょう。

索 引

［著者略歴］

今村 ゆうこ（いむら ゆうこ）

非IT系企業の情報システム部門に所属し、Web担当と業務アプリケーション開発を手掛ける。
小学生と保育園児の2人の子供を抱えるワーキングマザー。

著作
「Access マクロ 入門　～仕事の現場で即使える」（技術評論社）
「Access レポート＆フォーム 完全操作ガイド　～仕事の現場で即使える」（技術評論社）
「Accessデータベース 本格作成入門　～仕事の現場で即使える」（技術評論社）
「Excel & Access連携 実践ガイド　～仕事の現場で即使える」（技術評論社）
「スピードマスター　1時間でわかる　Accessデータベース超入門」（技術評論社）

●装丁
　クオルデザイン　坂本真一郎
●本文デザイン
　技術評論社　制作業務部
●DTP
　SeaGrape
●編集
　土井清志

●サポートホームページ
　https://book.gihyo.jp/116

Excel VBA　ユーザーフォーム＆コントロール
エクセル　ブイビーエー　　　　　　　　　　　アンド
実践アプリ作成ガイド
じっせん　さくせい

2020年9月10日　初版　第1刷発行
2021年9月14日　初版　第2刷発行

著者　　今村ゆうこ
　　　　いむら
発行者　片岡　巌
発行所　株式会社技術評論社
　　　　東京都新宿区市谷左内町21-13
　　　　電話　03-3513-6150　販売促進部
　　　　　　　03-3513-6160　書籍編集部
印刷/製本　日経印刷株式会社

NO
館外貸出不可

定価はカバーに表示してあります。

■お問い合わせについて
本書の内容に関するご質問は、下記の宛先
までFAXまたは書面にてお送りください。
電話によるご質問、および本書に記載され
ている内容以外の事柄に関するご質問には
お答えできかねます。あらかじめご了承く
ださい。

〒162-0846
東京都新宿区市谷左内町21-13
株式会社技術評論社　書籍編集部
「Excel VBA
ユーザーフォーム＆コントロール
実践アプリ作成ガイド」質問係
FAX番号　03-3513-6167

なお、ご質問の際に記載いただいた個人情
報は、ご質問の返答以外の目的には使用い
たしません。また、ご質問の返答後は速や
かに破棄させていただきます。

ISBN978-4-297-11546-3　C3055
Printed in Japan